新しい高校化学の教科書

現代人のための高校理科

左巻健男 編著

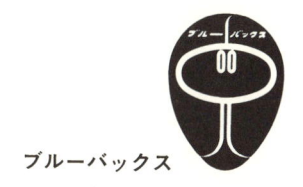

ブルーバックス

- 装幀／芦澤泰偉・児崎雅淑
- カバーイラスト／山田博之
- 目次・章扉デザイン／中山康子
- 図版／さくら工芸社
- 編集協力／下村坦

はじめに

──もっと面白い、やりがいのある理科を！

　化学、生物、物理、地学の4教科がそろったブルーバックス高校理科教科書シリーズは、すべての高校生に読んでもらいたい、学んでもらいたい理科の内容をまとめたものだ。理系だろうと、文系だろうと、だれもが学習してほしい内容を精選してある。

　そして、本シリーズ4冊を読破することで、科学リテラシー（＝現代社会で生きるために必須の科学的素養）が身につくことを目指している。

　本シリーズの特長を紹介しよう。

(1)内容の精選と丁寧な説明

　高校理科の内容を羅列するのではなく、検定にとらわれずに「これだけは」という内容にしぼった。それらを丁寧に説明し、「読んでわかる」ことにこだわり抜いた。

(2)読んで面白い

「へぇ～、そうなんだ！」「なるほど、そういうことだったのか！」と随所で納得できる展開を心がけた。だから、読んでいて面白い。

(3)飽きさせない工夫

　クイズ・コラムなどを随所に配置し、最後まで楽しく読み通せる工夫をした。

(4)ハンディでいつでもどこでも読める

持ち運びに便利なコンパクトサイズ。電車やバスの中でも気軽に読める。

本書『化学』編も、以上の特長を備えている。
また、とくに次の諸点も工夫したつもりだ。
化学は「物質の性質、構造、反応を研究する学問」である。その学問の性格にふさわしく、いつも具体的な物質をメインに据えながら説明するようにした。物質にはくり返し化学式をつけて、化学式に自然に慣れ親しむようにした。
現在の中学校理科の化学領域では、原子の内部構造を一切学習しない。原子核も電子も「発展」として一部の生徒が学習するだけである。原子核、陽子、中性子や電子は高校で初めて学ぶのだ。そこで、そんな中学校理科の化学領域からでもスムースに入っていけるように、まず原子について丁寧にわかりやすく説明している。
原子のモデルについては、あえて、電子配置をボーアモデル（K，L，M，…殻）にとどめ、そのレベルで丁寧な説明をすることにした。
化学と生活、環境との関わりについては、とくに意識的に取り上げた。化学が生活や環境と密接に関係しており、化学を学ぶことで生活や環境を化学の目で見ることができることを願っているからである。

本シリーズ4冊は、高校生の他に、こんな人たちにも読んで欲しい。
・少しでも科学的な素養を身につけたいと願う社会人
・化学、生物、物理、地学をもう一度きちんと学習したいと考える社会人

- 化学を勉強せずに工学部に入った大学生、生物を勉強せずに医学部に入った大学生
- 試験の問題は解けるのだが、ものごとの本質がよくわかっていないと感じる大学生

　なお、このブルーバックス高校理科教科書シリーズ4冊は、ベストセラーとなった中学版『新しい科学の教科書Ⅰ〜Ⅲ』(文一総合出版)と同様、有志が集い、教科書検定の枠にとらわれずに具体的な教科書づくりをした成果である。

　最後に、ブルーバックス出版部には、原稿について忌憚のない意見をいただき、よりよいものに改善することができた。感謝申し上げる。

　　2006年1月20日　　　　　　　　　　編著者　左巻健男

もくじ

はじめに 3

第 1 章　物質を作るおおもと —— 原子

1-1 ものは原子の建築物 14
1. そもそも「もの」って何?　14
2. 物質を研究する学問 —— 化学　20
3. 「もの」を作るおおもと　24

1-2 原子の内部はどうなっている?　28
1. 原子の構造　29

1-3 化学反応と物質の量　34
1. 私たちの周りは化学反応でいっぱい　35
2. 化学反応と化学反応式　39
3. 物質量　41
4. 電子配置　50

第 2 章　原子と原子の結びつき —— 化学結合

2-1 イオンとは何もの?　58

2-2 いろいろな化学結合　62
1. 物質のでき方　63
2. 原子がくっつくパターンは3種類　64
3. 陽イオンと陰イオンの結合　67
4. 分子を作る結合　70
5. 分子同士がくっつくと　79
6. 分子にもあるプラスとマイナス　80
7. ダイヤモンド、フラーレン —— ハイテク素材　85

        8　金属結合と金属　86
        9　結合による物質の分類とその性質　87

第3章　物質の状態

3-1　物質の三態　92
1　熱と温度と水（物質の状態変化）　92
2　気体の分子運動と圧力　101
3　液体の蒸発と蒸気圧　104

3-2　気体の性質　110
1　気体研究の歴史　111
2　気体の体積変化　115
3　気体の状態方程式　120

3-3　溶液　122
1　なぜものは液体に溶けるのか　122
2　水に溶けやすいものと溶けにくいもの　124
3　固体の溶解——溶解量に限界があるのはなぜか　126
4　気体も水に溶ける　128
5　溶液の濃度の表し方　130
6　溶液の蒸気圧と沸点・凝固点　131
7　植物の吸水の秘密——浸透圧　136
8　溶液のように見えて溶液ではない——コロイド溶液　139

第4章　化学変化の仕組みといろいろな反応

4-1　化学変化と熱の出入り　146
1　物理変化と化学変化　146
2　化学変化と熱の出入り　148

3　エネルギーから見た発熱反応と吸熱反応　149
　　　4　結びつくと熱が出る　152

4-2　**反応速度と化学平衡**　154
　　　1　反応速度　154
　　　2　反応速度式　157
　　　3　反応速度とエネルギー　158
　　　4　化学平衡　161
　　　5　平衡移動の原理（ル・シャトリエの法則）　163

4-3　**酸と塩基の反応**　168
　　　1　酸性　168
　　　2　アルカリと塩基　171
　　　3　酸・塩基の価数　173
　　　4　酸・塩基の強弱　174
　　　5　水のイオン積　175
　　　6　pH　176
　　　7　pH指示薬　177
　　　8　中和反応の本質　178
　　　9　中和反応の量的関係　181

4-4　**酸化還元反応**　182
　　　1　酸化と還元　182
　　　2　酸化数　187
　　　3　酸化剤と還元剤　189
　　　4　金属のイオン化傾向　191
　　　5　電池　194
　　　6　電気分解　200

4-5 空気の酸性化 209
1 「空気で消えるペン」と「色が消えるのり」 210
2 酸性雨とは 211
3 酸性雨の成分 211
4 解体屋・OHラジカル 214
5 SO_xとNO_x（硫黄酸化物と窒素酸化物） 216
6 酸性雨による被害 221
7 空気の酸性化 222

第5章 無機物質

5-1 非金属元素の単体と化合物 226
1 元素の周期表と五大物質 226
2 ハロゲンの単体と化合物 229
3 酸素とオゾン、硫黄 233
4 窒素とリン 236
5 炭素とケイ素 239
6 水素と希ガス 241

5-2 金属元素の単体と化合物 245
1 強い塩基になる元素 246
2 アルミニウム、亜鉛 252
3 鉄と銅 253
4 銀、金、白金 257
5 水俣病とイタイイタイ病──水銀、カドミウム 260

第6章 有機化合物

6-1 有機化合物とはどんな化合物だろう 264
1. 有機化合物(有機物)とは 264
2. 有機化合物の定義 265
3. 有機化合物の特徴 266
4. 有機化合物の構造と分類 270

6-2 脂肪族炭化水素 275
1. 有機化学の基本——鎖状の飽和炭化水素、メタン系炭化水素(アルカン) 275
2. 鎖状の不飽和炭化水素、エチレン系炭化水素(アルケン)とアセチレン系炭化水素(アルキン) 282
3. その他の脂肪族炭化水素 289
4. 脂環式炭化水素 290

6-3 芳香族化合物 292
1. ベンゼンの特別な安定性 292
2. その他の芳香族炭化水素 295
3. ベンゼン環上で起こる反応 297
4. 芳香族化合物の側鎖で起こる反応 300

6-4 アルコール、アルデヒド、ケトンなどの有機化合物 301
1. アルコール、フェノール、エーテルの仲間 302
2. 光学異性体 306
3. アルデヒド、ケトン、カルボン酸 308
4. アミン、アゾ化合物、カップリング 312

第 7 章　高分子化合物

7-1　天然高分子化合物　316
- 1　高分子化合物とは　316
- 2　糖・デンプン・セルロース　319
- 3　アミノ酸・タンパク質　323
- 4　天然繊維　327

7-2　合成高分子化合物　328
- 1　付加重合で作られるポリマー　329
- 2　縮合重合で作られるポリマー　334
- 3　熱硬化性の樹脂　336
- 4　ゴム　338

第 8 章　人間と化学のかかわり

8-1　生活と化学　342
- 1　食品の化学　342
- 2　リサイクルの化学　352
- 3　温室効果ガスと地球温暖化　357
- 4　水環境と化学　359

8-2　フロンとオゾン層　367
- 1　「夢のような化学物質」フロン　368
- 2　オゾン層のすがた　372
- 3　オゾン層が生まれる仕組み　373
- 4　フロンのゆくえ（ローランドとモリーナの考え）　374
- 5　オゾン層破壊の犯人をつきとめる　377
- 6　世界がふるえたオゾンホール　378

- 7 フロン禁止、そして…… 380
- 8 オゾン層破壊と異常気象 380
- 9 代替フロンはどんな物質か 382
- 10 フロン削減と環境問題 384

8−3 生命と化学 386
- 1 デオキシリボ核酸DNA 387
- 2 酵素・分子認識 388
- 3 強力な生理活性を持つ化合物 390
- 4 医療用材料の化学 396
- 5 医療技術の進歩 400

付録 405

参考図書 409

さくいん 411

第 1 章
物質を作るおおもと——原子

1-1 ものは原子の建築物

> **問い1** 次のもののうち、原子からできていないのはどれだろうか？
>
> 水　空気　石　金属　砂糖　チューリップの花　牛肉
>
> **問い2** 水素原子を一直線上に何個並べると1cmになるだろうか？
>
> 10万個　100万個　1000万個　1億個　10億個

1 そもそも「もの」って何？

①「もの」は、質量と体積を持っている

　化学は、「もの」について調べる学問。そこで、まず最初に「もの」の持っている性質を少し注意深く観察してみよう。

　ものは、どんなに小さくても、**質量**と**体積**を持っている。逆に言えば、質量と体積を持っていれば、それはものなのだ。

　私たちは日常「重さ」という言葉をよく使う。これは質量と同じ意味で使われることも多いが、違う意味もあるので、注意が必要だ。例えば、「同じ大きさ（体積）なのにこちらのほうが重い」というときは「密度」を意味している。月面では体重が6分の1になるというときは、重力（その星に引っ張られる力）を意味している。

　ものの質量は、形が変わろうが、状態が変わろうが、運動していようが、静止していようが、地球上であろうが、月面上であろうが、宇宙空間であろうが、変わらない**実質**の量である。

　だから、ある質量のAというものに、別の質量のBというものを加えると、必ずAとBの質量を足し算したものになる。例

1-1 ものは原子の建築物

えば、水100gに砂糖10gを溶かせば、砂糖が目に見えなくなっても水の中に何らかのかたちで入っているはずで、なくなってはいないから110gの砂糖水ができる。

ティッシュ

ものが基本的に持っている性質には質量以外に体積もある。ものの体積は、そのものが占めている空間（専用の場所）の大きさである。

空間を占める「もの」は目に見えるものだけではない。

コップの底にティッシュペーパーを詰めてから、水の中にコップの口のほうからまっすぐ、押しこむように沈めてみよう。このティッシュペーパーは濡れない。

コップの中には、空気があって、空気が空間を占めていたので水が入り込めなかったのである。つまり、空気にも体積があるということだ。もし、コップの底に穴があいていれば、空気が穴から出ていくので、水が入ってくる。空気が占めていた空間に、水が入ることができるからである。

②物体と物質

それでは「**物体**」と「**物質**」はどう違うのだろうか。ズバリ**物質とはものの材料である**。

例えば、コップには、ガラス製のもの、紙製のもの、金属製のものなどがある。「コップ」という言いかたは、その**形や大**

きさに注目した言いかたで、これは「**物体**」を指している。これに対して、「ガラスや紙、金属」などと言った場合は、コップを作る**材料**に注目した言いかたで、「**物質**」を指していることになる。

　化学は、この**材料になっているものを調べる学問**なので、物質という言葉がよく使われる。

　物質のことを**化学物質**と言うこともある。化学物質と言うと、何か恐ろしげなイメージを持つ人がいるかもしれない。しかし、化学物質は、私たち人間はもちろん、私たちの周りの空気、水、衣服、建築物、食べ物、土、岩石などあらゆるものを作っている物質のことなのである。

　アメリカの学生が、ジハイドロジェンモノオキサイドという名前の化学物質の禁止を訴えて署名活動を行ったことがある。
「ジハイドロジェンモノオキサイド（以下 DHMO）は、無色、無臭、無味である。そして毎年数え切れないほどの人を殺している。ほとんどの死因は DHMO の偶然の吸入によって引き起こされている。その固体にさらされるだけでも激しい皮膚障害を起こす。DHMO は、酸性雨の主成分であり、温室効果の原因でもある。

　DHMO は、今日アメリカの、ほとんどすべての河川、湖および貯水池で発見されている。それだけではない、DHMO 汚染は全世界に及んでいる。汚染物質（DHMO）は南極の氷からも発見されている。アメリカ政府は、この物質の製造、拡散を禁止することを拒んでいる。

　今からでも遅くない！　さらなる汚染を防ぐために、今、行動しなければならない」

　多くの人が署名したという。

実は、ジハイドロジェンモノオキサイドというのは、一酸化二水素である。化学式で表せばH_2O。つまり、水である。この署名活動を行った人のねらいは、「世の人は、こんな程度だ。もっときちんとした科学教育をしなければならない」という警告のためだったのである。

化学物質には一見難しそうな、恐ろしげな名前がついていることがあるが、そのイメージではなく実体をよく見なければならない。

③ものを分ける技術

日常私たちが接するものの多くは、何種類かの物質が混じっている。例えば、空気は窒素、酸素、アルゴンなどが混合したものだ。また、食塩水は水と食塩が混合したものである。

窒素、酸素、水などのように**単一の物質からなるものを純粋な物質（純物質）**と言い、空気や食塩水のように**2種以上の純物質が混じり合ったものを混合物**と言う。

混合物は、その組成が変わると性質も変わってしまうため、化学では、純粋な物質を対象に研究することが多い。そのため混合物から純粋な物質を分離することが必要になる。

混合物から純粋な物質を分離精製する操作には、濾過、蒸留、抽出、再結晶、クロマトグラフィーなどがある。

濾過は、日常生活では、例えばコーヒーのフィルターで行っている「濾す」という操作がそうである。

蒸留はいったん蒸気にしてから冷やして目的のものを得る操作である。ブランデーやウィスキーは「蒸留酒」であり、果実や穀類、芋類などを発酵させた醸造酒を、さらに火にかけ蒸発した成分を集めたものだ。

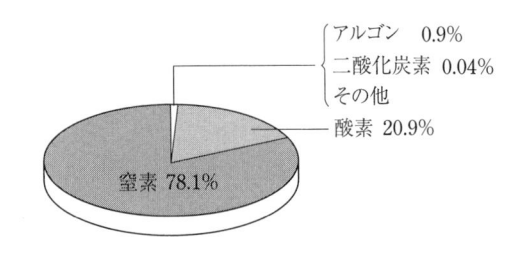

図1-2　空気の組成（体積パーセント）

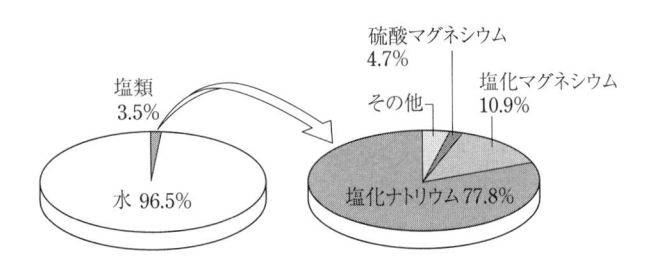

アルゴン　0.9%
二酸化炭素　0.04%
その他
酸素 20.9%
窒素 78.1%

図1-3　海水の組成（質量パーセント）

塩類 3.5%
水 96.5%
硫酸マグネシウム 4.7%
塩化マグネシウム 10.9%
その他
塩化ナトリウム 77.8%

　抽出は、水やアルコールなどでそれぞれに溶ける成分を取り出す操作である。お茶やコーヒーは、その成分を主に熱湯で抽出している。梅酒など果実酒は、果実のエキスを焼酎(しょうちゅう)で抽出したものである。

　クロマトグラフィーは、素材とのなじみやすさの違いなどを利用して、液体や気体の中のいろいろな成分を分ける操作である。ティッシュペーパーに水性フェルトペンの黒インクがつくと、何色かに分かれてにじむことがある。それぞれの色素のにじみやすさが違うからだ。このような性質を利用して色素を分

1-1 ものは原子の建築物

ける方法はペーパークロマトグラフィーと呼ばれる。

コラム　超純水

　水道水や川の水といった私たちの身の回りにある水には、いろいろなものが溶け込んでいるため、化学的には純粋な水ではない。その水は私たちが日常使ううえでは支障はないが、産業技術や科学研究上ではもっと高純度の水が必要な場合がある。

　例えば、学校の化学の実験には、水道水からイオン交換樹脂を用いて脱イオン処理をしたイオン交換水や、水を加熱して蒸発させ、その水蒸気を冷やした蒸留水を使う。ふつう、純水と言えば、イオン交換水や蒸留水のことを指している。ただし完全に純粋な水を作ることは難しく、目的に応じて微量の不純物を許容している。蒸留水や学校の「純水製造装置」で作った純水には微量の不純物が溶けている。

　これに対して、とくに純度100％に限りなく近い高純度の水を超純水と呼ぶ。不純物をできるかぎり除去した水（純水）をさらに精製したものである。

　超純水は、半導体産業の進展と共に生まれ育ってきた。半導体製造では何らかの処理の後には必ず洗浄という過程が入る。半導体は技術の進歩で、どんどん集積度が上がり、回路の間の溝も狭くなっている。そのため、水にほんのわずかでも、ほかのものが含まれ、それがこびりつくと、うまく働かなくなってしまうのだ。そこで、徹底的に水以外のものを除去した超純水が要求されてきた。

　超純水は半導体製造以外には、原子力発電プラント用水、注射用水、バイオテクノロジー用水、光ファイバーや液晶ディスプレーの製造用水などに使用されている。

❷物質を研究する学問——化学

①化学の3本柱

化学は、一言で言うと、自然科学の中で物質について研究する一部門である。

化学は特に物質の「構造」と「性質」、および「化学反応」

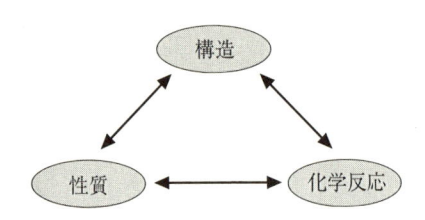

```
         構造
        ↙   ↘
      性質 ⇄ 化学反応
```

の3つを研究している。「構造」とは、「物質がどんな元素からできているか、どんな組成をしているか」「物質を作る原子がどのようにお互いに結びついているか」など物質の作りや組み立てのことである。

②身の回りの物質

現在、世界の文献に現れた物質（化学物質）の数は約1800万種にものぼっている。さらに、その数は年々増え続けている。このうち、現在生産され流通しているものに限っても数万種あり、私たちの日常生活で使うさまざまな製品の材料などとして使われている。

このように、私たちの身の回りにあるほとんどの物質が、すべて化学の研究対象である。

1-1 ものは原子の建築物

③物理的性質と化学的性質

「性質」は文字通り物質が持つさまざまな性質のことだが**物理的性質**と**化学的性質**に分けることができる。化学では、もちろん「化学的性質」を調べることが中心になるが、「物理的性質」も物質を調べる際には重要である。物理的性質とは、色や光沢、密度、力をかけたときに伸びるか切れてバラバラになりやすいかという機械的性質、温度、熱にかかわる性質、電流を流したり電圧をかけたりしたとき現れる電気的な性質、磁石を近づけたり磁界に置いたときの磁気的な性質などがある。

化学的性質には、まず水や空気、酸やアルカリなど他の物質と出合ったときに**反応して新しい物質に変化しやすいか、しにくいか**、というものがある。反応しにくい物質は、「化学的に安定」「反応性が弱い」と言われる。さらにどんな反応を起こしやすいか、反応したらどんな構造になるのか、どんな物質になるのか、というのも化学的性質である。

例えば、ヘリウム He は、反応性を持たない。つまり、他の物質と反応しない。ヘリウムは、化学的に非常に安定である。それに対し、酸素 O_2 は、多くの物質と反応しやすく、酸化物（物質と酸素が結びついてできた物質）を作りやすい。硫黄 S も、多くの物質と反応しやすく、硫化物（物質と硫黄が結びついた物質）を作りやすい。酸素や硫黄がこのような化学的性質を持ち、そのうえ地表にたくさんあるので、地球上で得られる金属の鉱石は金属の酸化物や硫化物の形で産出すると言える。

④化学反応

ナトリウム Na という軟らかい銀色の金属と黄緑色で非常に有毒な塩素 Cl_2 という気体を反応させると、ナトリウムでも塩素でもない、塩化ナトリウム NaCl（食塩はこの塩化ナトリウ

ムからできている)ができる。このように反応前の物質とは別の、反応前にはなかった新しい物質ができる変化を化学反応(化学変化)と言う。

化学の発音が科学と同じ「かがく」のため、口頭で科学と区別したい場合には、「ばけがく」と言うことがあるが、これは化学の性格をなかなかうまく表している。物質が「ばける」こと、つまり化学反応を研究する学問が化学なのだから。

例えば、ものが燃えるというのも代表的な化学反応である。

私たちの身の回りの出来事には、何らかの形で化学反応が関係していることが多い。私たちの体の中で、生きるためのさまざまな変化が起こっているが、それらも化学反応である。

化学は、「どのように化学反応が進むのか」ということを解明したり、さらに、化学反応をうまく使って、目的とする物質を作り出すことを研究している。

⑤化学のいろいろな部門

化学は、研究を進める方法、あるいは対象とする物質などの違いによって、さらにいろいろな部門に分かれている。

大まかに見てみよう。対象とする物質の違いでは、まず、無機化合物を取り扱う**無機化学**と、有機化合物を取り扱う**有機化学**とに大きく分けている。

有機化合物とは、かつて生物だけが生命に固有な力(生気)を用いて作り出すことができる物質と考えられていた。現在は、炭素 C の化合物の総称である。ただし、一酸化炭素 CO、二酸化炭素 CO_2、炭酸塩、シアン化水素 HCN とその塩、二硫化炭素 CS_2 などを除く(6-1 **2**参照)。

無機化合物は、有機化合物と言われるものを除いた化合物である。すなわち、炭素以外からなる化合物、および炭素の化合

1-1 ものは原子の建築物

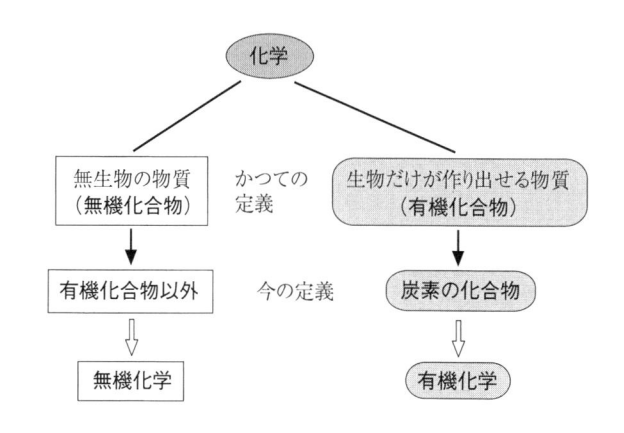

```
            化学
           /    \
    無生物の物質   かつての   生物だけが作り出せる物質
    (無機化合物)   定義      (有機化合物)
         ↓                        ↓
    有機化合物以外  今の定義    炭素の化合物
         ⇓                        ⇓
      無機化学                   有機化学
```

物でも比較的簡単なものの総称である。

有機化合物の中には、今日さまざまな素材として大変重要な**プラスチック**などの**高分子化合物**がある。それを対象にしているのが、高分子化学である。生体を作っている物質についての化学は、生物学との境界領域とも言うべきもので、**生物化学**あるいは**生化学**と言う。物理的な手法あるいは理論などによって、物質の性質、反応、構造などについて研究を進める分野が**物理化学**である。無機化合物、有機化合物を問わず、それらの物質を分析する手段、方法などに関する分野が**分析化学**である。

⑥化学の光と陰

私たちは、多種多様な物質を生活に利用している。

金属、セラミックス、ナイロンのような**合成繊維**、ポリエチレンのようなプラスチック類（合成樹脂）などさまざまな物質が私たちの生活を豊かに便利にしている。

私たちがこのような物質を創り出す高度の技術を持てるよう

になったのは、物質の構造や性質、反応を研究する化学が発展してきたからに他ならない。

現在では、化学研究の成果を生かして、高性能な**電池**、非常に強い**繊維**、さびなくて丈夫な材料である**ファインセラミックス**など新しい物質や製品が次々と創り出されて、私たちの生活をより豊かなものにしている。

一方、化学の発展によってどんどん作られた新しい物質の大半は、人体への毒性や環境に対する影響のデータが不十分なまま用いられている。したがって、多種多様な物質の有用性だけに目を奪われると、取り返しのつかない環境汚染や公害を引き起こすことになりかねない。

私たちは、地球環境と調和しながら生きるための化学を研究していく必要がある。

3「もの」を作るおおもと

①原子論の誕生と復活

科学の歴史を振り返ってみると、私たちの周りにたくさんある物質の「おおもとは何か」ということがずっと大きな問題になってきたことがわかる。

今から二千数百年前の古代ギリシアまでさかのぼってみよう。この時代の自然研究者の主要な著作はほとんど失われているが、言い伝えられたものをまとめ直したものが残っている。

1年を365日に分けたり、1ヵ月を30日と定めたりしたとも伝えられる古代ギリシアの哲学者タレス（前624ころ～前546ころ）は、万物（あらゆる物）のおおもとは水であると考えた。「彫刻家が同じ大理石から、ビーナスでも、男や女でも、動物でも、どんな形でも創り出すように、この世のすべてのものは物質からできている、その物質は、すべてただ一つの元からで

1-1 ものは原子の建築物

きているのだ、それは水である、水がさまざまに姿を変えているのだ」という考えである。その水とはその辺にある水そのものではなく、休むことなく変化し、姿を変えて他の「もの」を生み出し、やがて再びはじめの姿に戻っていく、そういう元になる「もの」を水と名づけたのだろう。

この考えがきっかけとなって、ある人は火を、ある人は空気を、ある人は土を万物の元だとしたのだった。

そんな時代に一人の知の巨人、デモクリトス（前460ころ～前370ころ）が現れた。「万物を作る元は、無数の粒であり、一粒一粒は壊れることがない、それを壊してもっと小さな粒にすることができない」と述べて、この一粒一粒を、ギリシア語の「破壊することができない物」から「**アトム**」（**原子**）と呼ぶことにした。

デモクリトスが頭に思い浮かべたのは、空っぽの空間（**真空**）を原子がお互いに結びついたり、バラバラになったりする激しい動きに満ちた世界だった。

そのデモクリトスの原子の考えは、その後アリストテレスによって批判されるようになった。「どんな物だって打ち砕けば小さな粒になるではないか、壊れることのない粒なんてありえない」というのが一つ、もう一つは「真空なんて存在するはずがない。見たところ空っぽの空間にも何かが詰まっているのだ」という批判である。

ものをどんどん分けていくと粒になり、それ以上分けられなくなるという考えは、ふつうの感覚と一致しにくいものだった。

それだけではなく、原子の考えは、神の存在なしに物事を説明できたので、宗教の力を利用していた支配者たちに目の敵（かたき）にされたりもした。

こうして17世紀ごろまで原子の考えは忘れられていた。し

かし1643年、トリチェリ（1608〜47）が真空を作ったことなどによって原子の考えが見直された。ガリレイ（1564〜1642）やニュートン（1643〜1727）も原子の考えを持っていた。

18世紀後半以降の多くの科学者による精密な実験の結果、「もの」は原子からできていることや原子にはさまざまな種類の「もの」があることがわかってきた。

現在では、原子の大きさや質量を測定し、原子が並んでいる様子を画像化したり、原子を1個ずつ操作して並べたりすることができるようになっている。

デモクリトスの原子の考えは、1808年にドルトン（1766〜1844）が原子の考えを提案するまで陰に追いやられていた。それが今では原子が実際にあることがはっきりしている。

②原子とは

いま、あなたが見ているこの本やあなた自身の体などすべての物質は原子からできている。現在では、特殊な電子顕微鏡を使い、物質の種類によっては1000万倍以上に拡大すると、その物質を作っている粒子を見ることができる。これが原子である。

知っていそうでよく知らない原子にはどのような特徴があるだろうか。

原子は、例外もあるが、主に次の5つの特徴を持っている。

(1) 原子は極めて小さい
(2) 原子は極めて軽い
(3) 原子は新しくできたり、なくなったり、他の種類の原子に変わったりしない
(4) 原子は、それぞれの性質を持つ

1-1 ものは原子の建築物

(5)原子は種類によってそれぞれの質量や大きさを持つ

原子はどの程度小さく、軽いのだろうか。

原子の直径は種類によって異なるが約1億分の1 cm程度である。水素原子の直径も約 $\frac{1}{100000000}$ cmであるので、水素原子は100000000個（1億個）並べてやっと1 cmになる。

身近なもので非常に薄いとされる金箔の厚さは、だいたい $\frac{1}{100000}$ cm程度である。このごく薄い金箔にも数百個の金の原子が重なり合っている。原子はこれほど小さいのだ！

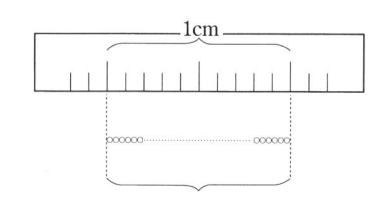

水素原子が100000000個並んでやっと1cmになる

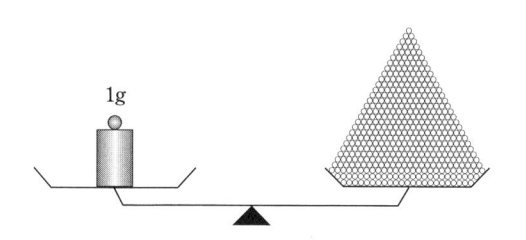

水素原子が600000000000000000000000個でやっと1gになる

③元素記号

水 H_2O は純粋な物質であるが、電気分解などで水素 H と酸

素Oの2つの気体に分けることができる。しかし、水素や酸素はさらに他の物質に分けることができない。このように、それ以上他の物質に分けられない物質を単体と言い、その物質を作っている元になるものを元素と言う。元素は原子の種類を表しており、その数は約110種類である。そのうち約90種類は自然界に存在し、それ以外は人工的に作られたものである。これらの原子はそれぞれ異なる質量や大きさを持ち、元素記号で表す。

　元素記号を使うと、すべての元素をアルファベット1文字か2文字の組み合わせで表せる。例えば水素Hのようにアルファベット1文字で表される元素では、大文字のHを書き、アルファベットをそのまま「エイチ」と読む。また、ヘリウムHeのようにアルファベット2文字で表される元素では、最初のHは大文字、2番目のeは小文字で書き、同様に「エイチ・イー」と読む。

［答え］　問い1／なし、問い2／1億個

1-2　原子の内部はどうなっている？

問い1　原子を作っている粒子は次のうちどれか？
　電子　陽子　中性子　分子　イオン

問い2　水素原子1個の大きさが東京ドーム程度（直径200m）だとすると原子の中心にある原子核は直径がどの程度の球の大きさだろうか？
　1mm　1cm　1m　10m

1-2 原子の内部はどうなっている？

❶原子の構造

①電子の発見

デモクリトスが提唱した「原子」は、19～20世紀初めにかけて、ラボアジエ（1743～94）やドルトンなどのさまざまな実験によりその存在が確かめられた。そこで科学者たちは、次のステップにチャレンジした。原子の構造を探ろうとしたのだ。

しかし、原子は極めて小さいので、もちろん目で見てその構造を知ることはできない。いろいろな実験を工夫して、「こういう実験結果なのだから、こうなっているはずだ」と原子の構造を推定するしか方法はない。原子の真の姿を求めて、科学者たちはさまざまな実験を行った。

そして最初に明らかになったのは、原子の中に電子があることだった。

19世紀末にJ・J・トムソン（1856～1940）は下図のような

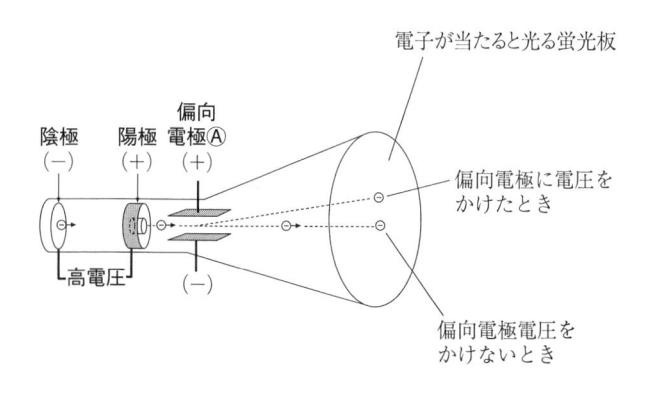

トムソンが実験した陰極線管

装置で真空放電の際、マイナス極（陰極）から出る陰極線に偏向電極Ⓐで電圧をかけると、プラス極（陽極）側に進路が曲がることを発見した。

　この実験から、陰極線の正体はマイナス（負）の電気を持ち、非常に小さな質量しか持たない粒子（電子）の流れであることがわかった。さらに陰極の金属の種類を変えても、同じような陰極線（電子）を発生することから、電子はすべての原子に共通して含まれているのではないかと考えた。

　J・J・トムソンは、物質はふつう電気的に中性だから、電子のマイナスの電気の量と釣り合うプラスの電気を持つものが、球状の原子全体に散らばっていると考え、「ぶどうパン」のような原子モデルを提唱した。

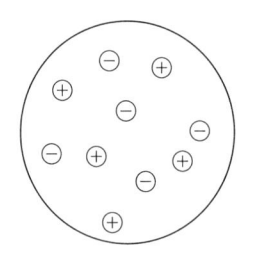

図1-8　トムソンの原子モデル

1-2 原子の内部はどうなっている？

②原子核の発見

　この原子モデルを実験で証明しようとしたのがトムソンの弟子ラザフォード(1871～1937)である。1909年、ラザフォードの助手のガイガーとマースデンは、真空中でごく薄い金箔にラジウムから放射されるα線（プラスの電気を持つ粒子）を照射し、金箔を通り抜けるときの曲がり方を調べた。トムソンの「ぶどうパン」のモデルに立てば、プラスとマイナスの電気を持つものが金全体に広がっているので、原子内の個々の場所は電気的に中和していて、α線は電気的な影響がなく、ほぼ直進すると予想できる。だから、もしα線がまっすぐ金箔を突き抜けるのであれば、原子は「ぶどうパン」のような構造だと考える

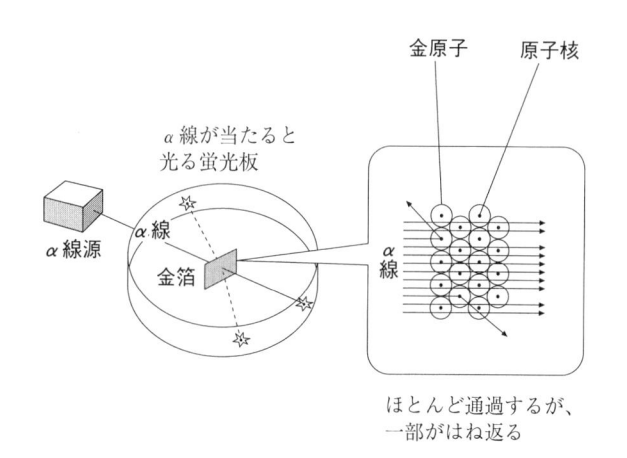

図1-9　ラザフォードの実験

ことができるわけだ。

しかし実験結果は予想に反し、ほとんどのα線はまっすぐに金箔を突き抜けたが、ごくわずかのα線の進行方向が大きく曲げられた。

ラザフォードはこの実験結果から、原子の構造を次のように考えた。

ほとんどのα線が直進する →
①原子の占める体積の大部分は非常に密度の低い空間である
②原子の質量の大部分は原子の中心部分に集中している
わずかのα線が大きく曲がった →
③原子の中心部分はプラスの電気を持っている

ラザフォードは、これらに基づき原子の中心にはきわめて小さいプラスの電気を持つ原子核があり、その周りを電子が回っている原子モデルを提唱した。しかし、電子に釣り合うだけのプラスの電荷が互いに反発せず狭い原子核の中に入っていられるのは、原子核の中にも「接着剤」として余分な電子が入っていると考えた。

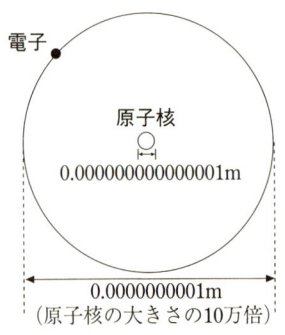

図1-10 ラザフォードの原子モデル

1-2 原子の内部はどうなっている？

③原子核の構造

その約20年後イギリスのチャドウィック（1891～1974）により**中性子**が発見され、原子核は正（＋）の電気を持つ陽子と、質量が陽子とほぼ等しく電気的に中性の中性子からなることがわかった。さらに、日本の湯川秀樹（1907～81）によって、原子核の中で接着剤の働きをしている中間子が発見された。こうしてデモクリトスが「原子説」を唱えてから約2300年を経て、ようやく私たちは原子の基本的な姿を知ることができたのである。

原子核に含まれる陽子の数は、元素により決まっていて、この数を元素の**原子番号**と言う。また、電子の質量は陽子や中性子の約 $\frac{1}{1840}$ ときわめて軽いため、原子の質量は陽子と中性子の数で比較することができる。そこで、陽子の数と中性子の数の和を**質量数**と言う。

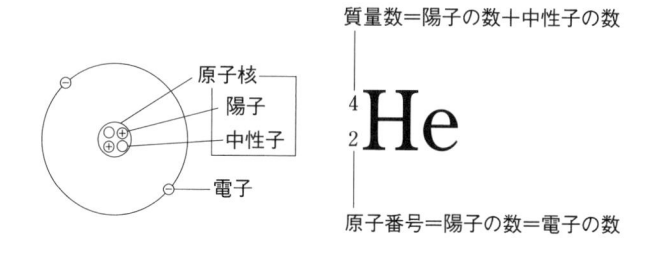

質量数＝陽子の数＋中性子の数

$${}^{4}_{2}\text{He}$$

原子番号＝陽子の数＝電子の数

ヘリウムの原子模型と原子の記号表示

［答え］　問い1／電子　陽子　中性子、問い2／1mm

1-3 化学反応と物質の量

問い1 次のような密閉した容器内で木炭を燃やし、燃やす前と燃やした後で質量を比べるとどうなるか。

増える 減る 変わらない

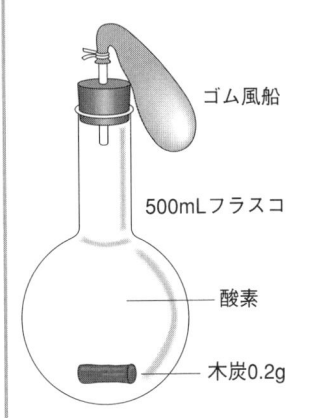

ゴム風船

500mLフラスコ

酸素

木炭0.2g

フラスコの底をガスバーナーで加熱して木炭を燃焼させる。木炭の姿が見えなくなったら、冷ました後に、質量をはかり、反応前の質量と比べる

問い2 化学反応は何の組み合わせが変わったといえるか。

陽子 原子 分子 電子 中性子

問い3 窒素28gを十分な水素と反応させ、すべてアンモニアにしたとするとアンモニアは何gできるか。ただし、原子量はH=1、N=14とする。

1-3 化学反応と物質の量

❶私たちの周りは化学反応でいっぱい

　毎日の生活を振り返ってみよう。私たちの周りはいろいろな現象にあふれている。台所ではヤカンの水が沸騰して蒸気を出している。液体の水が気体になっているのである。これは状態変化である。ヤカンの下では、お湯を沸かすために都市ガスやプロパンガスが燃えている。このようにガスが燃えると、空気中の酸素とくっついて、元のガスではなくなり二酸化炭素 CO_2 や水 H_2O になっている。これは化学変化（化学反応）だ。

　都市ガスの主成分であるメタン CH_4 が酸素と反応して二酸化炭素と水になっているのである。これを、モデルとして表すと、次のようになる。

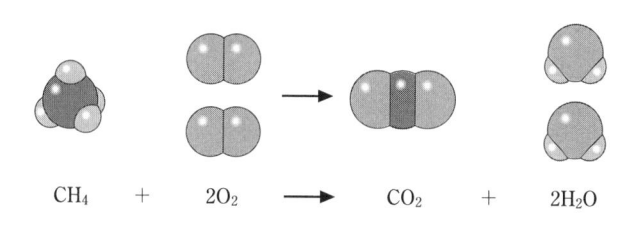

　　CH_4　　+　　$2O_2$　　⟶　　CO_2　　+　　$2H_2O$

図1-13　メタンの燃焼モデル

　縁日で売られているカルメ焼きは化学変化の基本をよく表している。砂糖水を加熱して煮つめ、そこに重曹を加えて勢いよくかき混ぜると、ふっくらと膨らむ。これが冷えて固まったものがカルメ焼きである。カルメ焼きを割ってみると、内側は孔だらけになっている。どうして孔があいたり、膨らんだりするのだろうか。カルメ焼きの材料の重曹には炭酸水素ナトリウム $NaHCO_3$ という物質が含まれている。炭酸水素ナトリウムが加熱により変化したため、カルメ焼きが膨らんだのだ。それでは、

炭酸水素ナトリウム　試験管A　試験管B

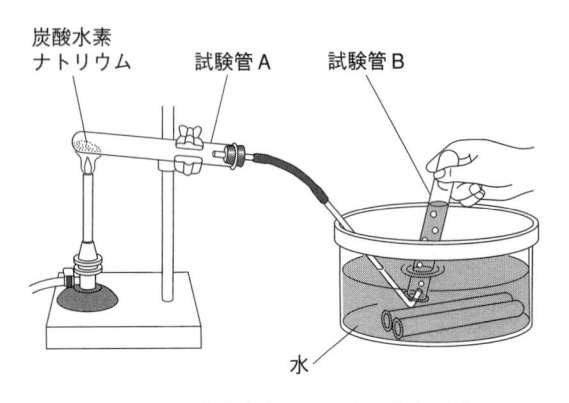

水

図1-14　炭酸水素ナトリウムを加熱する

　炭酸水素ナトリウムは加熱によってどのように変化するのだろうか。
　そこで図1-14のような装置で実験をしてみよう。
　炭酸水素ナトリウムを加熱すると気体が発生する。その気体を試験管Bに採り、石灰水（$Ca(OH)_2$の水溶液）を入れて振ると、石灰水が白く濁ることから二酸化炭素CO_2であることがわかる。また、試験管Aの口付近にたまった液体は、塩化コバルト紙が青色からピンク色に変わることから（塩化コバルト$CoCl_2$は水があることを示す指示薬として用いられる。255ページのコラム参照）、水であることがわかる。さらに、炭酸水素ナトリウムは水に溶けにくく、水溶液はフェノールフタレイン溶液（酸性・アルカリ性の指示薬）がほとんど変色しないのに対して、試験管Aに残った固体は水によく溶けてフェノールフタレイン溶液は赤色（アルカリ性を示す）になる。このことから炭酸水素ナトリウムとは別の物質になったと考えられる。この物質は炭酸ナトリウムNa_2CO_3という物質である。

1-3 化学反応と物質の量

カルメ焼きが膨らんだのは、炭酸水素ナトリウムから発生したたくさんの二酸化炭素の泡が主な原因である。炭酸水素ナトリウムは加熱すると、次のような3種類の物質に分かれる。

$$2NaHCO_3 \longrightarrow Na_2CO_3 + H_2O + CO_2$$

このように、1種類の物質が2種類以上の物質に分かれる変化を**分解**と言う。特に、熱で分解される反応を**熱分解**と言う。この他に電気を使い分解する方法を電気分解と言い、次のような装置で水を水素 H_2 と酸素 O_2 に分解することができる。また、塩化銅 $CuCl_2$ の水溶液を電気分解して銅 Cu と塩素 Cl_2 にすることもできる。これらの反応は水や塩化銅という化合物が単体に変化した反応である。

$$2H_2O \longrightarrow 2H_2 + O_2$$
$$CuCl_2 \longrightarrow Cu + Cl_2$$

化学反応は分解だけではない。炭素 C が燃えて二酸化炭素

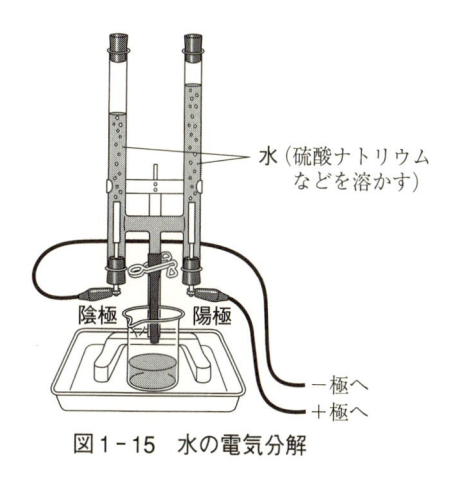

図1-15 水の電気分解

CO_2 になる化学反応は、炭素と酸素 O_2 が結びついている。

$$C + O_2 \longrightarrow CO_2$$

水素 H_2 が燃えて水 H_2O になる化学反応も、水素と酸素が結びついて水ができている。

$$2H_2 + O_2 \longrightarrow 2H_2O$$

また、マグネシウム Mg は空気中で燃やすと強い光を放つ。この光は、昔はカメラのフラッシュとして利用されていたが、これはマグネシウムが酸素と結びつく化学反応である。

$$2Mg + O_2 \longrightarrow 2MgO$$

これらの化学反応のように、2種類の物質が結びついて1種類の物質ができる化学反応を**化合**と言う。特に、酸素と化合することを**酸化**と言い、できた物質を**酸化物**と言う。発熱や発光を伴う酸化が**燃焼**である。

コラム　有機物の燃焼

炭素 C を中心とする物質を有機物と言う。燃料となる木、灯油、都市ガスやプロパンガスの成分は、C を中心として H などを含む有機物である。

有機物を燃やすと、成分の C は CO_2 に、H は H_2O になる。

$$\boxed{\begin{array}{c}\text{有機物}\\(\text{C, H を含む})\end{array}} + \boxed{\begin{array}{c}\text{酸素}\\O_2\end{array}} \longrightarrow \boxed{CO_2} + \boxed{H_2O} + \text{熱・光}$$

有機物を燃やすときに空気が少ないと、一酸化炭素 CO が発生する。一酸化炭素は猛毒なので、ガスコンロやストーブを使うときは換気を十分にするなど、一酸化炭素による中毒に注意

2 化学反応と化学反応式

①化学反応と質量保存の法則

34 ページの問い 1 の装置で、フラスコに木炭を入れて燃やすと木炭は真っ赤になってしだいに小さくなり、ついにはなくなってしまう。このとき、木炭はフラスコ内の空気中の酸素と結びついて二酸化炭素 CO_2 になる。

このとき反応前後の質量を調べてみると、まったく変わっていない。

燃焼に限らず、あらゆる化学反応において、反応の前後で物質全体の質量は変化しない（保存される）。これを**質量保存の法則**と言う。質量保存の法則が成り立つのは、化学反応において原子の組み合わせが変わり、他の物質に変化するが、原子自体は変化せず、増えたり減ったりしないので、反応前後の質量は変わらないからである。

②反応の前後で原子の数はどうなるの？

化学反応は、質量保存の法則を説明できるように**原子や原子団の組み合わせが変わるだけで、原子の数は反応前後で変わらない**。これを式で表したものが、**化学反応式**である。

例えば、メタン CH_4 が空気中で燃焼して酸素 O_2 と結合し、二酸化炭素 CO_2 と水 H_2O ができる化学反応式は次のようになる。

(1) ［反応物の化学式］ ⟶ ［生成物の化学式］とする

反応する物（反応物）の化学式を矢印 ⟶ の左側に、できる物（生成物）の化学式を矢印 ⟶ の右側に書く。

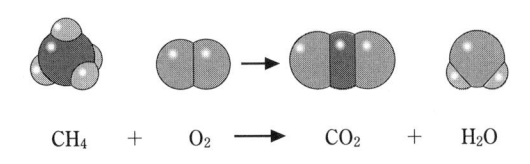

$$CH_4 + O_2 \longrightarrow CO_2 + H_2O$$

	左辺		右辺	
Cの数	1個		1個	
Oの数		2個	2個	1個
Hの数	4個			2個

このままでは、両辺のそれぞれの原子数が等しくない。そこで、

(2) 両辺の原子の数を等しくする

1) 矢印の左右でCの数は等しいが、HとOの数は等しくないので、まずHの数を両辺で等しくする。右辺の水分子を1個増やし、2個にして係数を2とする。

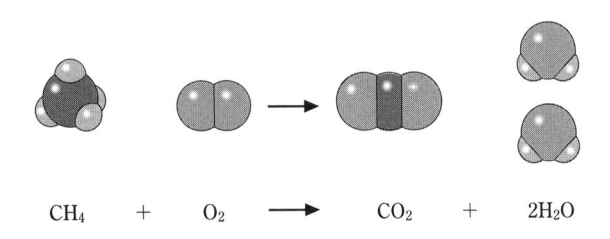

$$CH_4 + O_2 \longrightarrow CO_2 + 2H_2O$$

1-3 化学反応と物質の量

2) 次にOの数を両辺で等しくする。左辺の酸素分子を1個増やし、2個にして係数を2とする。

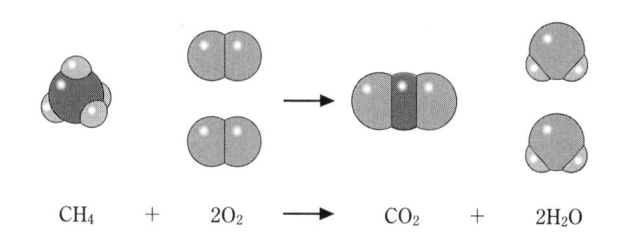

CH_4 + $2O_2$ ⟶ CO_2 + $2H_2O$

以上のように、係数をつけることにより、左辺、右辺ともCが1個、Hが4個、Oが4個となり、反応前後でそれぞれの原子の数が同じになる。これは質量保存の法則にしたがっているので、化学反応式は完成である。

このように、化学反応式は化学式の中の原子の数に注目し、その構成原子ごとに両辺の数をそろえるように係数をつければよい。

3 物質量

①化学反応式からわかること

(1) 何から何ができるか

34ページ問い3の化学反応式を例として、図1-19のいちばん上に示した。窒素N_2と水素H_2が反応してアンモニアNH_3ができるということがわかる。これは**ハーバー法**という有名なアンモニア合成法の反応式である。

(2) 粒子の数の関係

問い3の化学反応式から、1個の窒素N_2と3個の水素H_2が

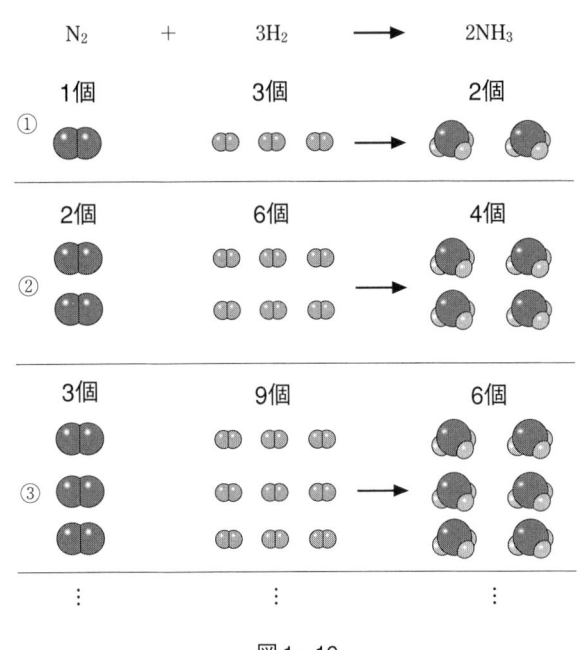

	N₂	+	3H₂	⟶	2NH₃
①	1個		3個		2個
②	2個		6個		4個
③	3個		9個		6個

図1-19

反応するとアンモニア NH₃ が2個生成することがわかる。

化学反応式の係数と化学式が示す粒子の間には、「**係数の比＝粒子の数の比**」という関係がある。図1-19のように①②③と粒子の数が多くなっても、係数の比は常に一定である。

化学で扱う**原子・分子・イオンはすべて粒子**と考えてよく、この例のように、化学反応式も「個数の比」を示している。だから、化学では原子・分子・イオンの量を測る場合、「個数」で表したほうが便利である。

しかし実験などを行う場合には、粒子（原子・分子・イオン）はあまりにも小さいため、実際に数を数えるのは不可能である。

1-3 化学反応と物質の量

ましてや、試験管の中で反応する粒子の数は、百兆の1億倍もの個数である！　それでは、どうしたらよいだろうか？

身近な例として、鉛筆を数えるときの「本」「ダース」「グロス」を考えてみよう。1ダースは12本で、1グロスは12ダースである。288本は24ダースであり、2グロスとなる。大量の鉛筆を数えるとき、何百本もの鉛筆を出して一本一本数えるよりは、ダースのような束(箱)にして考えるほうが便利である。同様に、膨大な数の粒子も「まとめた」ほうが便利である。

ある単位の数を決めておき、いつもその個数だけまとめて考えるようにすればよさそうだ。

では、まとめると言っても、いったいどのくらいの数をまとめれば便利だろうか？　粒子の個数を数えることは不可能だから、質量（上皿天秤(てんびん)でいつでも測れる）とうまく結びつく個数を見つければたいへん便利である。原子の中でいちばん軽い水素原子をもとに考えてみよう。

水素原子1個の質量は、0.000000000000000000000000167gである。この水素原子を集めてちょうど1g(1円玉1個の質量)にしてみよう。1gにするには、

$$1 \div 0.000000000000000000000000167 \fallingdotseq 600000000000000000000000 \text{個} \ (= 6.0 \times 10^{23} \text{個})$$

集めればよい。

他の原子の質量は、水素原子の質量の何倍であるかがわかっているから、6.0×10^{23}個集めれば質量がわかる。例えば、酸素原子の質量は、実験で水素原子の約16倍であることがわかっている。だから、酸素原子を 6.0×10^{23} 個集めると約16gになる。

1×12本＝1ダース
ダース

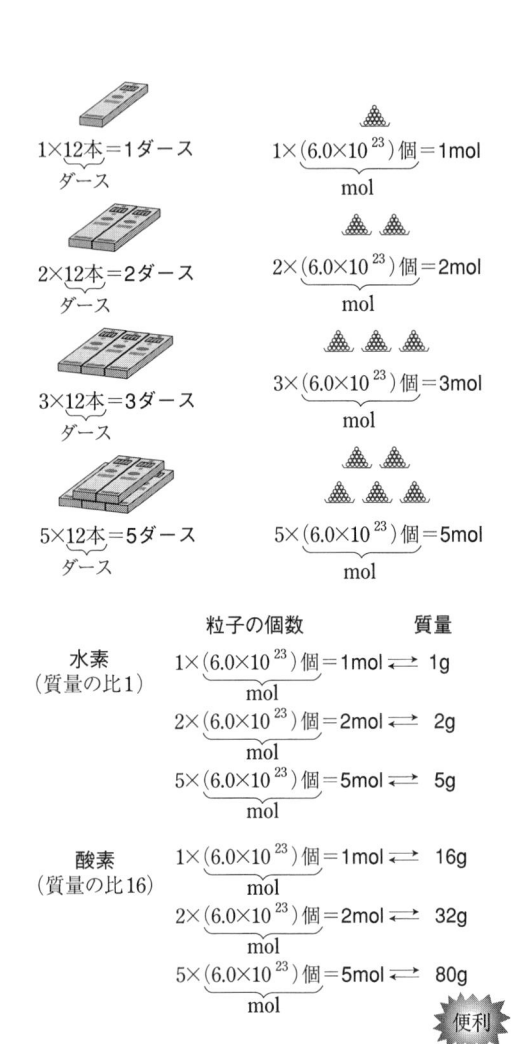

1×(6.0×10²³)個＝1mol
mol

2×12本＝2ダース
ダース

2×(6.0×10²³)個＝2mol
mol

3×12本＝3ダース
ダース

3×(6.0×10²³)個＝3mol
mol

5×12本＝5ダース
ダース

5×(6.0×10²³)個＝5mol
mol

	粒子の個数	質量
水素 (質量の比1)	1×(6.0×10²³)個＝1mol	1g
	2×(6.0×10²³)個＝2mol	2g
	5×(6.0×10²³)個＝5mol	5g
酸素 (質量の比16)	1×(6.0×10²³)個＝1mol	16g
	2×(6.0×10²³)個＝2mol	32g
	5×(6.0×10²³)個＝5mol	80g

便利

どうやら、6.0×10^{23}個を一まとめの単位個数と決めれば、粒子の個数と質量が結びつけられてたいへん便利そうだ。

この6.0×10^{23}という数字は**アボガドロ数**と呼ばれて、化学ではたいへん重要な数だ。色鉛筆や製図用鉛筆など、どんな鉛筆でも12本まとめるとそのまとまりを1ダースと言うように、どんな粒子でも6.0×10^{23}個（アボガドロ数個）まとめると、そのまとまりを**1モル**（記号 mol）と言う。

一般にある物質の量を表すとき、質量（g、kg）や体積（cm^3、cc、m^3）で表すことが多いが、「その物質の粒子が何個あるか」でも表すことができる。その粒子の個数を mol（アボガドロ数：6.0×10^{23}）を単位として表した物質の量を、**物質量**と言う。
「化学反応式の係数の比＝物質量（mol）の比」とも言えるので、物質量を使い、問い3の量的な関係を表すと、

$$N_2 \quad + \quad 3H_2 \quad \longrightarrow \quad 2NH_3$$
$1 \times (6.0 \times 10^{23})$個　　$3 \times (6.0 \times 10^{23})$個　　$2 \times (6.0 \times 10^{23})$個
　＝ 1mol　　　　　　＝ 3mol　　　　　　＝ 2mol

になる。

また、1mol あたりの粒子などの数を6.0×10^{23}/mol と書き、**アボガドロ定数**（N_A）と言う。

②原子量

実際に、どのくらいの量を反応させればどのくらいの量が生成するかを知りたいときは、前記のように原子の数を数えるのは非常に困難である。そこで、**原子の個数を測りやすい質量や体積に変換できれば、化学反応式の係数の関係から、何gから何gになるとか、何L（リットル）から何Lができるかなどが計算できる**。だから、原子の質量はどうしても知っておきたい。

現在では、原子の大きさが実際に測られ、質量分析器などの開発により質量なども正確に測定されている。しかし、原子があるかどうかもわからない時代に、科学者たちは想像力と実験事実をもとにした論理で、原子の質量を決めた。

　その方法は、ある1つの原子の質量を基準にとったとき、他の原子は基準の原子の質量に比べて何倍かというものであった。そのようにして得られる原子の質量は、ある原子が○×gというような絶対的なものではなく、原子の相対的な質量であった。このような原子の質量を**原子量**と言う。原子量は比の値であるから単位はない。

　基準の原子として、最初はいちばん軽い水素を1とした。酸素原子は水素原子より16倍重いから酸素の原子量は16、炭素

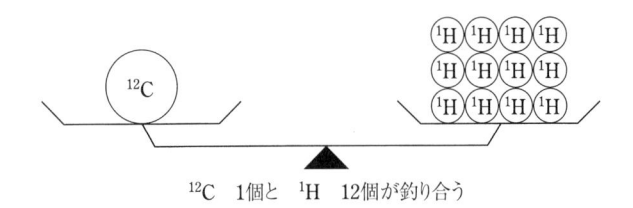

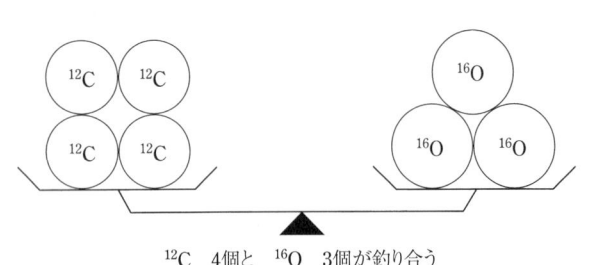

^{12}C　1個と　^{1}H　12個が釣り合う

^{12}C　4個と　^{16}O　3個が釣り合う

相対質量の求め方

原子は12倍だから12などと決めたのである。現在では「炭素原子の質量12」が基準になっている。

原子量と同じ基準で表した分子の相対的な質量を**分子量**と言う。分子量は分子に含まれる原子の原子量をすべて加えた値になる。例えば、酸素分子 O_2 は酸素原子2個からなるので、酸素の原子量 $16 \times 2 = 32$ となる。つまり、炭素原子 C 8 個と酸素分子 O_2 が 3 個で釣り合うことになる。

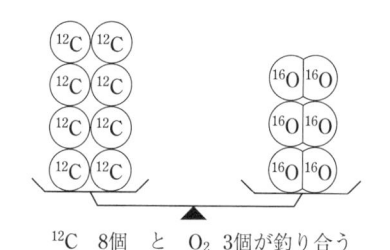

^{12}C 8個 と O_2 3個が釣り合う

また、水分子 H_2O は、水素原子 H 2 個と酸素原子 O 1 個からなるので、H_2O の分子量は、水素の原子量 1×2 + 酸素の原子量 $16 = 18$ となる。

イオンからなる物質の化学式量（あるいは式量。次ページ参照）も分子量と同様に組成式に含まれる原子の原子量のすべてを加えた値になる。

③モル質量

物質を構成する粒子（原子や分子など）1mol 当たりの質量を**モル質量**(g/mol)と言い、その値はその物質の原子量または分子量に等しい。(/mol)は「1mol 当たり」、(g/mol)は「**1mol 当たりの質量（g）**」を意味する。

炭素 C 原子の原子量は 12 であり、1mol（アボガドロ数個）

で12gとなる。つまり、炭素の原子量に単位g/molをつけた12g/molがモル質量になる。当然、2molならば24gになる。

同様に原子量、分子量、式量（その化合物の構成単位が分子として明確に決められない場合を式量と言う。高校では分子量と同じものと考えてよい）にg/molをつけると、原子、分子、イオンなどのモル質量になる。例えば、炭素C（原子量12）は12g/mol、水H_2O（分子量18）は18g/mol、塩化ナトリウムNaCl（式量58.5）は58.5g/molとなる。

モル質量を用いることで、物質量（個数）と質量の換算が非常に簡単になった。

問い3の解法は以下のようになる。

N_2 + 3H_2 ⟶ 2NH_3

物質量の比　　1　：　3　：　2
（＝係数の比）

---

① 物質量の比より、NH_3はN_2の2倍の量できる

② N_2（モル質量28g/mol）の28gの物質量は
　　28g ÷ 28g/mol＝1mol

③ NH_3はN_2の2倍の物質量できるから
　　1mol × 2 ＝ 2mol

④ よって発生するNH_3（モル質量17g/mol）の質量は
　　17g/mol × 2mol ＝ 34g …（答え）

N_2の分子量は、Nの原子量が14であるので28となる。N_2のモル質量は28g/molで、1mol（アボガドロ数個）では28gとなる。

NH_3の分子量はNの原子量14とHの原子量1が3個であるので17となり、モル質量は17g/molとなる。［係数の比 ＝ 物質量の比］から物質量の比が1：2となるので、17g/mol × 2mol ＝ 34gとなる。

1-3 化学反応と物質の量

④気体の体積と物質量

　気体の体積は温度や圧力で変化してしまう（115ページ参照）。そのため、気体の体積は、同じ温度、同じ圧力のもとで表さないと比較できない。

　また、同じ温度、同じ圧力のもとで同じ体積の気体は、分子の種類に関係なく、同じ数の分子を含むことがわかっている。これを**アボガドロの法則**と言う。

　したがって、同じ温度、同じ圧力のもとでは、気体の体積は分子の数（物質量）が多くなると大きくなり、少なくなると小さくなる。このように気体の体積は分子の数（物質量）のみに比例する。0℃、1.013×10^5Pa（パスカル）の状態（標準状態と言う）で、1molの気体の体積は、気体の種類に関係なく22.4Lである。例えば、標準状態における酸素2molは44.8Lとなる。なお、1.013×10^5Paは1013hPa（ヘクトパスカル　h: 10^2）つまり1atm（気圧）である。気圧については3-1 **2**を参照。

1Lの牛乳パック22本と200mLパック2本

1molの気体の体積は22.4L

⑤物質量と他の物理量の関係のまとめ

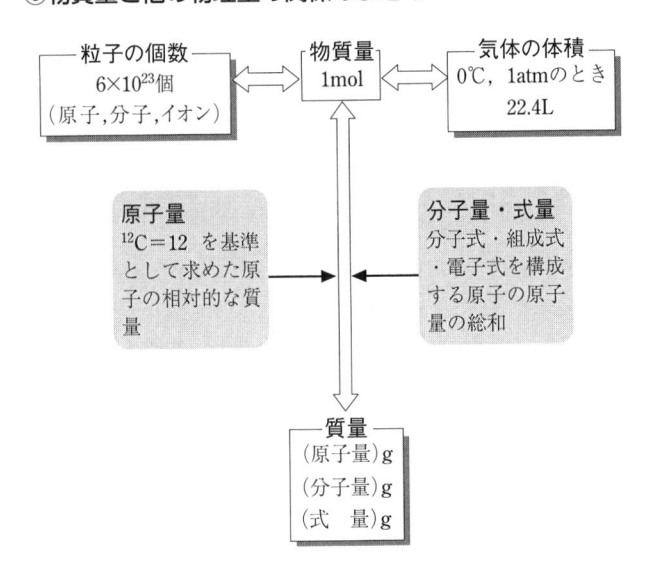

```
 ┌─粒子の個数─┐   ┌─物質量─┐   ┌─気体の体積─┐
 │ 6×10²³個  │⇔ │ 1mol  │⇔ │0℃, 1atmのとき│
 │(原子,分子,イオン)│   └───────┘   │   22.4L    │
 └────────┘       ⇕       └─────────┘
```

原子量
¹²C=12 を基準として求めた原子の相対的な質量

分子量・式量
分子式・組成式・電子式を構成する原子の原子量の総和

質量
(原子量)g
(分子量)g
(式 量)g

4 電子配置

①電子殻と電子の詰まり方

原子は中心に陽子と中性子からなる原子核とその周りを回る電子からなっている。正の電気を持つ原子核の周りを負の電気を持つ電子が高速度で運動している。

電子は原子核の周りを適当に回っているわけではなく、原子核の周りをいくつかの層に分かれて運動している。これらの層を電子殻と言う。さらにマンションの各階の各部屋に入れる人数が決まっているように、これらの電子殻に入ることができる電子の数は決まっている。

1-3 化学反応と物質の量

　原子のマンションの1階（K殻）は、定員2名で、電子が2個しか入れない。2階（L殻）は、定員8名で、電子は8個まで入ることができる。さらに、3階（M殻）は定員18名で、電子は18個まで入れる。同様に4階（N殻）には32個入れる。

　このように電子殻は、原子核に近い内側から順に、**K殻、L殻、M殻、N殻**……と呼ばれている。それぞれの電子殻には、順に**2個、8個、18個、32個の電子が入ることができ**、これ以上の電子は入ることができない。**定員ぴったりに電子が入った原子は非常に安定で、ほとんど化学反応を起こさない。**

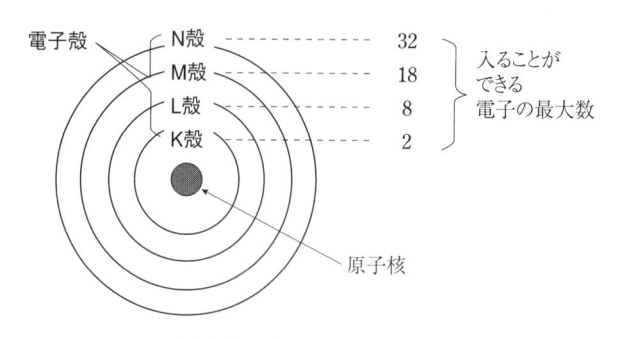

電子殻に入る電子の最大数

　1個の原子の中で、負の電気を持つ電子の数は、正の電気を持つ陽子の数と等しいので、電子の数は原子番号と等しくなる。原子番号1の水素Hは、電子が1個であるから、その1階（K殻）の1つの部屋に電子が1個入っている原子である。原子番号2のヘリウムは、K殻にもう1個電子が入って合計2個になる。原子番号3のリチウムLiの電子は1階に2個、2階に1個入ることになる。

　2階（L殻）の定員は8名なので、原子番号10のネオンNeまでは2階に入れる。つまり、10個の電子のうち、2個は1階

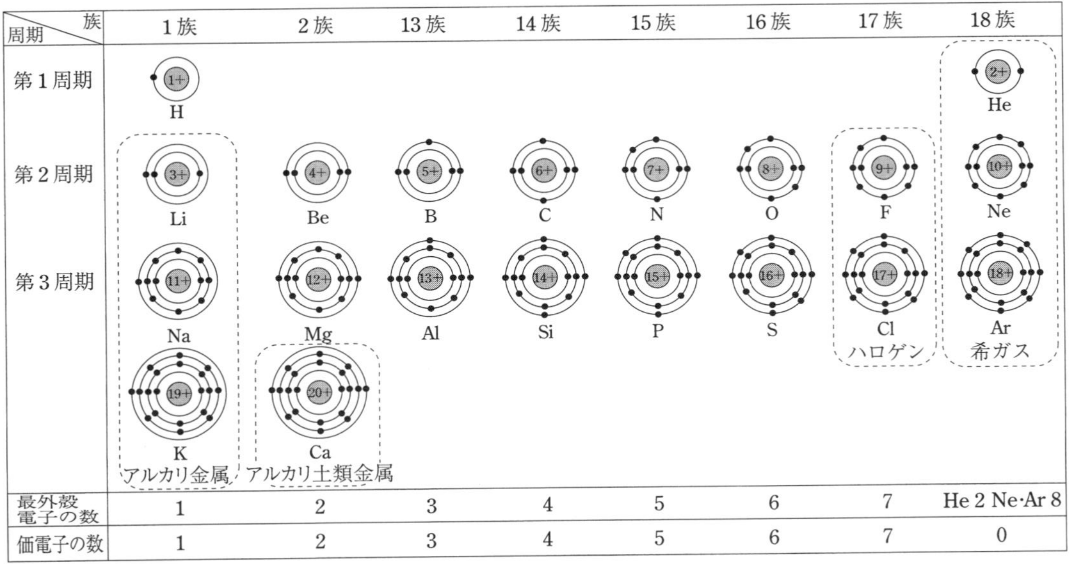

周期	1族	2族	13族	14族	15族	16族	17族	18族
第1周期	H							He
第2周期	Li	Be	B	C	N	O	F	Ne
第3周期	Na / K アルカリ金属	Mg / Ca アルカリ土類金属	Al	Si	P	S	Cl ハロゲン	Ar 希ガス
最外殻電子の数	1	2	3	4	5	6	7	He 2 Ne·Ar 8
価電子の数	1	2	3	4	5	6	7	0

図1-26 電子殻への電子の詰まり方

に、8個は2階に入る。原子番号11のナトリウムNaの11番目の電子は、1つだけ3階（M殻）に入ることになる。

3階（M殻）の定員は18名だが、この階の入り方は少しばかり複雑だ。2階（L殻）同様8名まではすぐに入れるのだが、次の2名はその上の4階（N殻）に入る。その後、再び3階にもどり9、10、11、…、18個となる。

原子のマンションでは、住人の電子は下の階のほうが好きで、下の階から順に詰まっている。これは、電子はエネルギーが低くて安定している内側の電子殻から順に満たされていくからである。

②価電子

最も外側の電子殻にある電子（**最外殻電子**）は、内側の電子殻にある電子と比べ原子核からの引力がとても弱い。また、最外殻電子は他の原子に最も近づきやすい位置にあるので、原子がイオン（2-1 58ページ）になったり、原子同士が結合するときに重要な働きをする。そのため、結合や反応に関わる最外殻電子を**価電子**と呼ぶ。

価電子の数が等しい原子同士は、化学的性質が互いによく似ている。例えば、価電子1個のリチウムLi、ナトリウムNa、カリウムKなどは**アルカリ金属**と呼ばれ、軽く、ナイフでも切れるほど軟らかく、水に溶けて水素を発生し、その水溶液はアルカリ性を示す。

価電子が7個のフッ素F、塩素Cl、臭素Br、ヨウ素Iは**ハロゲン**と呼ばれている。これらの化合物の水溶液に硝酸銀水溶液を加えると、フッ素以外は白〜黄の沈殿を生じ、これらの沈殿物は光に当たるといずれも変化する。

また、ヘリウムHe、ネオンNe、アルゴンArなどは**希ガ**

図 1-27 元素の周期表

スと呼ばれる。**希ガスは最外殻電子がちょうど定員どおり入った原子**たちで、他の原子とほとんど反応せず、1つの原子で安定している。そのため、価電子の数を0とする。

元素を原子番号の順に配列すると、その性質が周期的に変化する。これを元素の周期律と言う。元素は性質によっていくつかのグループに分類することができる。図1-27に示したように、元素を原子番号順に配列し共通した性質を持つ元素が縦の列にくるように並べた表を元素の周期表と言う。元素の周期表で縦の列に並ぶ元素の一群を族といい、1〜18族までである。また、横の列を周期と言う。

コラム　希ガス原子の電子配置は安定

希ガスには、飛行船に使われているヘリウムHeや、ネオンサインに使われているネオンNeのほかに、アルゴンArと、クリプトンKrと、キセノンXeなどがある。これらは、空気中や地殻中にほんの少しだけ存在している。例えば、空気中にはヘリウムHeは約0.0005%、ネオンNeは約0.0018%、アルゴンArは約0.93%存在している。このため、稀にしか存在しない気体（ガス）ということから希ガスと呼ばれている。

希ガスは、どうして大気中に少量しか存在しないのだろうか。希ガスの原子は他の原子と反応しにくく、ほかの原子と結合を作りにくい。希ガスは1つの原子だけで気体として存在しており、ほかの気体が分子として振る舞うのと同様な振る舞いを、1つの原子だけで行う（単原子分子と呼ぶ）。そのため、希ガスは地球ができたときから岩石などと結合せずに大気中に存在し、他の気体と同様にどんどん宇宙に出て行ってしまった。だから、希ガスは現在大気中に少ししか残っていないのである。

では、希ガスの原子はどうして他の原子と反応しにくく結合

しにくいのだろうか。それは、希ガスの電子配置が特別に安定しているからである。ヘリウム He は K 殻に 2 個、ネオン Ne は L 殻に 8 個の電子が電子殻をいっぱいに満たしている。また、アルゴン Ar、クリプトン Kr、キセノン Xe の最も外側の電子殻（最外殻電子）には、ネオン Ne の L 殻と同じように 8 個の電子が入っている。このような電子配置は、**他の原子と結合したり反応しにくい安定した構造**である。したがって、希ガス原子の電子配置は安定し、他の原子と反応しにくく、他の原子と結合しにくい。

［答え］　問い1／変わらない、問い2／原子、問い3／34g

第 2 章
原子と原子の結びつき――化学結合

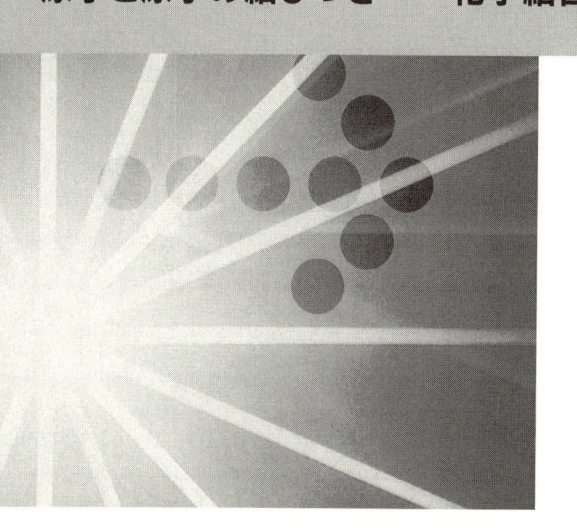

2-1 イオンとは何もの?

> **問い1** 原子がイオンになるとき、電子配置はどのグループと同じになるか。
> アルカリ金属　ハロゲン　希ガス
>
> **問い2** 原子が電子を2個放出すると何価の何イオンになるか。
> 1価の陽イオン　2価の陽イオン　2価の陰イオン

①電解質と非電解質

電気器具の注意書きに「濡れた手でふれると感電する危険性があります」と書いてあることがある。実際に、筆者自身も濡れた手で電気器具やコードをさわり「びりっ」と感電した経験がある。このことから、水で濡れていれば電流が流れやすく、水自身が電流を流すと考えがちである。ところが、純粋な水は電流を非常に流しにくい。では、どうして水に濡れると感電しやすくなるのだろうか。

電流が流れると電球が点滅する装置で調べてみると、水溶液には、**電流を流す水溶液**と**電流を流さない水溶液**とがあることがわかる。電流を流す水溶液には、塩化ナトリウム $NaCl$ 水溶液（食塩水）、塩酸（塩化水素 HCl の水溶液）、水酸化ナトリウム $NaOH$ 水溶液などがある。このように、水溶液が電流を流す物質を**電解質**と言う。また、電流を流さない水溶液には、砂糖（ショ糖またはスクロース）の水溶液、エタノール C_2H_5OH 水溶液などがある。これらのように、水溶液が電流を流さない物質を**非電解質**と言う。

濡れた手が感電しやすくなるのは、汗などに含まれている塩

化ナトリウムなどの電解質が水に溶けて、電流を流すようになるためである。

②電解質水溶液とイオン

塩化ナトリウム NaCl 水溶液などのような電流を流す電解質水溶液中には、**イオン**と呼ばれる粒子が散らばっている。イオンは原子や原子の集団（原子団）が電子を得たり失ったりすることにより、電荷（電気の最小単位。電子の粒と考えておこう）を持ったものである。イオンには正の電荷を持った陽イオンと、負の電荷を持った陰イオンがある。

電解質水溶液に電極を入れると、正（＋）の電荷を持つ陽イオンは陰極（－の極）へ、負（－）の電荷を持つ陰イオンは陽極（＋の極）へ引っぱられ、移動する。こうして電流が流れるのである。イオンとはギリシア語で「（電極の方へ）行く」という意味で名づけられた。

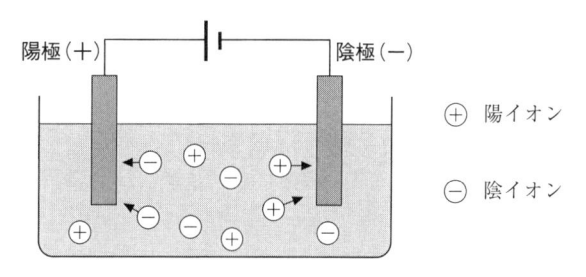

図2-1　水溶液が電気伝導性を示す仕組み

③イオンのでき方

(1)陽イオンのでき方の例

原子番号11のナトリウム Na 原子は、原子核に11個の陽子を持ち、原子核の周りに11個の電子（K殻2個、L殻8個、

M殻1個)を持っている。ナトリウム原子が最外殻のM殻の電子(価電子)1個を失うと、ネオンNe原子と同じ電子配置(K殻2個、L殻8個)になり、安定になる。このとき、ナトリウム原子は電子を1個放出しているので陽子の数より電子の数が少なくなり、全体として正の電荷を持つようになる。

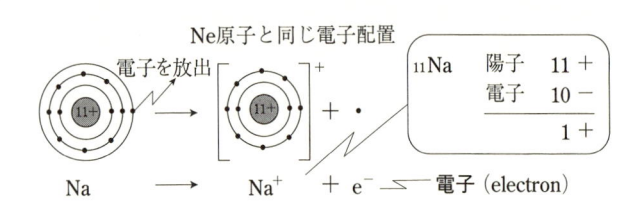

図2-2　Na原子のイオン化

(2)陰イオンのでき方の例

原子番号17の塩素Cl原子(陽子17個、電子:K殻2個、L殻8個、M殻7個)は、最外殻のM殻に電子1個をもらうとアルゴンAr原子と同じ電子配置になり、安定になる。塩素原子は電子を1個得たので、電子の数のほうが陽子の数より多くなり、原子全体として負の電荷を持つようになる。

ヘリウムHe(陽子2個、電子:K殻2個)、ネオンNe(陽

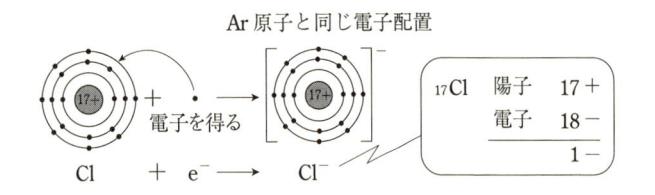

図2-3　Cl原子のイオン化

子10個、電子：K殻2個、L殻8個）、アルゴン Ar（陽子18個、電子：K殻2個、L殻8個、M殻8個）などの希ガスは安定した電子配置を持っている。これ以外の原子は電子配置が不安定で、電子を他の原子に与えたり、他の原子から受け取ったりして、希ガスの電子配置をとり、イオンとなる。

④イオンの表し方

　原子がイオンになるとき、放出したり受け取ったりした電子の数をイオンの価数と言う。原子が電子を他に与えると、与えた電子の数に等しい正（＋）電荷を持った陽イオンとなり、逆に原子が電子を受け取ると、受け取った電子の数に等しい負（－）電荷を持った陰イオンになる。イオンを記号で表すには、Na^+、Ca^{2+}、Cl^-、S^{2-}のように、元素記号の右上にイオンの価数（持っている電荷の量）と＋または－の符号（電荷の種類）をつける。これをイオン式と言う。Ca（陽子20個、電子：K殻2個、L殻8個、M殻8個、N殻2個）は、2個電子を他に与え、電子が2個減るためにCa^{2+}となり、S（陽子16個、電子：K殻2個、L殻8個、M殻6個）は他から電子を2個受け取り、電子が2個増えるためにS^{2-}となる。

⑤イオンの名称

　一般に、イオンの名称は、陽イオンの場合は［元素名＋イオン］とつけ、陰イオンの場合は、［元素名の頭文字＋化物イオン］とつける。酸からできる陰イオンは［酸の名称＋イオン］とつける。

価数	陽イオン	イオン式	価数	陰イオン	イオン式
1	水素イオン	H^+	1	フッ化物イオン	F^-
	リチウムイオン	Li^+		塩化物イオン	Cl^-
	ナトリウムイオン	Na^+		ヨウ化物イオン	I^-
	カリウムイオン	K^+		水酸化物イオン	OH^-
	アンモニウムイオン	NH_4^+		硝酸イオン	NO_3^-
2	マグネシウムイオン	Mg^{2+}	2	酸化物イオン	O^{2-}
	カルシウムイオン	Ca^{2+}		硫化物イオン	S^{2-}
	バリウムイオン	Ba^{2+}		硫酸イオン	SO_4^{2-}
3	アルミニウムイオン	Al^{3+}	3	リン酸イオン	PO_4^{3-}

主なイオンの種類とその価数

[答え] 問い1／希ガス、問い2／2価の陽イオン

2-2 いろいろな化学結合

問い1 次の物質の中で分子でできていないものはどれか？

水　鉄　酸素　塩化ナトリウム

問い2 次の物質の中でイオンでできていないものはどれか？

塩化水素（HCl）　硫酸ナトリウム（Na_2SO_4）　酸化マグネシウム（MgO）

問い3 水分子は、どんな形をしているか？
直線形　折れ線形　正四面体

■1 物質のでき方

①原子はさびしがりや

私たちの身の回りにある質量と体積のあるものは、すべて物質である。物質は、原子がもとになってできている。希ガス以外の原子は、単独で存在することは、ほとんどない。周りに原子があるとすぐにくっつきたがるさびしがりやだ。

②物質の性質が多様なのはなぜか

原子の種類（元素）は全部で約110種類であるが、私たちの体や身近にある物質は20種類ほどの元素からできている。たったこれだけの元素からできているのに、構造がわかっている化合物だけでも約1800万種あると言われる。その性質はいまだにすべてが解明されていないほど多種多様である。**化合物の性質は、原子やイオンの結合のしかたや集合のしかたによって決まる。**つまり、化合物の種類が非常に多いのは、原子やイオンなどの種類が多いからではなく、それら基本粒子の結合のしかたや集合のしかたが、千差万別だからである。

③原子のかたまり——分子

酸素 O_2、窒素 N_2 などの単体や水 H_2O、二酸化炭素 CO_2 などの化合物は、原子が何個か結びついたかたまりが無数に集まってできている。このように原子がいくつか結びついてできた粒子を**分子**と言う。

酸素と同じように、二酸化炭素は炭素原子1個と酸素原子2個が結合した二酸化炭素分子、水は酸素原子1個と水素原子2個が結合した水分子からできている。さらに、ショ糖 $C_{12}H_{22}O_{11}$（砂糖の主成分）は、炭素原子・水素原子・酸素原

子が多数結合した分子からできている。また、プラスチックの一種であるポリエチレン $(CH_2-CH_2)_n$ は炭素原子に水素原子2個が結合した構造が非常に多数繰り返し結合した巨大な分子になっている。このように、原子の結びつき方の違いによって多種の分子ができ、その大きさや性質もさまざまになっている。

H_2O や CO_2 など元素記号を使って物質を表したものを**化学式**と言う。化学式は全世界共通の化学における言葉といえる。分子を表す化学式は**分子式**と言う。分子式は、構成している原子の種類を元素記号で表し、原子の数を右下に小さく数字をつけて表す。ただし、ヘリウム He、ネオン Ne、アルゴン Ar などの希ガスは他の原子と結合を作りにくく、原子のままで存在しており（単原子分子と言われる）、元素記号がそのまま分子式になっている。

酸素分子　二酸化炭素分子　　　　水分子　　ネオン分子
O_2　　　　CO_2　　　　　　　H_2O　　　Ne

ショ糖（スクロース）
$C_{12}H_{22}O_{11}$

ポリエチレン
$(CH_2-CH_2)_n$

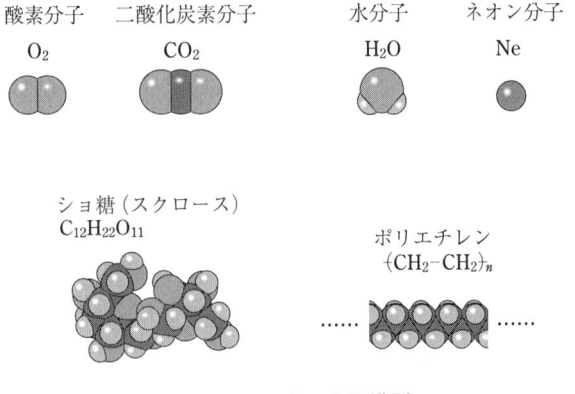

図2-5　分子式と分子模型

2 原子がくっつくパターンは3種類

イオン同士の結びつきや原子同士の結びつきのことを化学結

2-2 いろいろな化学結合

合と言う。元素の性質は、大きく金属元素と非金属元素の2群に分けることができる。その2群の組み合わせ方が次のように3通りあるため、化学結合は大きく分けると3つのパターンになる。

ⅰ　金属元素と金属元素
ⅱ　金属元素と非金属元素
ⅲ　非金属元素と非金属元素

周期表（54ページ）を見てみよう。表の右上の方の21種および水素の22元素は**非金属元素**だ。それ以外の左下の約90種は**金属元素**だ。金属元素の原子は電子を放出しやすく、他の原子と結合するとき陽イオンになりやすい。この性質を**陽性**が強いと言う。それに対して、希ガス（18族）を除く非金属元素の原子は電子を受け取りやすいため**陰性が強い**と言う。

周期表上では、18族（希ガス元素）を除くと、一般に左下の元素ほど陽性が強く、右上の元素ほど陰性が強い。

陽性が強い……陽イオンになりやすい。電子を放出しやすい。

陰性が強い……陰イオンになりやすい。電子を受け取りやすい。

1族のNaとKを比べてみよう。

Kの価電子（最外殻電子）の方が原子核から離れているので、原子核と引きつけ合う力は弱くなり、はずれやすい。つまり、電子を放出しやすいので、より陽性が強い。

17族のFとClでは、電子を受け取る空き部屋がFの方が原子核に近いので、原子核との引き合う力は強くなり、他から電子を受け取りやすい。つまり、Fの方が陰性が強い。

Na　　　　　　　　　　　　　　K

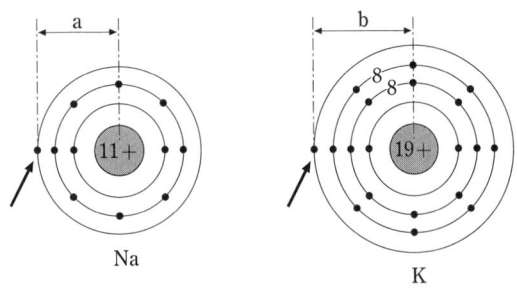

a＜bなので、電子と核の引きつけ合う力はKの方が弱い(取れやすい)！
図2-6　KがNaより陽性が強い理由

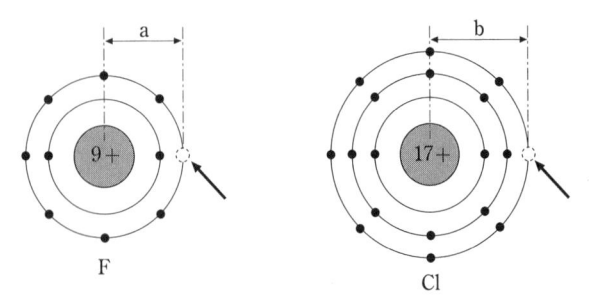

F　　　　　　　　　　　　　　Cl

a＜bなので、Fの方が電子を引きつける力が強い(取り込みやすい)！
図2-7　FがClより陰性が強い理由

　この金属元素と非金属元素の組み合わせによって、次の3種類の化学結合の様式が生じることになる。

[**イオン結合**]　陽性が強い金属元素の原子と陰性が強い非金属元素の原子が近づいたとき、陽性の原子の価電子が陰性の原子へ引きつけられ移動し、それぞれが、陽イオンと陰イオンになってできる結合。

[**共有結合**]　陰性の非金属元素の原子同士が近づいたとき、2

つの原子が価電子を引っ張り合ったまま、お互いの間で共有し合ってできる結合。共有結合をすると分子や多原子イオンができる。

[金属結合] 陽性が強い金属元素の原子が多数近づいたとき、それぞれが価電子を放出し、それをすべての原子の間で共有し合ってできる結合。

これらの結合によって、どのように物質ができあがり、どういった性質を示すようになるのだろうか。

3 陽イオンと陰イオンの結合

塩化ナトリウム NaCl など酸と塩基（アルカリ）が中和してできた物質（これを塩と言う）、酸化鉄など金属の酸化物などは、イオン結合でできている。これらの物質は、どのようにしてできたのだろうか。

①イオン結合のでき方

正（＋）の電荷を持つ粒子同士や、負（－）の電荷を持つ粒子同士は、互いに反発し合う。しかし、正（＋）の電荷を持つ粒子と負（－）の電荷を持つ粒子とは、引き合う。このように、電荷を持つものの間に働く力を**静電気力**と言う。この静電気力を詳しく研究したフランスの物理学者クーロン（1736～1806）にちなみ、静電気力は**クーロン力**とも言われる。

金属元素はすべて陽性元素であり、電子を放出しやすく陽イオンになりやすい。18族以外の非金属元素は陰性元素であり、電子を引きつけやすく陰イオンになりやすい。そのため、金属元素と非金属元素の原子が近づくと、金属の原子から非金属の原子へと電子が移動をして、それぞれが陽イオンと陰イオンに

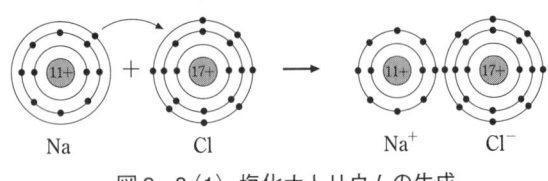

図2-8(1) 塩化ナトリウムの生成

(a) 塩化ナトリウムの結晶構造　(b) 塩化カルシウムの結晶構造

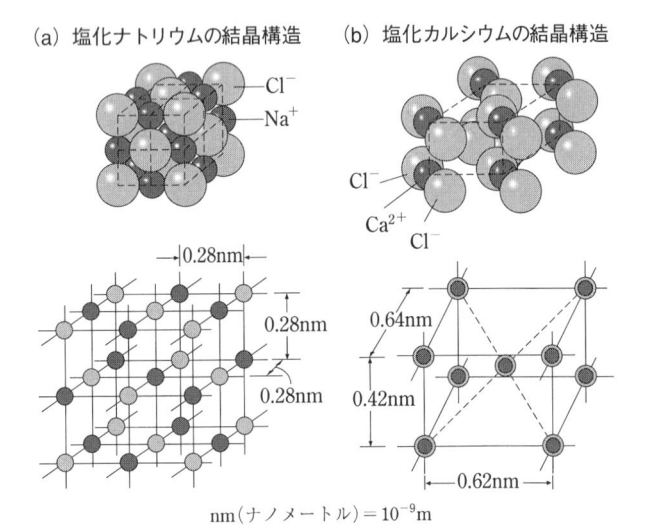

$nm(ナノメートル) = 10^{-9}m$

図2-8(2) 塩化ナトリウムと塩化カルシウムの結晶構造

なり、クーロン力によって結合することになる。これをイオン結合と言う。

例えば、左の写真のように、金属ナトリウム（銀色）を加熱・融解しておき、そこに塩素の気体（黄緑色）を入れると激しく反応し塩化ナトリウム（白色結晶）ができる。

図のようにナトリウム原子と塩素原子が近づくとNaの価電子がClへ移動し、ナトリウムイオンNa^+と塩化物イオンCl^-とを生じ、それら多数のイオンがクーロン力で結合し、順序よく整列して結晶ができあがる。

結晶とは、その物質を構成する原子や分子、イオンといった粒子が、規則正しく整列してできた固体のことだ。

一般に、イオン結晶中の陽イオンと陰イオンは図2－8（2）のように互いに引き合うように交互に規則正しく整列している。また、物質中の正の電荷と負の電荷が同数になるように結合しているため、全体として電気的に中性になっている。

②イオン結合の物質は常温ではすべて結晶

イオン結合は強い結合なので、その結合を引き離すには大きなエネルギーが必要だ。だから、結合をゆるめて液体にするには相当な高温にしなければならない。そのためイオン結合の物質は一般に融点が高く、すべて常温で結晶（固体）である。常温では気体はもちろん、液体のものも存在しない。例えば、塩化ナトリウムNaClの融点は801℃、融点の低いもの、例えば硝酸銀$AgNO_3$でも212℃である。

イオン結合からなる結晶をイオン結晶と言う。イオン結晶は、強い結合力で固まっているのに水に溶けやすいものが多い。なぜだろうか。このことは次章3－3「溶液」で解明しよう。また、水に溶けると陽イオンと陰イオンがバラバラになるので、イオ

ン結晶はすべて電解質である。

4 分子を作る結合

水素 H_2 や酸素 O_2 の気体、それらが化合した水 H_2O などは、イオンではなく原子がいくつか結合した分子が多数集まってできている。

18族を除く非金属元素は陰性が強く、電子を引きつけて陰イオンになりやすく、陽イオンにはなりにくい。そのため非金属の原子同士では、片方が陽イオンになりもう片方が陰イオンになって、イオン結合することは考えられない。それでは、陰性の原子が近づくとどういう仕組みで結合ができるのだろうか。

①水素分子 H_2 のでき方

まずもっともシンプルな分子である水素分子について、そのでき方を考えてみよう。

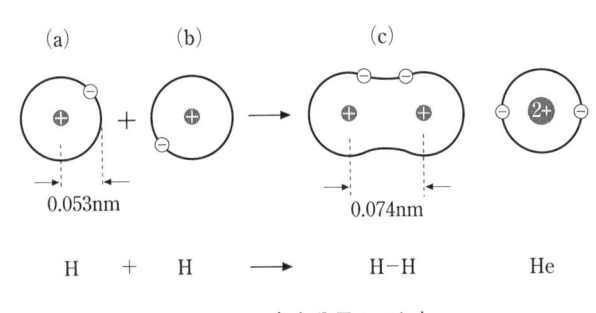

図2-9 水素分子のでき方

水素原子2個が近づくと図2-9のようにK殻が重なりあう。このとき、2つの原子核が電子を引きつける強さは等しいので、

2個の価電子は両方の原子核を回ることになる。これを電子が共有されたと言い、できた価電子のペアを**共有電子対**と言う。結合を形成すると、K殻に2個の電子が回っている**希ガス元素のHe原子に似た電子配置（閉殻）**となる。このように陰性元素の原子（非金属原子）同士が近づき、それぞれの価電子がペアを形成し2個の原子によって共有され、共有電子対を形成してできる結合を**共有結合**と言う。

共有結合のでき方を考えるとき、いちいちすべての電子殻を書かず、これを省略して結合に関係ある最外殻の電子（価電子）だけを示すのが普通である。元素記号の周囲に最外殻電子を「・」で表示した化学式を電子式と呼ぶ。例えば、水素はH・、窒素は・N̈・、酸素は・Ö・そして水素分子はH:Hと表される。これ以降の説明は、電子式で図示する。

この電子式で水素分子のでき方を示すと、

H・ + ・H ⟶ H:H

となる。

②水 H_2O 分子のでき方

1−3（51ページ）で、電子殻のK殻は定員2、L殻は定員8とした。実はL殻には4つの部屋があり、1つの部屋に2個の電子がペアになって入るのだ。そこで、元素記号の上下左右に部屋があるとして電子式を書いてみよう。電子が順番に入っていくとき、電子はみんな負（−）の電荷を持っているので互いに反発する。そのため、L殻に入っていくとき、4個までは1つの部屋に1つずつ入っていく。

酸素原子Oでは、L殻の4つの部屋に価電子が6個入っている。そのため2個の電子は、ペアを作っていない。このように

L殻には4つ
の部屋

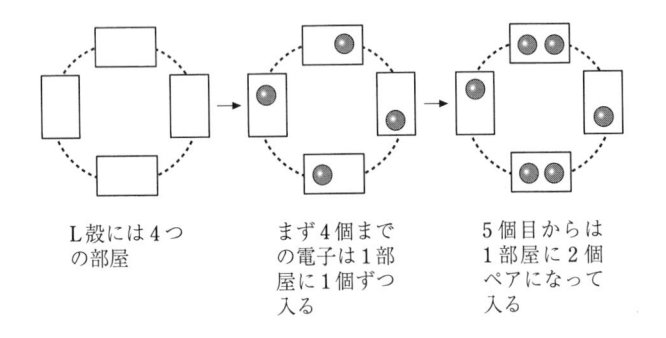

まず4個まで
の電子は1部
屋に1個ずつ
入る

5個目からは
1部屋に2個
ペアになって
入る

ペアになっていない電子を**不対電子**という。

2つの不対電子それぞれに、不対電子を1個持つ水素原子が近づくと不対電子同士がペア（**共有電子対**）を作る。このようにして共有結合を作ると酸素原子のL殻に8個の電子が回る

アンモニア   メタン

◌ 共有電子対　● 非共有電子対

図2-11　水、アンモニア、メタン分子のでき方

2-2 いろいろな化学結合

ことになり、**希ガス元素の Ne 原子に似た電子配置（閉殻）**となる。このように結合すると、すべての原子は希ガスに似た電子配置となる。

ところで、図2－11上の電子式の酸素原子の上下の価電子は結合する前からペアになっており、共有結合をしていない。このような共有結合に使われない価電子のペアを**非共有電子対**という。アンモニア NH_3 やメタン CH_4 などの分子も同様にしてできている。

③二酸化炭素分子 CO_2 と窒素分子 N_2 のでき方

H と H の結合や水分子中の O と H の結合、アンモニア分子中の N と H の結合、メタン分子中の C と H の結合などは、2個の電子つまり1対の共有電子対でできている。この結合を結合手（線）1本で表す。1本の線で書き表される共有結合を**単結合**という。

これらに対して、二酸化炭素分子 CO_2 中の酸素原子 O は2つの不対電子を持ち、炭素原子は4つの不対電子を持つので、すべての不対電子がペアを作ろうとして、炭素原子の右と左そ

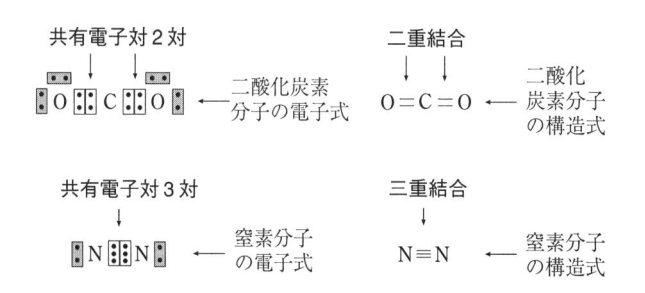

```
共有電子対2対                    二重結合
     ↓                            ↓
 ёO::C::Oё  ← 二酸化炭素       O=C=O  ← 二酸化
              分子の電子式               炭素分子
                                         の構造式


共有電子対3対                    三重結合
     ↓                            ↓
  ёN:::Nё   ← 窒素分子          N≡N    ← 窒素分子
              の電子式                   の構造式
```

図2－12　二酸化炭素分子、窒素分子の電子式と構造式

れぞれに2対の共有電子対が形成される。構造式では炭素の左右に「=」と2本の線が書かれる。このように2本の線で書かれる共有結合を**二重結合**という。

窒素N原子は図のように3つの不対電子を持つため、もう一つの窒素原子が近づくと3対の共有電子対を形成する。そのため「≡」と3本の線で書かれる。これを**三重結合**と呼ぶ。

二酸化炭素分子も窒素分子も共有結合をして分子を形成しているときは、それぞれの原子が希ガス元素のNe原子に似た電子配置となっている。

④なぜ共有結合をするのか

エネルギーの観点から考えてみよう。エネルギーとは何らかの仕事をする能力のことだ。

手を離すと物が落下するのは、高いところにある物体が大きいエネルギーを持っていて、落下することで持っているエネルギーを使い果たそうとするからである。水力発電は、この高い

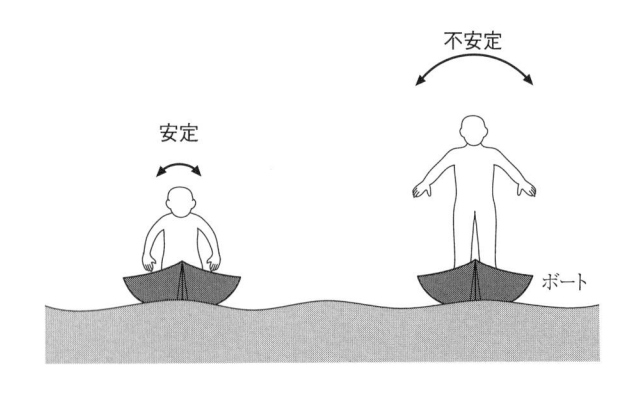

重心を低くする（エネルギーが小さい）と安定する

ところにある水の持つエネルギーを利用している。高いエネルギーを持つ物質は、自然にそのエネルギーを使い果たし（放出し）、低いエネルギーの状態になろうとする。このように、一般に物質は、エネルギーの小さい状態になるような方向に自然に変化を起こす。そして、エネルギーが小さい谷底の状態になると変化を起こしにくくなる。こういった状態を安定な状態という。重心を低くすると倒れにくくなるのもその例だ。

原子同士が近づくと結合を作るのは、結合したほうがエネルギー的に安定だからである。原子の電子配置の中で、希ガス元素の電子配置は安定だ。希ガス元素では、最外殻の電子がヘリウム He では 2 個だが、ネオン Ne、アルゴン Ar では 8 個だ。共有結合を形成すると、それぞれの原子の最外殻に、K 殻は 2 個、L 殻や M 殻は 8 個の電子が入ることになり、希ガス元素の原子と同じ電子配置になる。つまり、原子は共有結合を形成して、希ガス元素の電子配置をとって安定になろうとして共有結合をするのである。それが証拠に原子同士が安定な結合を作ると必ず熱や光などの形でエネルギーが放出される。

⑤結合をわかりやすく表す構造式

分子の電子式中の共有電子対 1 対を 1 本の線（**価標**）で表し、非共有電子対を省略した化学式を**構造式**という。構造式は、原子間の結合の様子を示しているが、分子の実際の形を表しているとは限らない。実際の分子は、図 2－14 の分子模型のようなそれぞれ決まった形をしている。

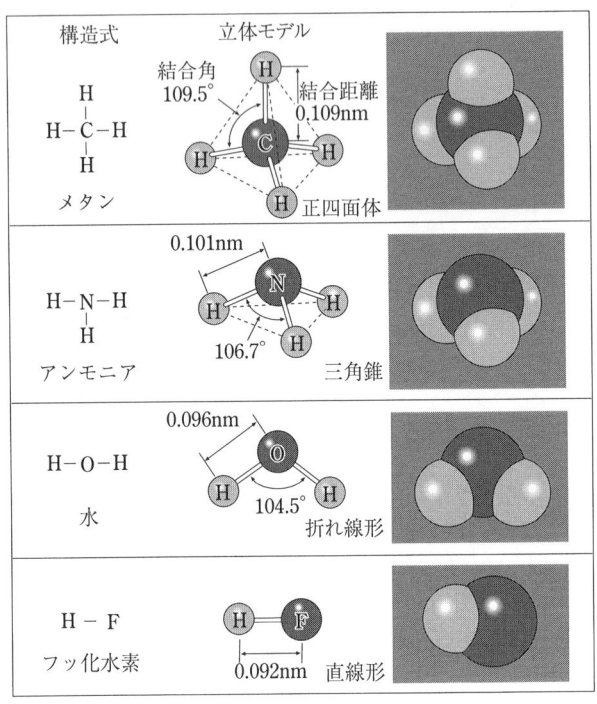

構造式	立体モデル	
H H–C–H H メタン	結合角 109.5°、結合距離 0.109nm、正四面体	
H–N–H H アンモニア	0.101nm、106.7°、三角錐	
H–O–H 水	0.096nm、104.5°、折れ線形	
H – F フッ化水素	0.092nm、直線形	

図2-14 分子の構造式と立体モデル

⑥原子価

共有結合をする原子が出し合うのは、ペア（対）になっていない電子（不対電子）である。炭素C、窒素N、酸素O、塩素Cl、水素Hの各原子は、それぞれ ·Ċ·、·Ṅ·、:Ö·、:Cl·、H· で、不対電子の数は4、3、2、1、1である。これらの原子は不対電子を共有し合って共有結合をする。この不対電子の数やイオンになったときの価数を**原子価**という。

周期表の族と主な原子価は次のようになっている。覚えてお

周期表の族	1	2	13	14	15	16	17	18
第2周期	Li	Be	B	C	N	O	F	Ne
第3周期	Na	Mg	Al	Si	P	S	Cl	Ar
主な原子価	1	2	3	4	3	2	1	0

周期表の族と主な原子価

くと化学式を理解しやすい。

 原子番号が大きくなると、1種類の原子で2種類以上の原子価を示すものが多くなる。例えば、16族の硫黄Sは、2価（H_2Sなど）の他に、4価（SO_2など）および6価（SO_3など）の原子価を示すことがある。これは、原子番号が大きくなると、外殻にある電子が入る部屋が増え、電子がいろいろなパターンで詰まることで外殻電子の中にできる不対電子の数が変化するからである。

 なお、ここでの原子価は厳密には共有結合の場合の原子価である。イオン結合の場合には、最外殻から何個の電子を放出したか（相手の原子に与えたか）で正の原子価が決まり、反対に他の原子から電子を何個もらうかで負の原子価が決まる。

⑦後からくっついてくる──配位結合

 今まで述べてきた共有結合では、2個の原子が対等に、お互いに同数の電子を出し合い、それを共有し合って結合している。ところが、一方の原子が電子を出し、もう一方はそれを受け入れるだけで、結果として共有し合って結合ができることがある。

 無色の気体であるアンモニアNH_3や塩化水素HClが水に溶けるとそれぞれ次のように反応してイオンを生じる。

$$NH_3 + H_2O \rightleftharpoons NH_4^+ + OH^-$$
$$HCl + H_2O \longrightarrow Cl^- + H_3O^+$$

　NH_4^+ をアンモニウムイオン、H_3O^+ をオキソニウムイオンという。Nは15族であり原子価は3、Oは16族であり原子価は2のはずだが、アンモニウムイオンはHを4つ、オキソニウムイオンはHを3つ結合している。不対電子の数より結合が1つ多い。これは、次の図2-16のようにアンモニアや水分子の非共有電子対に H^+ が結合しているためである。このように2つの原子が、一方の原子やイオンの非共有電子対を共有し合ってできる結合を**配位結合**という。

　配位結合はできあがると元からあった共有結合と区別がつかない。つまり共有結合の一種といえる。そのため電子式や構造式を書くときは、配位結合したイオン全体を〔　〕で囲みその

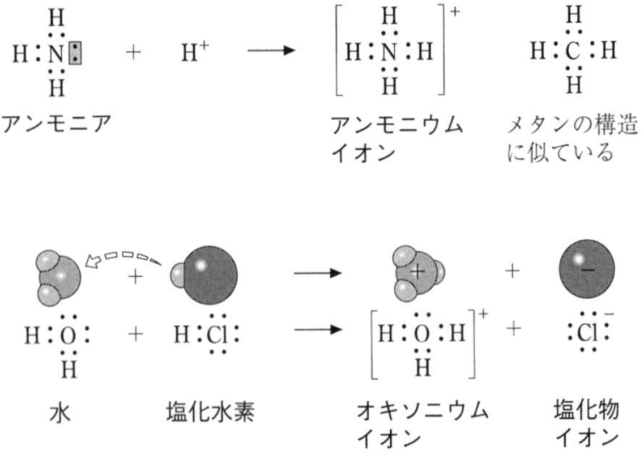

図2-16　アンモニウムイオン、オキソニウムイオンのでき方

5 分子同士がくっつくと

①分子が集まった——分子性物質

　分子が集合してできた物質を分子性物質という。分子性物質には、酸素 O_2 や二酸化炭素 CO_2 など常温・常圧で気体のもの、水 H_2O やエタノール C_2H_5OH など液体のもの、ショ糖 $C_{12}H_{22}O_{11}$ やナフタレン $C_{10}H_8$ など固体のものがある。固体のときには結晶になっているものが多い。分子が多数集まってできた結晶を分子結晶という。

②分子同士がくっつく力

　分子が集合して液体や固体になっているのは、分子同士がくっついているからだ。つまり、分子間に引力が働いているからである。もし、分子同士に引き合う力がなかったら、分子はバラバラに離れて、気体の状態にしかならないであろう。なぜなら、分子や原子は常温でも相当の速さで動き回っているからだ。

　ところで温度とは、物質のどういう性質を表しているのだろうか。物体は触れることなく静かに置いておくとじっとしているように見えるが、実は原子や分子は常にあらゆる方向に激しく運動をしている。温度を上げていくとその運動はさらに激しくなる。温度を下げていくと運動は徐々におだやかになるのだ。この温度に関係している原子や分子の運動のことを**熱運動**という。つまり、**温度とは熱運動の激しさを表す指標**だということだ。

③分子間力と融点・沸点

分子どうしの間に働く力を**分子間力**という。分子間力は、すべての分子どうしの間に働いている。構造が似ている分子では、分子間力は、分子1個の質量が大きいほど強く働く。これは、天体の引力と似ている。質量の大きい天体ほどその引力は強い。地球より軽い月の引力は地球の6分の1しかない。

分子間力が強い、つまり分子どうしが強く引き合っている物質は、熱運動で分子を揺り動かして液体にしたり、完全にバラバラに引き離し気体にするためには、より高温にしなければならない。このことから、**分子間力が強い物質ほど融点や沸点が高い**ということが言える。

物質の融点・沸点は、温度計があれば簡単な実験で測定することができる。粒子の結合力は目に見えないし、直接測定はできない。しかし、融点や沸点を比較すれば、粒子の結合力が強いか弱いかを推定することができる。

6 分子にもあるプラスとマイナス

①電気陰性度

塩化水素 HCl は、H・と・$\overset{..}{\underset{..}{Cl}}$: とが不対電子を出し合って電子対を共有して、共有結合している H:$\overset{..}{\underset{..}{Cl}}$:。このとき、共有された電子対は両原子のちょうど中間にあるのではなく、Cl の方により引き付けられている。これは、Cl 原子の方が H 原子より電子を引き付ける力が強いからである。

このような電子を引き付ける強さを、**電気陰性度**と呼んでいる。この数値が大きい原子ほど電子対を強く引き付けることになる。

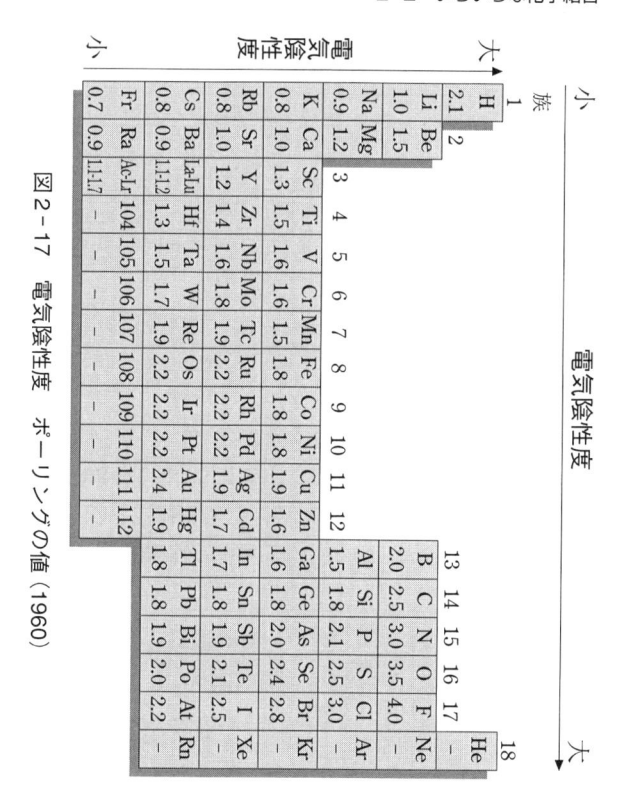

図2-17 電気陰性度 ポーリングの値（1960）

②共有結合にできる＋極と－極

水素分子 H:H や塩素分子 :Cl:Cl: のように同種の原子が共有結合しているとき、原子間の共有電子対は、どちらの原子にもかたよらない。

しかし、塩化水素 HCl や水 H_2O など、異種原子間にある共有電子対は、電気陰性度のより強い原子の方に引き寄せられる。そのため、電気陰性度の小さい方の原子はほんの少し正に、電気陰性度の大きい方の原子はほんの少し負に帯電する。これら

を δ+（デルタプラス）、δ-（デルタマイナス）の記号で表すことにする（デルタは「ごくわずか」の意味）。このようにして、＋極と－極を生じているとき、結合に**極性**があるという。

③無極性分子と極性分子

二酸化炭素 CO_2 は、C を中心に O＝C と C＝O という2つの結合からできている。この2つの結合は、向きが反対で、大きさが等しい極性を持っている。しかし二酸化炭素は直線形であるために、極性は打ち消し合って分子全体としては極性を示さない。

メタン CH_4 は C を中心とした正四面体で、4つの C-H 結合の極性は打ち消し合って、やはり分子全体としては極性を示さない。このように、極性を持たない分子を**無極性分子**と言う。

他方、水 H_2O は折れ線形であり、2つの O-H 結合にある極

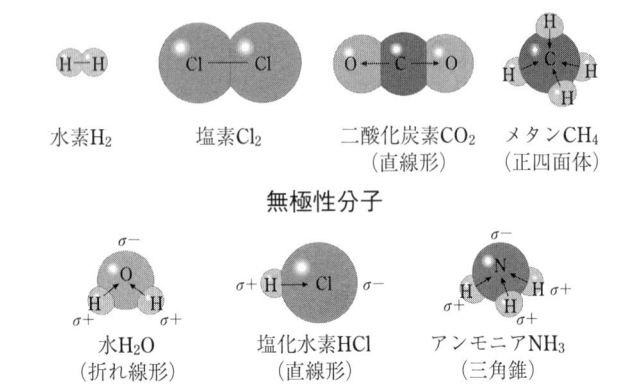

水素 H_2　　塩素 Cl_2　　二酸化炭素 CO_2　　メタン CH_4
　　　　　　　　　　　　　　（直線形）　　　　（正四面体）

無極性分子

水 H_2O　　　塩化水素 HCl　　アンモニア NH_3
（折れ線形）　　（直線形）　　　（三角錐）

極性分子

図2-18　無極性分子と極性分子

共有結合の極性を⟶で示した。矢印の方向に電子対がかたよっている

2-2 いろいろな化学結合

性はお互いに打ち消し合わないので、分子全体としては極性を持つ。アンモニア NH_3 はそれぞれの原子を頂点とした三角錐形であり、N–H 結合にある極性は打ち消し合わず、全体として極性を持つ。このように、極性を持つ分子を**極性分子**と言う。

コラム　水が地球上で液体で存在できるわけ――水分子と水素結合

同じ 16 族元素である酸素 O、硫黄 S、セレン Se、テルル Te の水素化物（水素との化合物）である、水 H_2O、硫化水素 H_2S、セレン化水素 H_2Se、テルル化水素 H_2Te の融点（固体が液体になる温度）と沸点（液体が沸騰する温度）を図にしてみよう。

この 4 種の水素化物を比べると、水以外の 3 つの物質は分子量が大きくなるにつれて融点・沸点ともしだいに高くなっているが、最も分子量の大きいテルル化水素でも常温で気体であり、水だけがかけ離れた値を示していることがわかる。

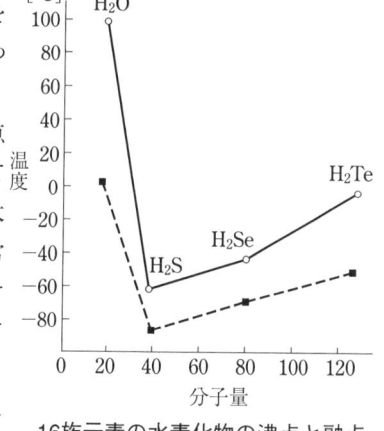

16族元素の水素化物の沸点と融点
○──○ 沸点　　■---■ 融点

一般に、同じ族で同じような形の分子を作るときは、分子同士に働く分子間力（分子同士が引き合う力）は分子量が大きいほど強くなる。

固体は分子が規則正しく結びついているが、温度を上げると熱運動によって配列が崩れ、液体になる。このときの温度が融

点である。さらに温度を上げると、分子同士を結びつけている分子間力が熱運動によって切断され、バラバラの分子（つまり気体）になる。この温度が沸点である。

軽い分子の方が重い分子よりも分子間力が弱いはずだから、いちばん分子量が小さい水が飛び抜けて融点・沸点が高いのは異常だ。

もし水が16族の他の水素化物と同じ傾向を持つなら、−91℃で沸騰し、−100℃で凍るはずである。つまり地球上では液体で存在できず、わずかに水蒸気の状態でしか存在しないことになる。（幸いなことに）そうなっていないのは、水同士を引きつける力が普通の分子間力だけではないからだ。

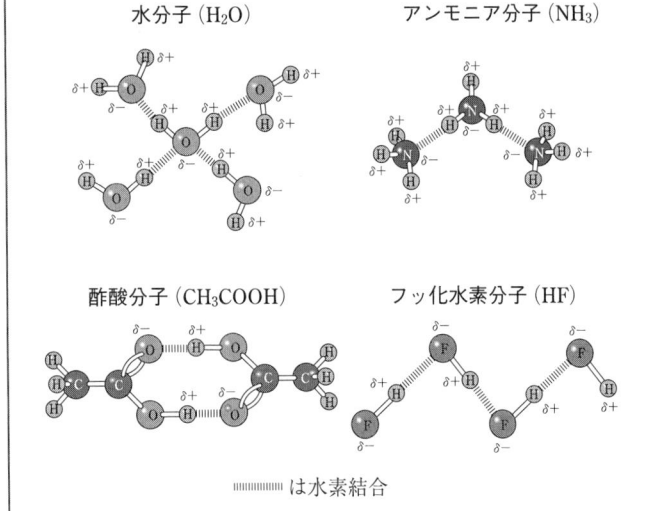

水分子（H_2O）　　　　アンモニア分子（NH_3）

酢酸分子（CH_3COOH）　　フッ化水素分子（HF）

.... は水素結合

$δ+$ と $δ-$ のクーロン力によって分子間に弱い結合（水素結合）が生じる

水素結合する分子

水分子は極性分子、つまり分子内の電気的な偏りが大きい分子である。だから、ある水分子のδ+（わずかに正）の電気を帯びた水素原子と、近くの（別の）水分子のδ-（わずかに負）の電気を帯びた酸素原子が、分子間で電気的に引き合っている。これを**水素結合**という。

水素結合は、陰性原子に結合している水素が別の陰性原子との間で形成する弱い（分子間力よりははるかに強い）結合である。水が分子量の割に融点・沸点が高くなっているのは、分子同士の間に普通の分子間力より強い力（水素結合）が働いているからだ。

水以外にも、液体のアンモニア NH_3 やフッ化水素 HF にも水素結合ができる。N-H や H-F の結合は極性が強く、H 原子がδ+ になっていて、δ- になっている N や F には非共有電子対があり、H 原子と強く引き合うからである。

7 ダイヤモンド、フラーレン──ハイテク素材

結晶中の多数の原子がすべて共有結合で結合した構造の物質を、共有結合の結晶という。炭素 C の単体である黒鉛とダイヤモンド、ケイ素 Si の単体、二酸化ケイ素 SiO_2 など、例は少ししかない。共有結合は非常に強いので、これらの物質の融点は非常に高い。共有結合をすると普通は分子を作るので、共有結合の結晶全体のことを巨大分子と言うこともある。大きな結晶や小さな結晶など結晶中の原子数は一定ではないので、**組成式**（物質を構成している原子の数の比を示す化学式）で表す。近年、炭素の単体の仲間であるフラーレンやカーボンナノチューブが発見され、ハイテク素材として注目されている。

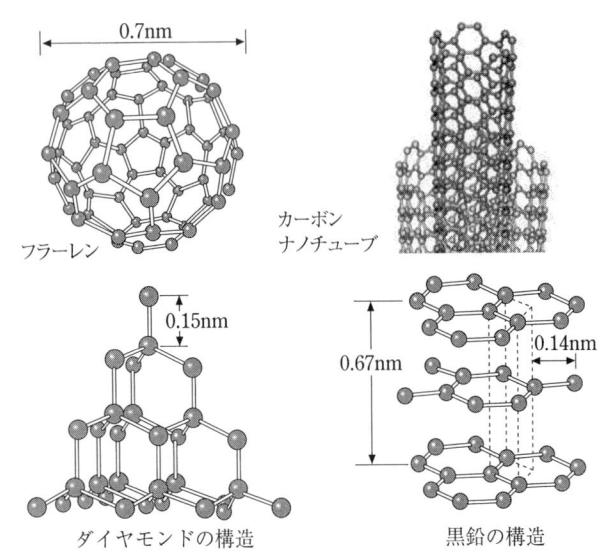

図2-21 結合のしかたで性質が大きく変化する炭素

8 金属結合と金属

　金属原子は他の原子と反応すると、たいてい電子を失い陽イオンになりイオン結合の化合物を作る。これは、電気陰性度が小さく価電子を放出しやすいことからもわかる。そのため金属原子が多数集まると、原子から価電子が放出され金属中を自由に移動できるようになる。電子同士は区別がつかないので、いったん自由になった電子は「もともとどの原子の電子か」を考えるのは無意味になってしまう。つまり、どの原子の所属でもない「自由な電子」になっている。そして、価電子はすべての原子によって共有されることになる。このとき金属中を自由に移動できる価電子を**自由電子**と言う。**金属結合**は、金属原子同

2-2 いろいろな化学結合

士が結びつき、陽イオンと自由電子からなる結合である。

電流は電子の流れであり、自由電子があるために金属は電気をよく導く。また、熱運動を自由電子が伝えるため熱もよく導く。自由電子による結合には方向性がないため、どんな形になっても結合ができる。そのため、金属は引っ張ると延びる延性やたたくと広がる展性を示す。

多くの物質は電子が動ける範囲が限定されていて、その動きに相当するエネルギーの光だけを吸収し、他の色を反射するので色が見える。金属の中では電子が自由に動けるので、特定の波長の光を吸収することがなくすべてを反射するので、金属光沢を持つ。

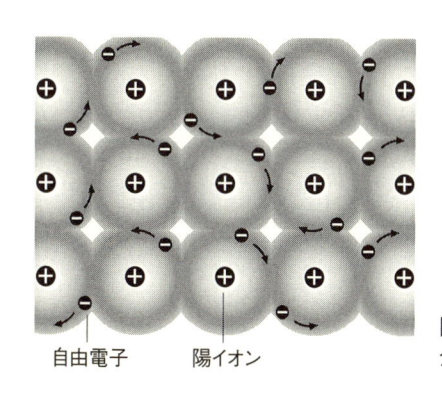

図2-22 金属結合のモデル

自由電子　陽イオン

9 結合による物質の分類とその性質

①4種類の物質

結合の種類によって物質を分類すると、すべての物質は次の図2-23の4つのいずれかに分類される。

イオン結合、共有結合、金属結合はそれぞれたいへん強い結合である。だから常温・常圧のもとで、**イオン結合の物質**はす

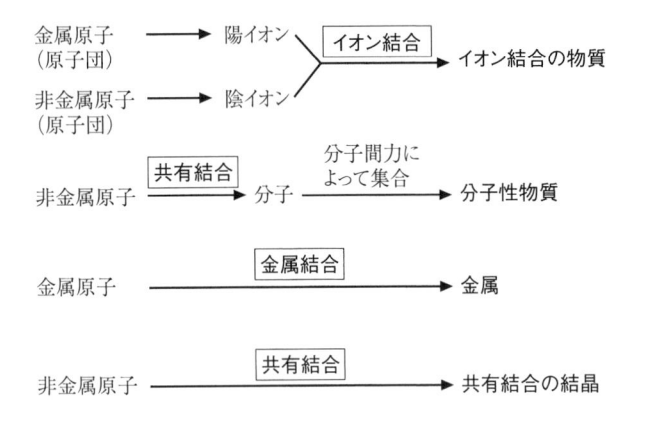

```
金属原子      ─→ 陽イオン ┐ ┌─────┐
(原子団)                  ├─│イオン結合│─→ イオン結合の物質
非金属原子    ─→ 陰イオン ┘ └─────┘
(原子団)

            ┌────┐        分子間力に
非金属原子 ─│共有結合│─→ 分子 ──よって集合──→ 分子性物質
            └────┘

                    ┌────┐
金属原子 ──────────│金属結合│──────────→ 金属
                    └────┘

                    ┌────┐
非金属原子 ────────│共有結合│──────────→ 共有結合の結晶
                    └────┘
```

図2-23　物質は結合によって4つに分類される

べて固体（イオン結晶）である。金属は水銀以外はすべて固体である。**共有結合の結晶もすべて固体**である。

　分子性物質（分子が集合してできた物質）だけに気体や液体が存在するのは、分子同士を集合させている分子間力が3つの化学結合に比べるとたいへん弱い力であるからだ。

②結晶の種類と性質

　すべての物質は、前記の4種類に分類されるから、結晶も結合によって分類すると次のように4種類に分類される。

[**イオン結晶**]　陽イオンと陰イオンがイオン結合してできている。イオン結合は強いので融点も比較的高い。固体のときは電気を導かないが、高温にして融解したり、水溶液にすると電気を導く。つまり電解質である。

[**分子結晶**] 分子が分子間力によって集合してできている。ヨウ素 I_2 などの非金属単体や、ナフタレン $C_{10}H_8$ など多くの有機化合物がこれに属する。分子間力は弱い力なので、融点・沸点は低い。固体であっても直接気体になり（昇華 95 ページ）やすいものも多い。

[**金属結晶**] 金属原子が多数、金属結合してできている。金属結合は強いものから弱いものまで幅が広いので、融点の幅も広い。最も融点が低い金属は水銀 Hg の －39℃、最も融点が高い金属はタングステン W の 3400℃ である。

[**共有結合の結晶**] 多数の非金属原子が、すべて共有結合してできている。共有結合はたいへん強い結合なので、融点はきわめて高い。黒鉛 C、ダイヤモンド C（融点 3550℃）、ケイ素 Si、二酸化ケイ素 SiO_2 など少数の例しかない。

結晶の種類	原子間およびイオン間の結合によるもの			分子間の結合によるもの	
	共有結合の結晶	イオン結晶	金属結晶	分子結晶	
				極性分子	無極性分子
結晶の構成粒子	原子	陽イオンと陰イオン	原子	分子	
結晶を作っている結合	共有結合	イオン結合	金属結合	水素結合、極性にもとづく力	分子間力
結合の強さ	きわめて強い	強い	強～弱	弱い	非常に弱い
融点	高い ←　　　　　　　　　　　　　　　　　　　　　　　　→ 低い				
硬さと変形の度合い	きわめて硬い	硬くてもろい	延性・展性を示す	軟らかい	
電気伝導性	なし	なし*	あり	なし	
物質の例	ダイヤモンド, SiO_2	NaCl, $CuSO_4$	Fe, Cu, Al	H_2O, NH_3, HF	I_2, $C_{10}H_8$, CO_2

＊イオン結晶は、融解したり、水溶液にすると、電気伝導性を持つ

結晶の種類とその一般的性質

［答え］　問い1／鉄　塩化ナトリウム、問い2／塩化水素（HCl）、問い3／折れ線形

第3章
物質の状態

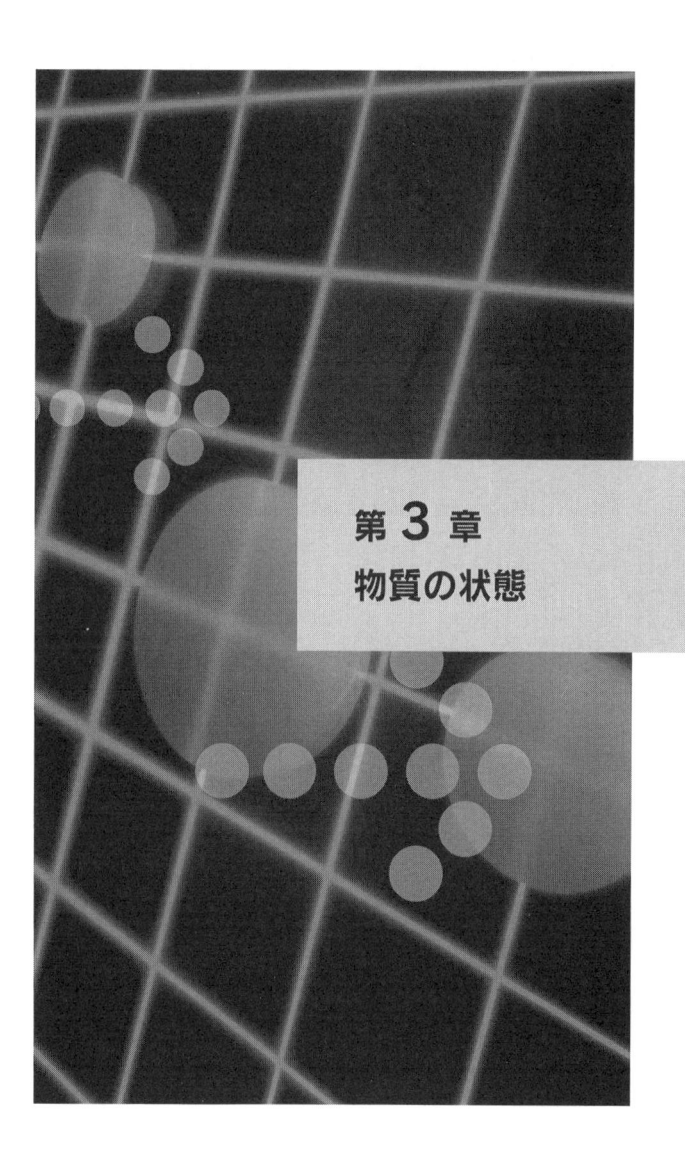

3-1 物質の三態

> **問い1** 熱いというのはどういうことか？
> ①エネルギッシュに活動して、周りのものも活動に引き込んでいく人を指す言葉。
> ②分子を激しく運動させるエネルギーがあること。
>
> **問い2** 水は、0℃でも水蒸気になるのだろうか？
> ①100℃にならないと沸騰しないのだから、0℃では水蒸気にならない。
> ②閉め切った冷凍庫中で、小さな氷の粒の大きさや形が変わっていることがある。これは、他から水分子が動いてきたことを示しているので、零下でも水蒸気になる。
>
> **問い3** 水は、固体、液体、気体と変化するが、他の物質も同じような変化をするのだろうか？
>
> **問い4** 水蒸気と湯気(ゆげ)は、どう違う？
>
> **問い5** 沸騰のとき、出てくる泡の中身は何か？

1 熱と温度と水（物質の状態変化）

①暑さ寒さと温度

日本は、四季の変化が美しい国である。特に冬の雪景色は、美しい。しかしあまり寒いと美しさどころではない。水道管が凍り付いて破裂したり、不便なこともある。また、人によって

3-1 物質の三態

寒さ暑さの感じ方が違って困ることもある。銭湯で、あとからきた人が、お湯が熱すぎるので、水でうめようとして、前から入っていた人に「うめるな」と言われて、けんかになった事件があった。

いろいろ不都合なことがあるので、暑さ寒さを数字で表すために、雪の融ける温度を−10度とか、体温を96度とするとかそれぞれ勝手な基準を決めていた時代もある。スウェーデンの物理学者セルシウス（1701〜1744）は1742年に氷の融点（固体が液体になる温度）を100度、水の沸点（液体が沸騰する温度）を0度とする温度目盛りを提案した。その後、1atm（1.013 × 10^5Paの大気圧）での氷の融点を0度、水の沸点を100度と改め、現在でも使われている（セ氏温度）。
「銭湯のお湯の温度は、41℃」と決めて表示すれば、上に述べたようなけんかはなくなるかもしれない。なお、セルシウスの温度目盛りでは、私たちの快適に暮らせる温度が、0℃から30℃くらいになり、ちょうど扱いやすい数字の大きさになる。それはそれで都合がよいのだが、科学では、もっと別の基準で決めた絶対温度というのがある。これは後で学ぼう。

ところで、お風呂の水を温めるのには、温泉では地下から温かい水が出てくるが、普通は火をたいてその熱を水に加えている。変わったところでは、太陽熱で水を温めている銭湯もある。

それでは、この熱というのは何なのだろうか。ここまでの説明では、熱は温度を高くする原因ということになる。

②摩擦で温度が上がる

寒くて手がかじかんでいるときは、手をこすり合わせる。火をおこすときは、木と木をこすり合わせる。針金を曲げたり伸ばしたりを繰り返すと、その部分が熱くなる。さらには、水筒

93

に水を少し入れ5分くらい振り続けると、中の水の温度が上がる。これらのことから熱を加えるとは、物質を作っている粒子（原子、分子、イオンなど）に、運動を加えて揺さぶり、粒子の運動を激しくすることだということがわかる。そうすると、温度が上がるとは、粒子の運動が激しくなることだと理解できる。このような粒子の運動を**熱運動**と言う。

③電子レンジでの加熱

　電子レンジで加熱するのも同じで、レンジ自体は熱を発生しないが、レンジから出る電波で、おもに極性のある水分子を強く揺さぶり激しく運動させる。激しく運動するようになった水分子をさらに強く揺さぶると、ついには固まっていた水分子がバラバラになり、水蒸気になる。

　超音波式の加湿器では、超音波で水分子に振動を与えているので、水の全体の温度が高くならなくても、その部分だけの分子の運動が激しくなり、小さな霧のような水滴が空気中に散らばるのである。

④水蒸気は目に見えない

　煙は、直径0.00001mmより少し大きい程度で、一粒一粒はよく見えないが、まとまるともやもやと見える。霧雨は0.02〜1mm程度である。これに比べ水蒸気は0.0000001mm程度の水分子がバラバラになったものである。あまり小さくて目には見えないが、水分子がなくなったわけではないことは、水の蒸留の実験を行ったことのある人は水蒸気が水に凝縮（気体から液体になること）することからわかるだろう。そうでなくても、冬、ストーブの上のヤカンの水が減っていて、冷たい窓ガラスにたくさんの水滴がつくことからもわかるだろう。水分子がストー

ブの上のヤカンから飛んでいって、窓ガラスの表面で水分子同士がくっついて、大きな水滴になったのである。水分子同士に引き合う力が働いて、くっつこうとすることは、水滴が蓮の葉の上で丸くなることで端的に示されている。

なお、湯気は水分子同士がくっついていて、ある程度大きな水滴になっているので、光が乱反射されて、白く見える。

水分子が窓まできたとき、窓ガラスがあまりに冷たければ、その表面で、すぐに水蒸気から霜になってしまう。このように気体から直接固体になることを**昇華**と言う。固体から気体になることも同じく昇華と言う。気体から固体になる昇華は、大気中で水蒸気が上昇気流に乗って上空に行くときに急激に冷やされて起こることもある。

こうしてできた水滴や氷が大気中に浮いているのが雲である。

⑤雪の結晶

雪は、雲の中でできた小さな氷の結晶が水蒸気の補給を受けて成長し、地面に落下したものである。雪をよく見ると、六角形をしている。水分子同士がくっつきあって結晶になると、六角形の結晶構造になるのだ。同様に、家庭の冷凍庫で作った氷も、水分子の六角形の結晶からできている。

水晶(石英)はSiO_2で、水のH_2Oと同じ原子数比(原子数の比が水晶は1:2、水は2:1である)を持ち、かつ同じような構造を持っているので、六角柱状の外観をしている。外観が雪の形と似ているので、融点のことをきちんと知らなかった昔の人の多くは、「水晶は、とても寒いアルプスの山の上などで、氷が長時間冷やされてできた神秘的なものであり、温めても融けない」という説を信じていた。

⑥ダイヤモンドと水晶の合成

　両方とも鉱物の結晶の代表であり、地下の高温高圧の条件の下でできる。特にダイヤモンドは超高圧が必要なので、地上でこの条件を再現するのが難しい。しかし、気相成長法と呼ばれる方法では、常圧でアルコールなどから気体状態のバラバラの炭素原子を作り、それをゆっくりと結晶させることで比較的容易に合成できる。

　二酸化ケイ素 SiO_2（石英）は常温ではもちろん水には溶けないが、高温・高圧の水には溶けるので、その条件で溶かして、1ヵ月ほどかけてゆっくり成長させると六角柱状の結晶ができる。できたものは、小さく切ってクオーツ時計の部品となる。

　では、石英を溶かすほどの高温・高圧の水とは、どのような水なのであろうか？　水蒸気や普通の水とは違うのであるが、このことを学ぶ前に、大気圧が 1.013×10^5 Pa（1atm）のときの水、それから気体とその圧力について学ぼう。

コラム　結晶と非晶質と液晶

多くの純物質は液体を冷やして固体にすると結晶となる。

例えば硫黄Sを加熱して液体にし、これをゆっくり冷やすと、単斜晶系硫黄と呼ばれる独特の形状をした結晶になる。しかし沸騰するほどの高温の液体にしておいて、一気に水に入れて冷ます、つまり分子が勝手に動き回っている状態で、急に温度を下げると、分子は今いた位置でそのまま動けなくなる。したがって規則正しく並んだ結晶とは違う状態になる。このように固体の構成粒子の配列が乱れた状態を非晶質という。硫黄の場合は、無定形硫黄とかゴム状硫黄と呼ばれているものがこれである。

ショ糖も氷砂糖の結晶やべっこう飴のような非晶質のものがある。砂糖の成分であるショ糖の濃い水溶液に、ショ糖の結晶の種を入れて、2週間くらいかけて、結晶の種の表面にショ糖分子が規則正しくくっついていくと、きれいな氷砂糖の結晶ができる。これとは逆に、砂糖水を熱して煮詰め、熱いうち（160℃）に銅やステンレスの型に流し込んで、急激に冷やして固めたものがべっこう飴である。

このように、単斜晶系硫黄や氷砂糖などは、構成粒子が規則的に並んでおり、それが外観に現れて独特な形をしているので、結晶と呼ばれている。一方、構成粒子の配列が不規則であるガラス・無定形硫黄・べっこう飴・プラスチックなどは、無定形固体または非晶質（アモルファス）といわれる。

なお、柔軟性や流動性といった液体としての性質を持ちながら、構成する分子がある方向では規則性を持って並んでいるものがある。これを液晶という。液晶は、方向によって光を通す性質が異なるので、ノートパソコンなどの表示パネルに使われ

⑦水の状態の変化と熱

　家庭用冷凍庫の氷は、普通 –20℃くらいである。この固まりを取り出してきてコンロで毎分一定の熱を与えてみよう。図3–2でわかるように、–20℃から氷の温度が上がっていく。0℃になると氷が融け始めて水になる。融け始めてからすべての氷が水になるのに、8分かかったとしよう。この8分間は、0℃のままである。

　この間に加えられた熱量を融解熱（水では、約6kJ/mol）という。次の10分間で、0℃の水が100℃になる（水1gを1℃上げるには、4.2J（=1cal）必要である）。100℃で水が沸騰し始め、54分間かかって水が全部水蒸気になる。この間、水は100℃のままである。この54分間に加えた熱量が蒸発熱である（約41kJ/mol）。

　水の温度を1度上げるのに比べて、0℃のままで氷を融かすのに大きな熱量が必要だということは、固体は分子同士がしっかり結合していて、それを切るために大きな熱量が必要だということである。蒸発熱が融解熱より大きいのは、それだけ水分子を引き離してバラバラにするのに大きなエネルギーが必要であることを示している。

⑧氷から水へ

　一般に固体では、その構成粒子である分子やイオンあるいは原子が互いに引き合いながらぎっしりと詰まって、その場所から移動できない。固体が外から力を加えても変形しにくいのはこのためである。しかし粒子は**その場所で振動しており、温度**

3-1 物質の三態

が高くなるとその振動が激しくなる。そうすると粒子の間隔が広がる。結果として体積がわずかに膨張する。このことを氷に当てはめると次のようになる。

氷は、水分子が水素結合により互いに引き合って、一定の位置に規則正しく配置された状態（氷の結晶）になっている。この時、水分子はそれぞれの位置を中心として、わずかに振動している。図3-2のように1.013×10^5Pa（1 atm）の大気圧のもとで-20℃の氷を加熱して温度を高くしていくと、それにしたがって、水分子の振動が少しずつ激しくなる。そのため体積も少し膨張する。

さらに加熱し、0℃になると、氷の外側にある分子のうち振動が激しくなったものから順に、自由にその位置を変えて運動できるようになる。この時加えた熱はすべて水分子が氷の結晶から自由に動き回れるようになるために使われるので、温度は上昇しない。つまり、0℃を保ったまま氷から水への**状態変化**が起こるのである。

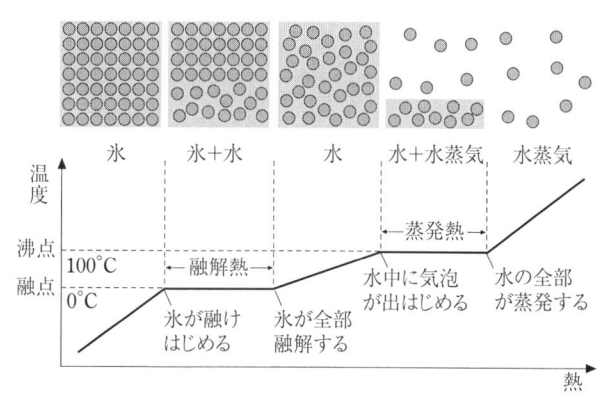

図3-2　水の状態変化と熱の関係

逆に、0℃の水を冷やして氷にするときは、分子運動が遅くなることにより、水分子は、水素結合で氷の結晶にくっついていく。これを**凝固**という。水分子が氷にくっつく時、融解熱と等しい熱が氷水に放出される。だから、氷水をいくら冷やしても、全部が氷になるまでは0℃を保つのである。

液体は分子が自由に動けるので、多くの物質は液体の時の方が固体の時よりも体積が大きくなる。したがって、固体の密度（＝質量／体積）の方が液体の密度より大きくなり、固体をその液体の中に入れると沈んでしまう。例えば、パラフィン C_nH_{2n+2} の固体はパラフィンの液体に沈む。しかし、物質の中にはごく少数だがそれとは逆のものがある。それは私たちの最も身近にある水である（他にアンチモン Sb など）。

氷は水に浮かぶ。氷は水分子の拡がったV字形の形と水素結合により、隙間の多い結晶構造になり、水より体積が増えるからである。そのため、水道の水が凍る時に水道管が破裂するということが起こる。

⑨融点

一般に、氷のような結晶は特定の融点を示す。この融点を温度の基準として用いることがある。氷の融点は0℃、金 Au は1064℃、白金 Pt は1772℃であり、基準としてよく用いられている。また、常温で気体や液体の物質にも融点や凝固点がある。例えば、水銀 Hg は −39℃、エタノール C_2H_5OH は −114℃で凝固する。しかし、ガラスやプラスチックなどの無定形固体は、構成粒子が結晶のように規則正しく並んでいないので、固体を熱するとすべての粒子が結合力の弱いところから徐々に動き出す。そのため、特定の融点を示さず、温度が上昇すると次第に軟化して、やがて液体になる。

液体は粒子同士が互いに引き合いながらいろいろな方向に動けるので、容器に応じて形を変えられる。液体の温度を高くすると運動が激しくなるので、固体と同様、体積が少しずつ膨張する。

⑩水から水蒸気へ

液体の水を加熱し続けると、水分子はさらに激しく運動するようになり、100℃になると水中から泡が盛んに出て沸騰を始め、水はどんどん水蒸気（気体）になる。水が水蒸気になると、一気に体積が約1700倍も増える。このときに必要な熱量を**蒸発熱**といい41kJ/molと、融解熱の6kJ/molに比べてもはるかに大きいことは先に述べた。

気体は分子間の距離が離れているので、分子間の引力の影響が極めて小さく、分子は非常に大きな速度で飛び回っている。したがって気体は空間を自由に運動し、容器に応じて形だけでなく体積も変える。水蒸気を100℃からさらに加熱すると、水分子の熱運動はどんどん激しくなっていき、500℃の水蒸気というのも存在する。この水蒸気をマッチにあてると、瞬間的に火がつく。

❷気体の分子運動と圧力

①気体の分子運動と拡散

バラの香水の瓶のふたを開けたときのことを考えてみよう。ふたを開けても香水は目に見えるほどは減らない。しかし、閉め切った部屋では、バラのよい香りが拡がっていき、ある程度の時間がたつと部屋中どこでも同じような強さでよい香りを感じられるようになる。目には見えないが、ごく少量の香りの分子が部屋中に拡がっていくためである。これは、**気体の分子が**

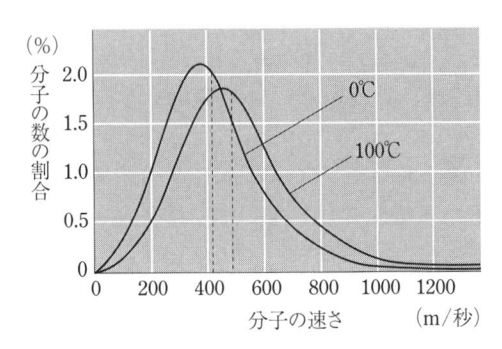

図3-3 酸素分子の速さの分布

温度が高いほど、速い分子の割合が多くなる。破線が横軸と交わる点の速さは、各温度における平均の速さを示す

熱運動で拡がる例である。気体や液体中で熱運動によって分子が拡がる現象を**拡散**という。

気体分子はすべての分子が同じ速さで熱運動しているわけではなく、遅い分子もあれば速い分子もある。一般に気体分子の速さはその平均の速さを用いて表される。

分子の平均の速さは温度が高いほど大きく、同じ温度では、分子量が小さいほど大きい。酸素分子の平均の速さは0℃では424m/秒、100℃では495m/秒である(音速331m/秒と同じくらい!)。しかし、気体の拡散速度は、分子が互いにぶつかり合いながら拡がるので、ずっと遅くなる。また、その結果あらゆる方向に拡がっていく。

②気体の圧力

運動している気体分子が容器の壁にぶつかれば、壁に力を加える。このとき単位面積($1m^2$)に働く力を**圧力**と呼ぶ。

私たちは、地球上の空気が地表におよぼす空気の圧力(**大気**

圧)のなかで生活している。

　大気圧の大きさは、イタリアのトリチェリの行った実験でわかる。

　一端を閉じたガラス管（約1m）に、水銀を満たす。ガラス管の開いた端をゴム栓などで閉じて、やはり水銀の入った容器の中に入れ、ガラス管を立てて端のゴム栓をはずす。すると、水銀はいくらか管の下から出ていき、容器の水銀面の約76cm上のところで止まる。このとき、管の上の隙間は**トリチェリの真空**と呼ばれ、通常は無視できるほどごくわずかの水銀の蒸気の他は何もない。

　水銀柱は容器の水銀面に空気の分子がぶつかることによって生じる大気圧で支えられている。大気圧が小さくなれば水銀柱は低くなり、逆に大気圧が大きくなれば水銀柱は高くなる。この装置を持って山に登ると高度が上がるにつれて水銀柱の高さが低くなるのは、大気圧が小さくなるからである。

　圧力は**パスカル**（記号 Pa）という単位で表される。1Paは$1m^2$の面積に1N（ニュートン）の力が働いたときの圧力である（1Nは、1kgの物体を$1m/s^2$で加速する力である。地球上で、1kgの物体にかかる重力は、9.8Nである）。つまり、$1Pa = 1N/m^2$である。大気圧は数字が大きくなるので、普通**ヘクトパスカル**（記号 hPa　1hPa = 100Pa）で表される。

　水銀柱の高さから圧力を表すこともある。水銀柱が760mmの時の圧力を760mmHgまたは76cmHgと表示し、1気圧（1atm）と決めた。これらの関係を式で表すと、$1atm = 760mmHg = 1.013 \times 10^5 Pa = 1013hPa$である。

　1気圧で水銀柱760mmを支えられるということは、水の柱ならどのくらいの高さを支えられるだろうか。水の密度が$1g/cm^3$に対し、水銀の密度は$13.6g/cm^3$なので、760mmの13.6倍、

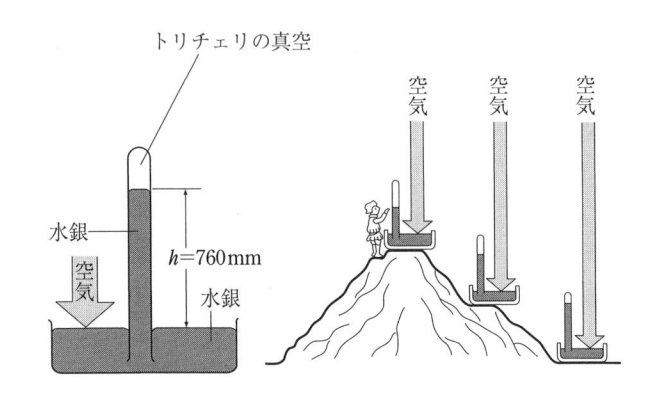

図3-4　トリチェリの真空と水銀柱の変化

つまり約10mの水柱の高さである。

3 液体の蒸発と蒸気圧

①液体の蒸発

　水をコップに入れて放置しておくと、室温でもゆっくりと水が減っていく。これは、水が表面から気体に変化して出ていったからである。このように、液体が気体に変化することを**蒸発**という。

　気体分子と同様、液体中の分子もいろいろな大きさの運動エネルギーを持っている。その中で、大きな運動エネルギーを持っている（激しく動いている）分子は、分子間の引力に打ち勝ち液面から飛び出すことができるため、蒸発が起こる。大きな運動エネルギーを持つ分子が飛び出るので、結果として液体から熱が奪われたことになる。この熱が**蒸発熱**である。温度が高くなると、大きなエネルギーを持つ分子が多くなり、蒸発が盛んになる。

反対に、気体を冷却して分子のエネルギーを小さくしたり、圧縮して分子間の距離を小さくすると、気体分子の一部は液体に飛び込み、その運動エネルギーを周囲にわたして再び液体の状態になる。このとき周囲にわたす熱を**凝縮熱**と言い、蒸発熱に等しい。分子からできている物質では融点や沸点が高いほど、また融解熱や蒸発熱が大きいほど分子間力が大きいと考えられる。

エアコンや冷蔵庫は、冷媒という液体が蒸発する際に熱を奪う働きを利用して、室内や庫内を冷却している（ポンプのように熱をくみ上げているので、この仕組みをヒートポンプと言う）。

②飽和蒸気圧と気液平衡

水を、ふたをした容器に入れておく場合を考えてみよう。蒸発した気体分子が時間の経過とともにだんだん増えてくる。それとともに、再び液体の中に飛び込んで凝縮する気体分子の数が増えることが予想される。蒸発する水分子の数と、再び液体の中に飛び込んで凝縮する水分子の数が等しくなって、見かけ上、蒸発も凝縮も起こらない状態になる。

一般に互いに逆向きの変化の速さが等しくなり、見かけ上の変化が認められない状態を**平衡状態**という。この例のように、蒸発と凝縮の平衡状態を**気液平衡**という。

気液平衡において、蒸気が示す圧力を**飽和蒸気圧**または蒸気圧という。飽和蒸気圧は、温度が一定であれば、水蒸気と水の量の多少にかかわらず一定である。

この理由を次のようにイメージしてみよう。

次の図のように水と水蒸気とが気液平衡にあるとき、ピストンを引き上げると蒸気圧は一時的に小さくなるが、やがて水が

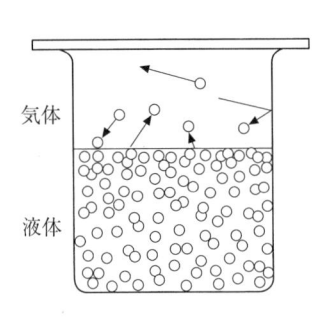

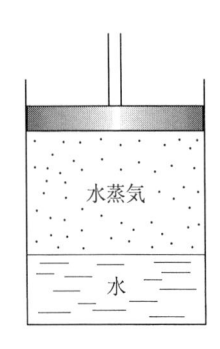

蒸発してはじめと同じ蒸気圧になる。またピストンを押し下げると、水蒸気の一部が液化して水になり、はじめと同じ蒸気圧になる。

　液体の温度が上昇すると、分子間引力に打ち勝つだけのエネルギーを持つ分子の割合が増える。このため温度の上昇にともなって液体の蒸気圧が高まる。蒸気圧と温度の関係をグラフに

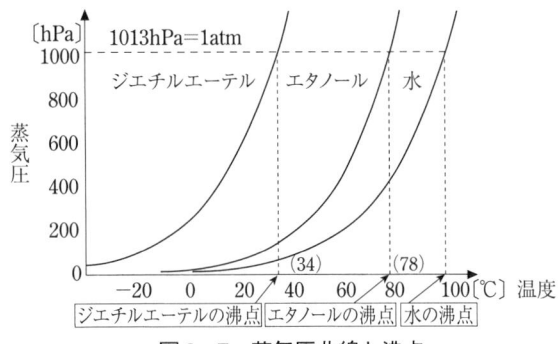

図3-7　蒸気圧曲線と沸点

外圧（外部の圧力）と蒸気圧が等しくなる温度が、沸騰する温度である

したものを、**蒸気圧曲線**という（図3-7）。

③沸騰の仕組み

　液体はどんな温度でも、その表面から蒸発している。しかし、温度を上げていくと、液体の内部からもどんどん蒸気が発生するようになり、液体内部から泡立つ。この現象を**沸騰**と呼び、その温度を沸点と言う。逆に、高温の蒸気を冷やしていくと、沸点で凝縮が起こりはじめる。

　沸騰という現象は、どんな条件がそろったときに起こるのだろうか？　大気圧が 1.013×10^5 Pa（1atm）のときの水の沸騰を考えてみよう。

　液体が蒸発していくとき、その温度により飽和蒸気圧、すなわちその温度でのいちばん大きい蒸気圧が決まっている。沸点より低いときには、蒸発は液体の表面からしか起こらない。

　水の内部に、小さな水蒸気の泡ができたとしよう。その水蒸気の飽和蒸気圧が 1.013×10^5 Pa より小さいときには、泡の外側の圧力（＝大気圧＋水の深さ　で決まる水の圧力）により押しつぶされてしまう。

　水は、100℃のときの飽和蒸気圧が 1.013×10^5 Pa（深さによる水の圧力は、たいていは大気圧（約10mの水の深さに相等）に比べて非常に小さいので無視できる）なので、その泡の中からの圧力（泡を膨らませる圧力）と外からの圧力（泡をつぶす圧力）が釣り合うことになる。そうすると、泡は水の内部に存在できることになる。こうして、泡が次々と浮かび上がってきては水面から出ていく現象が起こる。これが**沸騰**である。

　最初の泡ができにくいときには、沸点以上の温度でも沸騰しないことがある。このような状態を過熱状態という。過熱状態の液体は、突然爆発的に沸騰することがあり、この現象を突沸

図3-8 液体の沸騰

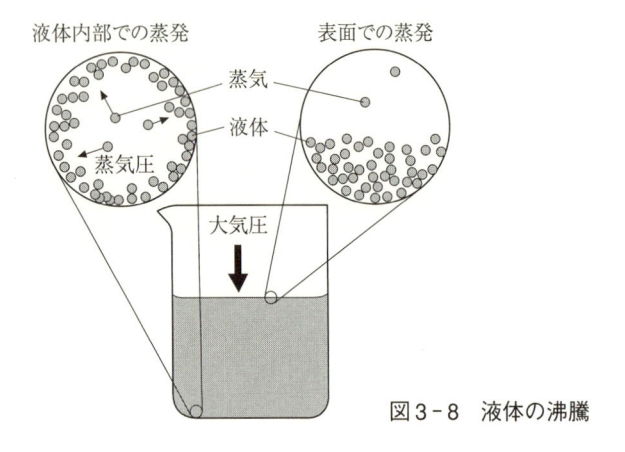

という。

　沸騰は、大気の圧力とその液体の飽和蒸気圧とが等しくなる温度で起きる。また、大気の圧力が変われば、沸騰する温度が変わる。普通、大気圧が 1.013×10^5Pa（1atm）の時に沸騰する温度を、その物質の**沸点**と呼んでいる。

コラム　逆流を体験！

　試験管に水を約$\frac{1}{3}$入れ、ガラス管を差し込んだゴム栓をしっかりとする。ガラス管にはゴム管をつけて、その端を水を満たした水槽の中に入れる。

　試験管を加熱して水を沸騰させると、はじめのうちは空気が水蒸気によって試験管から追い出される。空気が全部出てしまうと、試験管の上部はすべて水蒸気で満たされた状態になる。そして、水蒸気がゴム管の先から出ようとすると、冷やされて液体の水になってしまうので、ゴム管から泡は出なくなる。

　このときの試験管内の水蒸気の圧力は、大気圧と釣り合って

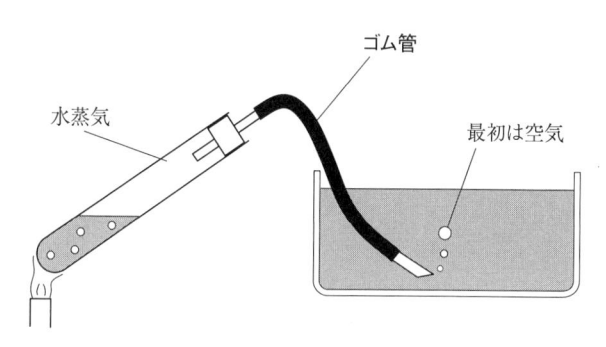

図3-9 試験管内の水の沸騰

いるので1atmである（水圧は小さいので無視する）。

この状態で、火を消すとどうなるだろうか？　火を消すと、試験管内には液体の水と水蒸気しかないので、水蒸気が冷やされ水に戻り体積が小さくなる。そのため、試験管内の圧力がかなり小さくなり、水槽の水が外の大気圧に押されて、一気に試験管内に逆流してくる。

ハンカチなどで試験管を持っていると、逆流のときの試験管の振動が伝わってくるほどである。逆流後、試験管は水で満たされ、気体は残らない。このことにより、沸騰している泡の中身は空気ではなく、水蒸気であることがわかる。

［答え］　問い1／②、問い2／②、問い3／同じように変化する、問い4／水蒸気は気体の水、湯気は細かな水滴、問い5／水蒸気

3-2 気体の性質

問い1 人間の腸には、食物といっしょに飲み込んだ空気や、食物が分解されてできたガスがある。これが体外に出されると、おならとなる。それでは、このガスに関して、飛行機で上空に行き、大気圧が低くなったらどうしたらよいか？

① ガスの体積が増えて、おなかが張り、痛くなるので、飛行機に乗るときは、豆などおならが出やすくなるものは、食べないようにするべきだ。

② ガスの体積が減るので、おならが出てくると濃縮されて、より臭いので、飛行機内でおならをしないように気をつける。

問い2 使い古したスプレー缶を火の中に入れると、どうなるか？

① 缶の中の圧力がだんだん大きくなり、缶が破裂して危ないので、そういうことはしてはいけない。

② 中の圧力が小さくなり缶がしぼむので、体積が小さくなり、ゴミとして捨てるのに、都合がよい。

問い3 温度は、どこまで低くなる？

① どこまでも、限りなく低くなる。

② 温度が高いということは、原子や分子の運動が激しいということである。逆に温度が低くなると、この運動が弱くなるということなので、この運動がなくなったときがいちばん低い温度である。

■1 気体研究の歴史

①まず空気の実験から始まった

 前節で、すべての物質は、固体・液体・気体の3つの状態があることを学んだが、読者のみなさんは、どの状態がわかりやすいと思っただろうか。手にとって触れるので、固体のほうがわかりやすいと思った人が多いかもしれない。しかし、化学の歴史を振り返ると、人類はまず気体について理解を深めてきた。

 この節では、気体についての発見の歴史上の流れをたどりながら、気体について学ぼう。

 1643年、トリチェリが真空の存在をはじめて直接的に示し、76cmの水銀柱を支えているのが大気の重さ（大気圧）であることを明らかにするまでは、人類は気体のことについてほとんど科学的知識を持っていなかった。気体だけではなく、物質の元素についても正確な知識がなく、古代ギリシアの「万物はすべて地・水・火・風の四元素からなる」という四元素説の考え方が受け入れられていたのだ。

 トリチェリによる実験は、地球上の空気の存在を目に見える形で示したものであるが、このあと発見された**ボイルの法則**も空気に関する実験からであった。

②ボイルの法則

 イギリスの化学・物理学者ボイル（1627～1691）は、Jの文字の形をした管を用意し、長いほうから水銀Hgを注ぎ入れ、短いほうに空気を閉じこめた。すると閉じこめられた空気の体積は、管に注ぎ入れた水銀の量によって変化することがわかった。

 このころはまだ、空気以外の気体は知られていなかった。そ

れは、四元素説を信じていたので、種類の違う気体があるとは考えなかったことと、捕集の方法が知られていなかったので気体を集めるのが困難であったことも原因であった。

現在では、**水上置換法**で気体を捕集することは中学生も知っているが、初めて水上置換法が考案されたのは、イギリスの生物学者ヘールズ（1677〜1761）によってである。

③水上置換法による二酸化炭素などの捕集

ヘールズをはじめ、多くの科学者が物質を加熱しては、出てくる気体を水上置換により集めようとした。例えば、二酸化炭素 CO_2 は、石灰石 $CaCO_3$ を加熱して出てくる気体を水上置換法で捕集して発見された。続いて窒素 N_2 が発見された。しかしこの当時（1770年）気体として知られていたのは、二酸化炭素と窒素のほかは空気だけであった。なぜなら、水上置換法は致命的な欠点を持っていた。水に溶けてしまう気体には水上置換法はお手上げだったのだ。

それでは、水に溶けてしまうアンモニア NH_3 などは、どのようにして捕集されたのであろうか？

④水銀上置換法によるさまざまな気体の捕集

イギリスの化学者プリーストリー（1733〜1804）は、勤務先の隣が酒の醸造所であったので、発酵によって生じる二酸化炭素を大量に使用し化学の研究ができた。彼は二酸化炭素を水上置換法で集めていると、それがいくぶん水に溶けて水に酸味がつくことを発見した。これが、ソーダ水の元祖である。

彼はこの経験から水に溶ける気体があり、そのような気体は水上置換で捕集しようとしても、実験に使えるほどの量が得られないのではないかと考えた。そこで試行錯誤ののち、水上置

換の代わりとして水銀上置換法を思いついた。彼はこの方法で、酸化窒素 NO_x、アンモニア NH_3、塩化水素 HCl、二酸化硫黄 SO_2 などの水に溶けやすい気体を捕集し、それらの研究をすることができた。しかし、彼を有名にしたのはこれらの気体の研究ではなく、水銀上置換法を使った酸素の発見（1774 年）である。

このようにして、人類はさまざまな気体があることを知ったのであった。この頃までで、ようやく地・水・火・風のうち風という元素がないことが確認されたといえる。火という元素がないことも、捕集された酸素を用いたフランスの化学者ラボアジエの実験により確かめられた。

⑤原子説と分子説

イギリスの化学・物理学者ドルトンは気象観測の経験から、気象現象の研究、大気中の水蒸気へと関心を移し、大気組成を追究するに至った。

ドルトンは、「すべての物質は、**原子**と呼ばれる粒子からできている」として、水素、酸素、窒素などの原子量を求めた。

1808 年フランスの物理学者ゲイ・リュサック（1778～1850）により次のような法則が見出された。

例えば、「水素 2L と酸素 1L が反応すると、水蒸気が 2L できる。すなわち、気体の体積が 2：1：2 となっている」。他の気体が反応して別の気体ができる場合でも、「その体積比は簡単な整数比になる」。

これは、**気体反応の法則**と名付けられた。

しかし、水素分子を H_2 ではなく H、酸素分子を O_2 ではなく O、水分子を HO と考えたドルトンの原子説では、この法則はうまく説明できなかった。

イタリア人の物理・化学者アボガドロ（1776～1856）は気

体反応の法則を説明するために、「**気体は原子がいくつか結合してできた分子からできている**」と推論し、アボガドロの（分子）仮説を提案した。

⑥アボガドロの法則

アボガドロは、「気体は種類によらず、同温、同圧のもとでは同体積中に同数の分子を含む」（**アボガドロの仮説**）と考えた。この考え方は、ゲイ・リュサックの気体反応の法則を矛盾なく説明できた。水素と酸素から 2：1：2 で水蒸気ができる反応は、アボガドロの仮説を使うと次のように説明できる。

「水素分子は水素原子 2 つが結合してできており、酸素分子は酸素原子 2 つが結合してできている。水素（分子）が 2 分子と酸素が 1 分子反応して原子の組み替えが起こり、水素原子 2 個と酸素原子 1 個が結合した水分子が 2 個できる。この分子数の比が気体の体積比に等しくなるのである」

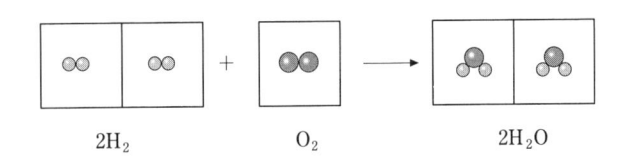

$$2H_2 + O_2 \rightarrow 2H_2O$$

しかし、この考え方はなかなか認められず、原子量や分子量に関する考え方が深まる 1864 年ごろになって、ようやく一般に認められるようになった。現在では、アボガドロの主張が正しいことが確認され、**アボガドロの法則**と言われる。

このように、気体の研究が中心になって、現代の化学の分子論や原子論が作られてきたと言える。この節での最大の目的は、

3-2 気体の性質

気体の分子量を求める方法を学ぶことであるので、まずボイルの法則とシャルルの法則を学ぼう。

❷気体の体積変化

①ボイルの法則

テニスボールを握りしめてみると、ある程度ボールが小さくなると急激に反発する力が大きくなることがわかる。この反発する力は体積に反比例する。

ボイルは気体の圧力と体積の関係を詳しく調べた。その結果、一定温度のもとで一定質量の気体の体積は、圧力に反比例することを発見した。これを**ボイルの法則**という。

ボイルの法則を式で表すと、気体の体積 V と圧力 P の積は一定であるので

$P \times V = $ 一定

よって、圧力を P_1 から P_2 に変化させたとき、体積が V_1 から V_2 に変化したとすると、次式が成立する。

$P_1 V_1 = P_2 V_2$ （一定）　　　(1)

日本一高い横浜のランドマークタワーは高さ約300mである。エレベーターで、地上から最上階まで一気に上がると耳が痛くなる。これは、1階の気圧が1013hPa（1atm）とすると、最上階は約0.96atmであり、そのため、耳の中の空気の体積が4％ほど増えるためである。

ボイルの法則を、**気体の分子運動**で説明してみよう。

気体の圧力とは、気体分子が容器の壁に衝突するときに壁におよぼす単位面積当たりの力である。したがって気体を注射器に入れ、その体積を $\frac{1}{n}$ にすれば（$V_2 = \frac{1}{n} V_1$）、単位体積中の分

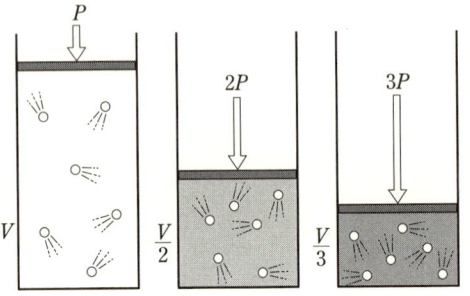

気体の体積Vが小さくなると、器壁に衝突する分子の数が増加し、気体の圧力Pは大きくなる

図3-11 ボイルの法則

子数はn倍になり、器壁の単位面積当たりの衝突分子数もn倍になるので、器壁におよぼす圧力はn倍になる。

$$P_2 = nP_1$$

よって、

$$P_2 V_2 = (nP_1) \times \left(\frac{1}{n}V_1\right) = P_1 V_1$$

②シャルルの法則

　瓶詰めの固く閉まった金属製のふたは、温めると金属が膨張して開けやすくなる。また、つぶれたピンポン玉も、温めると中の空気が膨張して元に戻る。固体も気体も温度を高くすると膨張する。一般に、気体は固体に比べて温度の上昇による膨張の割合が大きい。

　一定圧力の下で一定の量の気体の温度を変えた場合、体積はどうなるだろうか。もちろん温度を上げれば体積は増え、下げれば減る。温度を横軸に体積を縦軸のグラフにすれば、当然右上がりになるであろう。問題は、その増え方である。

3-2 気体の性質

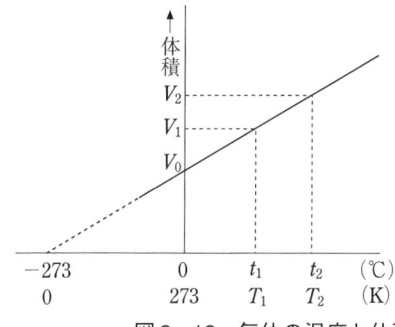

一定圧力下の気体の体積は、温度の変化とともに直線的に変化する。この直線を体積が0になるまで延長すると、そのときの温度が−273℃になる

図3-12 気体の温度と体積の関係

図3-12は1atmの空気の場合である。

これで見ると「圧力が一定のとき、気体の体積Vは、温度t(℃)が1℃だけ上下するごとに、0℃のときの体積の**約273分の1**ずつ増減する」ことがわかる。これを、**シャルルの法則**という。

これは、気体の分子運動から見ると、温度を高くすれば気体分子の平均速度は大きくなるので器壁との衝突回数は増し、また衝突のときに壁を押す力も大きくなるということである。

③絶対零度と絶対温度

実際には、どんな気体でも冷やしていけば途中で凝縮や凝固が起こるから、グラフはそこで途切れてしまう。しかし、どんなに冷やしても気体のままという理想的な気体があったとしたら、シャルルの法則の通りに体積が縮んでいくので、−273℃で体積は0にならなくてはならない。さらに冷やしたら、体積はマイナスになってしまうのだろうか。

そこで、イギリスのケルビン卿（1824〜1907）は−273℃を最も低い温度と考え、**絶対零度**（0K ゼロケルビン）とした。この温度を基準とし、目盛りはセ氏温度に等しい温度目盛りで

表した温度を、**絶対温度**あるいはケルビン温度という。絶対温度 T とセ氏温度 t との関係は

$T = t + 273$

で表される。℃で表されるセ氏温度と区別するために、ケルビン温度は K（ケルビン）で表す。この温度目盛りによると、氷の融点（0℃）は273K、水の沸点（100℃）は373Kとなる。

温度は分子の運動エネルギーの尺度であるから、絶対零度とは分子がまったく止まってしまった状態である。

絶対温度を使うと、シャルルの法則はずっと簡単な表現になる。圧力一定のときに、一定質量の気体の体積が0℃で V_0、t℃で V であるとすれば、V は次式で示される。

$$V = V_0\left(1 + \frac{t}{273}\right) = V_0 \times \frac{273 + t}{273}$$

ここで、$273 = T_0$、$273 + t = T$ とすると

$$V = V_0 \times \frac{T}{T_0} \qquad (2)$$

すなわち、

$$\frac{V}{T} = \frac{V_0}{T_0} \qquad (3)$$

ここで、T および T_0 で示された温度は絶対温度である。

(2) 式の関係は、あらゆる気体や蒸気で成り立ち、一定圧力の下で、一定質量の気体の体積は、絶対温度に比例することを示している。

コラム　絶対零度と極低温での現象

絶対零度はいっさいの運動が停止した世界である。このことを金属中の電子に当てはめると、絶対零度に近づくにつれ電子の動きは鈍くなり、ついには止まってしまうということなので、金属は絶縁体になるはずである。ところが事実は反対であった。

1911年、オランダのオネスは液体ヘリウム He に水銀 Hg を浸し電気抵抗を測ると、4K 以下で突然電気抵抗が 0 になることを発見した。この現象を**超伝導**と言う。現在は世界中で比較的高温（窒素の沸点 77K 程度）で超伝導となる高温超伝導体の開発競争が行われている。

また、液体のヘリウム He は、2.17K 以下になると粘性なしに流れたり（超流動）、小さい容器に入れて空中につるすと、容器の内壁を伝わってよじ登り、外壁に沿って下りてきて容器の外にしたたり落ちるなどの不思議な現象が起こる。

④ボイル-シャルルの法則

気体に圧力を加えると、体積が減ると同時に温度が上がる。このように、気体の体積と圧力と温度は互いに関係し合っているので、この 3 つの関係を知っている方が便利だ。そこでボイルの法則とシャルルの法則を一つの式で表してみよう。

一定質量の気体について、図 3-13 のように状態 I（P_1, V_1, T_1）、温度を一定のまま圧力だけを変えた中間状態（P_2, V', T_1）、さらに中間状態から圧力を一定のまま温度だけを変えた状態 II（P_2, V_2, T_2）を考える。

状態 I と中間状態の間には、ボイルの法則より $P_1V_1 = P_2V'$、中間状態と状態 II の間にはシャルルの法則より $\dfrac{V'}{T_1} = \dfrac{V_2}{T_2}$ が成り

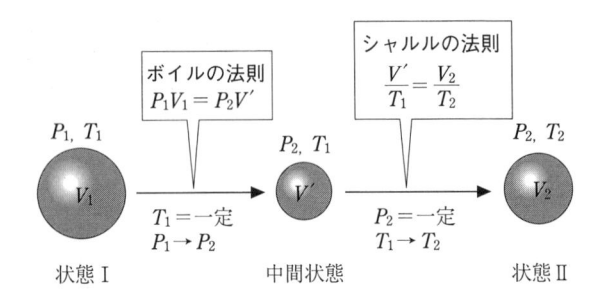

```
                ボイルの法則              シャルルの法則
                P₁V₁ = P₂V'              V'/T₁ = V₂/T₂

   P₁, T₁                      P₂, T₁                    P₂, T₂
    (V₁)     ——————→           (V')       ——————→        (V₂)
            T₁=一定                      P₂=一定
            P₁→P₂                       T₁→T₂

   状態Ⅰ                       中間状態                   状態Ⅱ
```

図3-13 ボイル-シャルルの法則

立つ。これらの式から、V'を消去すると

$$\frac{P_1 V_1}{T_1} = \frac{P_2 V_2}{T_2} \quad (一定)$$

すなわち、**一定質量の気体の体積は、絶対温度に比例し、圧力に反比例する**。これを**ボイル-シャルルの法則**という。

3 気体の状態方程式

一定の状態にある気体の質量を増やせば、分子の数が増えるのだから、全体の圧力が増えることが予想される。そこで、ボイル-シャルルの法則に「気体の質量」を組み入れられないだろうか？

①気体定数と気体の状態方程式

ボイル-シャルルの法則を次のように書く。

$$\frac{PV}{T} = \frac{P_0 V_0}{T_0} \quad (4)$$

温度 T K で体積 V_m L の 1mol の気体は、どんな気体でも標準状態（$T_0 = 273\text{K} = 0℃$, $P_0 = 1.013 \times 10^5 \text{Pa}$）で $V_0 = 22.4\text{L/mol}$ なので、この値を (4)式に代入すると

$$\frac{PV_m}{T} = \frac{1.013 \times 10^5 \text{Pa} \times 22.4\text{L/mol}}{273\text{K}} = 8.31 \times 10^3 \text{L·Pa/(K·mol)} \quad (5)$$

気体 1mol についてのこの定数は、**気体定数**と呼ばれ、R で表される。

$$R = 8.31 \times 10^3 \text{L·Pa/(K·mol)}$$

n mol の気体の場合、温度、圧力が同じであれば、その体積 V は 1mol の気体の体積 V_m の n 倍すなわち、nV_m であり、(5)式は、次のようになる。

$$\frac{PV}{T} = \frac{PnV_m}{T} = n \times \frac{PV_m}{T} = nR$$

この式を**気体の状態方程式**という。

気体のモル質量を M g/mol とすれば、この気体 w g の物質量 n mol は $n = \frac{w}{M}$ である。これを気体の状態方程式に代入すると、

$$PV = \frac{w}{M} RT$$

よって、

$$M = \frac{wRT}{PV}$$

この式を用いて、ある温度・圧力における気体の体積と質量

を測定すれば、分子量 M を求めることができる。

[答え] 問い1／①、問い2／①、問い3／②

3-3 溶液

> **問い1** 溶解すると透明になるのはなぜか？
> ①溶けてなくなったから。
> ②粒子がバラバラになったから。
>
> **問い2** 温度を上げると気体は水にたくさん溶けるか？
>
> **問い3** 純水の沸点は100℃だが、食塩水の沸点は、100℃より、高いか、低いか？
>
> **問い4** 純水の凝固点は0℃だが、スクロース（ショ糖）水溶液の凝固点は、0℃より、高いか、低いか？

1 なぜものは液体に溶けるのか

①溶解の仕組み

液体に別の物質が溶ける現象を**溶解**、均一な混合物になった液体を**溶液**という。このとき水のように物質を溶かすために使った液体を**溶媒**、溶媒に溶けている物質を**溶質**という。

溶液にはさまざまな色のものもあるが、溶解すると液体は必ず透明（光が通過する状態）になる。例えば、紅茶は赤褐色透明、硫酸銅(Ⅱ) $CuSO_4$ の水溶液は青色透明だ。固体を溶かしたとき、今まで目に見えていた固体がまったく見えなくなるのはなぜだろうか。

それは、溶解すると溶質の分子やイオンが一つ一つ完全にバラバラになるためと考えられる。ものが見えるのは、光が物体の表面や物体と物体との境界面で反射し、その反射光が目に入るからである。分子やイオンは極めて小さいので、バラバラになると可視光が反射や散乱を起こさず素通りしてしまうから透明になるのである。

ところで、結晶のときは結合して固まっていた分子やイオンの粒子が、水の中に入るとバラバラになって溶解するのはなぜだろうか。

塩化ナトリウム（食塩）NaClを例に溶解の仕組みを考えてみよう。図3-15のように結晶を水に入れると、水分子は極性を持っているため、結晶表面のNa^+やCl^-と強く結合する。そうするとイオン結合がたいへん弱くなり結晶が崩れてイオンがバラバラになって、水分子が結合した状態で水中に拡散していく。このように水分子が周りを取り囲むように結合することを**水和**という。

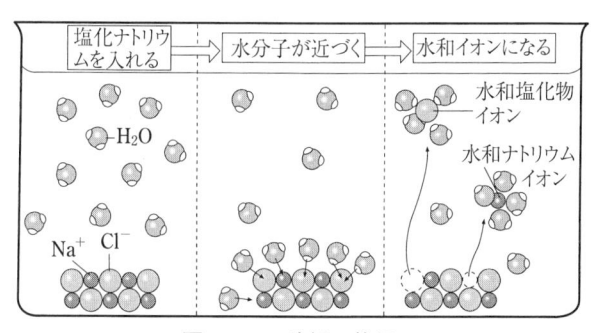

図3-15 溶解の仕組み

② **イオンの水和**

　一般にイオンが水分子を引きつける能力（水和の能力）は、イオンの大きさが小さいほど、またイオンの電荷（＋、－の数）が大きいほど強い。

　ふつう陽イオンは陰イオンに比べて小さいため、水分子を引きつける力はより強い。陽イオンの価数が２価、３価と増すにつれてさらに強くなり、いっそう安定化する。陽イオンに水和が起こるときは、水分子中の$\delta-$（ほんの少し負）に帯電した酸素原子の非共有電子対が陽イオンに配位結合をする。一方、陰イオンへの水和は、水分子中の$\delta+$（ほんの少し正）に帯電した水素原子の方が陰イオンの負電荷を受け入れる形で起こる。

　最も小さい水素イオンH^+は特に水和が強く、H^+はふつう１分子の水に配位結合したオキソニウムイオンH_3O^+として存在する。

　イオンが溶けている水溶液から水を蒸発させると、結晶が現れる。このとき、陽イオンは水分子との引力が非常に強いので、水分子と結合したままで結晶することがある。結晶中に含まれる水分子を**結晶水**または**水和水**と言う。

２ 水に溶けやすいものと溶けにくいもの

　物質の中にも、水に溶けやすいものと溶けにくいものがある。どういう仕組みで溶けやすさの違いが生じるのだろうか。

　酸と塩基（アルカリ）が中和して生じる**塩**（例えば、塩酸HClと水酸化ナトリウム$NaOH$が中和してできた塩化ナトリウム$NaCl$）や金属の水酸化物である塩基（例えば、水酸化ナトリウム$NaOH$）は、イオン結合の物質であり、すべて電解質（水に溶けると電気を流すようになる物質）である。

酸は多くのものがイオン性の物質ではなく分子性物質であるが、極性分子であり、水に溶けてイオンを生じるためすべて電解質である。電解質は多くのものが水に溶けやすい。

また、非電解質でもショ糖やエタノール C_2H_5OH のように分子中に –OH（ヒドロキシ基）を持っている物質は水に溶けやすい。これらが水に溶けやすいのは、水分子と –OH とが結びつきを作って水和をするからである。それに対して、無極性分子（油性の物質）は水和をしないため水には溶けにくい。

このように、**水和をする物質は水によくなじんで溶けやすく、水和しない物質は水に溶けにくいのだ。**しかし、電解質であっても硫酸バリウム $BaSO_4$ や炭酸カルシウム $CaCO_3$ は水に溶けにくい。これは、2価の陽イオンと2価の陰イオンとの間のイオン結合の力が強く、これを引き離すのに大きなエネルギーが必要だからだ。つまり水和をするより、イオン結合をしたままの方がエネルギーがより小さく、安定だからである。

コラム　イオン結晶の水への溶けやすさ

塩化ナトリウムのようなイオン結晶は、基本的に水に溶けやすいものが多い。イオン結晶は陰陽両イオンがお互いの電荷で引き合っている。その引き合う力は電荷の積に比例し、距離の2乗に反比例することがわかっている。

陰陽両イオンの電荷をそれぞれ e^-、e^+ とし、イオン間の距離を r とすれば、引き合う力 f は次式で表される。

$$f = \frac{e^+ e^-}{\varepsilon r^2}$$

ε（イプシロン）は比誘電率といい、水の場合、常温付近で約80である（イオン近傍ではこれより小さい）から、イオン

の引き合う力は水の中では結晶中の約80分の1になる。それだけ陰陽両イオンがバラバラになりやすいことを意味している。

陰陽両イオンの電荷は1価より2価の方が大きく、イオン間の距離はイオン半径が大きいほど大きくなる。このことを先の式に関連させると、次のようなことが説明可能である。

硝酸カリウム KNO_3 の K^+、NO_3^- などは、1価のイオン同士であるので、その引き合う力は弱く、イオンがバラバラになって溶けやすい。炭酸カルシウム $CaCO_3$ の Ca^{2+}、CO_3^{2-} は、2価のイオン同士の引き合いであるので、単純に考えて Ca^{2+}、CO_3^{2-} との間で引き合う力は Na^+、NO_3^- の約4倍にもなるので、水の中でもバラバラにならずに溶けにくい。

炭酸水素カルシウム $Ca(HCO_3)_2$ は、イオン半径の和は炭酸カルシウムとほぼ同じだが、2価と1価のイオンの引き合いであるので、引き合う力は炭酸カルシウムの約半分になり水に溶けやすい。

ただ、以上の説明はある側面を単純化してみたもので、例外もある。例えば、塩化銀 $AgCl$ は Ag^+ と Cl^- の1価同士のイオンで構成されているが、水に溶けにくい物質である。水への溶けやすさは、たくさんの原因が関係した複雑な現象なのである。

❸固体の溶解──溶解量に限界があるのはなぜか

①溶解平衡

水に溶質を溶かしていくとき、多くの物質はある量までしか溶けない。もうそれ以上、溶質が溶けなくなった溶液を**飽和溶液**という。では、なぜそれ以上は溶けなくなるのだろうか。

例えば図3-16のように、塩化ナトリウム $NaCl$ の結晶を水

に入れたとき、結晶表面からイオンが溶け出していく。溶けたイオンは水和イオンになっているが、それらは溶液中をいろいろな速さで動き回っている。その中で比較的ゆっくり動いているイオンは、結晶表面に触れたとき表面のイオンとの引力によって再び結合する。このように、結晶に戻ってくるイオンの数は濃度に比例して増えてくる。

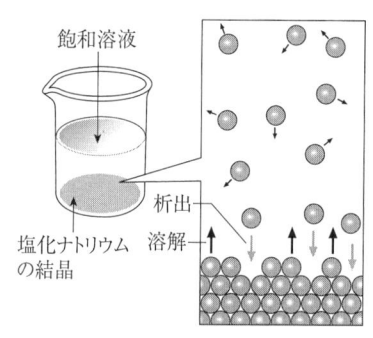

図3-16　溶解平衡のモデル

ある濃度に達したとき、単位時間に結晶から溶け出す粒子の数と結晶表面に戻ってくる粒子の数が等しくなると、見かけ上溶解が止まる。つまり、結晶が溶け残って底に沈殿する状態になる。このとき**溶解平衡**になったという。この溶液が飽和溶液である（平衡とは、バランスがとれている状態のこと。つまり、2つの作用が釣り合い、外から見るとある現象が停止しているように見える状態のことだ）。

②固体の溶解と温度

ある物質の溶ける限度を表した値を**溶解度**という。固体の溶解度は、溶媒100gに溶けることができる溶質の質量（g）で表すことが多い。温度が高くなると粒子の熱運動は活発になる

ので、結晶から溶け出す粒子が増える。また、温度が高いと溶液中で比較的ゆっくり動いている粒子の割合は減少するため、結晶に戻ってくる粒子の数が減少する。そのため、多くの固体物質は、温度が高くなるほど溶解度が大きくなる。

③再結晶で純粋にする

結晶を溶媒に溶かし、適当な方法で再び結晶として析出させる操作を再結晶という。再結晶の方法には、

(1) 高温の飽和溶液を冷却する。
(2) 溶媒を蒸発させて濃縮する。
(3) 水溶液にエタノール C_2H_5OH やアセトン CH_3COCH_3 などを加えて溶解度を減少させる。

などがある。このとき少量の不純物は溶けたまま溶液中に残るので、析出した結晶は非常に純度の高いものになる。再結晶は物質の精製法として、実験室でも工業的にもよく利用されている。

4 気体も水に溶ける

①温度が上がると気体の溶解度は減少する

魚が水中で呼吸していることからわかるように、酸素は少しだが水に溶けている。また、炭酸飲料は二酸化炭素を水に溶かしたものである。このように気体は、ある程度水に溶ける。

夏に水温が上がると魚が水面近くでぱくぱくするのは、酸素の濃度減少も原因の一つである。また、水を温めていくと器壁に空気の泡がついてくる。このように、気体の溶解度は温度が高くなると減少する。このことは、固体の溶解度と逆の現象のように見えるが、どういう仕組みになっているのだろうか。

温度が高くなると分子の熱運動が激しくなり、液体に溶け込

む気体の分子数より、液体表面から外へ飛び出す分子数の方が増加するため、気体の溶解度は減少する。固体の溶解度も温度が高くなると結晶から溶液中へと出て行く粒子数が増えるから増加するのである。粒子の熱運動から考えると、温度を上げると熱運動が激しくなり束縛を離れて自由に動くようになるということでは、同じような現象と考えられる。

気体の溶解度は、溶媒に接している気体の圧力が1013hPa（1atm）のとき、1Lの溶媒に溶けた気体の体積を標準状態（0℃、1013hPa）に換算した値で示したり、質量で示したりすることが多い。

温度[℃]	N_2	O_2	CO_2	HCl	NH_3
0	0.0231	0.0489	1.72	517	1176
20	0.0152	0.0310	0.873	442	702
40	0.0116	0.0231	0.528	386	

気体の溶解度
1Lの水に溶けた気体の体積（L）を標準状態に換算

②気体の溶解度は圧力に比例する

炭酸飲料はふたをしているときには泡は出ないが、ふたを開け圧力が小さくなると、さかんに泡が出る。このように、圧力が小さくなると気体の溶解度は小さくなる。溶解度が小さく、溶媒と反応しない気体については、イギリスの化学者ヘンリー（1774～1836）が発見した**ヘンリーの法則**「気体の溶解度は、温度が変わらなければ、溶媒に接しているその気体の圧力（分圧）に比例する」が成り立つ。

塩化水素HClやアンモニアNH_3のように、水に対する溶解

度が大きい気体は、水と反応しているため、この法則のような正比例の関係にならない。

5 溶液の濃度の表し方

実験では、試薬を水溶液にして混ぜ合わせ、化学反応をさせることが多い。このとき、濃度が高いときと低いときでは違う結果になることも多い。また、水質汚濁物質や大気汚染物質の濃度を調べるためにも、濃度の表し方を知っておく必要がある。

①質量パーセント濃度

溶液100gの中に含まれる溶質の質量（g）の割合を表す。液体や固体物質の濃度として一般的によく用いられる。単にパーセント（%）といえば**質量パーセント**を意味する。

$$\frac{溶質の質量(g)}{溶液の質量(g)} \times 100 = \frac{溶質の質量(g)}{溶媒の質量(g) + 溶質の質量(g)} \times 100$$
$$= 質量パーセント濃度 [\%]$$

②体積パーセント濃度

体積100 mLの中に含まれる物質の体積（mL）の割合を表す。例えば空気の組成の表示など、気体の濃度を表すのに用いられることが多い。

$$\frac{ある気体の体積(L)}{混合気体の全体積(L)} \times 100 = 体積パーセント濃度 [\%]$$

③モル濃度

溶液1 L中に含まれる溶質の物質量（mol）を表す。試薬びんから溶液を取り出したとき、**モル濃度**がわかっていれば、そ

の体積を量ることで溶質の物質量が簡単にわかるので、**化学実験ではモル濃度を使うことが多い。**

$$\frac{溶質の物質量(\mathrm{mol})}{溶液の体積(\mathrm{L})} = モル濃度(\mathrm{mol/L})$$

④ ppm、ppb

ppm は、「parts per million」の略で、1ppm は 100 万分の 1 を表す。ppb は、「parts per billion」の略で、1 ppb は 10 億分の 1 を表す。つまり、0.0001％ = 1ppm、0.001ppm = 1ppb である。これらは、食品添加物や大気汚染・水質汚濁などで非常に微量の成分の濃度を表すときに用いられる。ppm、ppb ともに、気体の場合は体積の割合として用い、液体や固体の場合は質量の割合として用いることが多い。

6 溶液の蒸気圧と沸点・凝固点

①溶液にすると沸点は上昇する

純粋な水の沸点は 100℃であるが、ショ糖水溶液の沸点は質量モル濃度 0.5mol/kg のとき 100.26℃、1.0mol/kg のとき 100.52℃である。**質量モル濃度**とは、溶媒 1kg 当たりに溶けている溶質の物質量（mol）を表す濃度のこと。

温度が変化すると溶液の体積は変化するのでモル濃度の値は変化する。しかし、質量は温度によって変化しないので、質量モル濃度は温度が変化する沸点上昇などの場合に用いる。求め方は、

$$\frac{溶質の物質量(\mathrm{mol})}{溶媒の質量(\mathrm{kg})} = 質量モル濃度(\mathrm{mol/kg})$$

このように、スクロース（ショ糖）や塩化ナトリウム NaCl など蒸発しにくい物質（これを不揮発性の物質という）が溶けた溶液の沸点は、溶媒の沸点より高くなる。また、沸点の上昇度は濃度に比例する。この現象を**沸点上昇**という。

では、なぜ沸点は上昇するのだろうか。

沸点とは、液体の蒸気圧が外圧（標準的には$1.013 \times 10^5 Pa$）と等しくなる温度である。そこで水溶液の蒸気圧を調べてみると、図3-18のようにどの温度においても溶媒（水）の沸点より蒸気圧が低くなっていることがわかる。このように不揮発性の物質を溶かして溶液にしたとき蒸気圧が下がる現象を**蒸気**

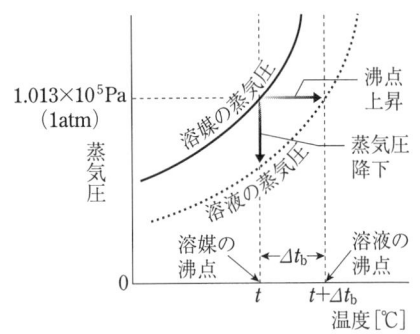

図3-18 溶媒と溶液の蒸気圧のグラフ

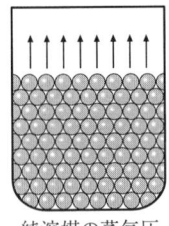

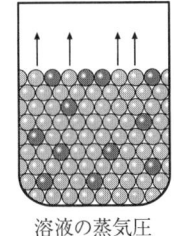

図3-19 蒸気圧降下の説明図

圧降下という。蒸気圧降下のために、溶液の蒸気圧を 1.013×10^5 Pa （1atm）にし沸騰させるには、溶媒よりも温度を上げなければならないことになる。

それでは、なぜ蒸気圧が下がるのだろうか。図3 - 19のように不揮発性の溶質粒子は蒸発しないため、表面にある溶質粒子の割合だけ蒸気圧が下がると考えられる。こう考えると濃度が高いほど蒸気圧降下度も大きく、沸点上昇度も大きいことが理解できる。

汗で濡れたシャツは、干してもなかなか乾かない。海水で濡れたタオルも乾きが遅い。このような経験をした人も多いと思う。これらも塩分を含んだ水溶液の蒸気圧が低いために、蒸発の速さが遅くなって起こる現象なのだ。

②溶液の沸点の求め方

溶媒の沸点を t ℃、溶液の沸点を $(t + \varDelta t)$ ℃とする。このとき沸点が $\varDelta t$ ℃上昇したことになる。この $\varDelta t$ ℃を沸点上昇度という。$\varDelta$ は、少し変化した場合の変化量を表す数学記号でデルタと読む。$\varDelta t$ は、温度（ここでは沸点）の変化を意味する。

薄い溶液の沸点上昇度 $\varDelta t$ は、溶質の種類には無関係で、質量モル濃度 m に比例する。この関係を数式で表すと、$\varDelta t = K_b \cdot m$（$K_b$：溶媒によって決まる比例定数、$m$：質量モル濃度）となる。この式に $m = 1$ mol/kg を代入すると $K_b = \varDelta t$ となり、K_b は**モル沸点上昇**と呼ばれる。

③溶質が電解質の場合の沸点

電解質（水に溶けたとき、その溶液が電流を通すようになる物質）が溶質のときの沸点上昇度は、水溶液中で電離してできたイオンそれぞれの質量モル濃度の総和に比例する。例えば、

1mol/kg の NaCl 水溶液の場合は、NaCl⟶Na$^+$ + Cl$^-$ と電離するので、溶質の粒子数は2倍になる。つまり、非電解質を 2mol/kg の濃度にしたものと同じ沸点上昇度となる。このことは、次に学習する凝固点降下や浸透圧の場合も同様に起こる。

④溶液にすると凝固点は降下する

純粋な水(純水)の凝固点は0℃である(純水の凝固点を0℃に決めた)が、スクロース(ショ糖)水溶液の凝固点は 0.5mol/kg のとき −0.93℃、1.0mol/kg のとき −1.86℃である。このように溶液の凝固点は、溶媒(この場合は水)の凝固点より低くなる。また、沸点上昇と同様に、凝固点降下度は濃度に比例する。この現象を**凝固点降下**という。

では、なぜ凝固点は降下するのだろうか。海水を凍らせたとき、でき始めた氷はもとの海水と同じくらいに塩辛いだろうか。やってみると、あまりしょっぱくない氷ができる。水溶液を冷却したとき、凍り始めるのは、実は水だけなのだ。家庭でジュースを凍らせて食べたことがあれば思いだしてほしい。水の氷は硬いが、ジュースを凍らせるとシャーベット状になる。そして、食べてみるとサクサクの氷の隙間に濃縮された果汁がしみ込んでいるだろう。つまり、水だけが凍ったため果汁が濃縮さ

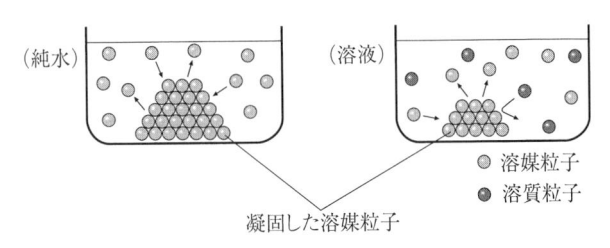

図3-20 純水と水溶液の冷却モデル

れているのだ。

　純水が凍るときの様子を、ミクロの目で考えてみよう。ちょうど0℃のときは、図3-20のように、単位時間に融ける水分子と氷になる水分子の数が等しく、氷の大きさは変わらない。しかし、この氷水を加熱すると、融ける水分子が増え氷になる水分子が減少するため、やがて氷は融けてなくなってしまう。

　逆に、冷却すると融ける水分子が減少し、氷になる水分子が増えるため、やがてすべての水が凍る。

　次に、水溶液について考えてみよう。ちょうど0℃のとき、図のように、単位時間に氷から融け出す水分子の数は、純水のときと同じと考えられる。しかし、氷になろうとする水の分子数は減少する。溶質粒子があるので、氷の周りの水分子が純水の場合に比べて少ないのである。これが繰り返されれば、氷はだんだん小さくなって、なくなってしまうことになる。氷がなくならないようにしようと思えば、凍ろうとする分子を増やさなければならない。つまり、0℃よりも温度を下げなければ凍らないということになる。こう考えると、濃度が大きくなれば、より凝固点が下がることも理解できるであろう。

コラム　凝固点降下の応用

(1)自動車のエンジンに入れる不凍液

　エンジンを動かすと温度が上昇する。エンジンは高温になり過ぎると力が出なくなるので、一定の温度以上にならないように水を循環させて冷却している。冬に0℃以下になってこの冷却水が凍ってしまうとエンジンを傷めてしまう。そこで氷点下になっても凍らないように、不凍液（Long Life Coolant という名称で市販）を混ぜて溶液にしている。つまり、溶液の凝固点降下を利用して冬でも凍らないようにしているのだ。

この主成分は、1,2-エタンジオール $HOCH_2CH_2OH$（オールはヒドロキシ基-OHを表す接尾語。ジオールで-OHが2つあることを示す。慣用名：エチレングリコール）というアルコールの一種である。この物質を使っている理由は、

(1) 引火する温度が高く、毒性も低い。
(2) 沸点が高く、凝固点が低いので広い温度範囲で使える。
(3) 金属を腐食しない。

といった性質の物質だからである。

(2) 道路にまく凍結防止剤

冬に道路が凍結しそうなとき、また凍結しているとき、白い粉をまくと凍結を防止できる。この粉の主成分は、塩化カルシウム $CaCl_2$ または塩化ナトリウム $NaCl$ である。これも溶液の凝固点降下を利用し、氷点下でも凍らないようにしているのである。

7 植物の吸水の秘密——浸透圧

雨が降らず土が乾くと、草花がしおれてくる。そこで周りの土に水を与えてやると、再びシャキッと茎を立てる。植物はどういう仕組みで周りの土の中から水を吸い込んでいるのだろうか。

水分子が通れるくらいの隙間が多数あいているが、大きな溶質分子は通れない膜を**半透膜**という。細胞を包んでいる細胞膜は、半透膜にかなり近い膜である。この半透膜を隔てて濃度の異なる溶液が接すると、薄い方から濃い方へと溶媒粒子がしみ込んでいく。このように半透膜を水などの溶媒粒子が通過する

3-3 溶液

現象を**浸透**という。セロハン膜も半透膜であり、実験でよく使用される。水（溶媒）と溶液を半透膜で隔てたとき、溶液側に適当な圧力を加えると水の浸透は止まる。このとき加えた圧力を、この溶液の**浸透圧**という。

では、なぜ半透膜を隔てると水（溶媒粒子）が濃い方へと浸透するのだろうか。ミクロの目で考えてみよう。図3-22のように、水も溶液も同じ温度だとすると、同じように熱運動しているはずである。単位時間に同じ数の粒子が、半透膜の隙間に当たったとする。水分子は、隙間を通過するが、それより大きな溶質粒子は通過できない。そのため、水側から溶液側へと移動する水分子の数に比べ、溶液側から水側へと移動する水分子の数は、溶質粒子の割合だけ少なくなる。差し引きすると、

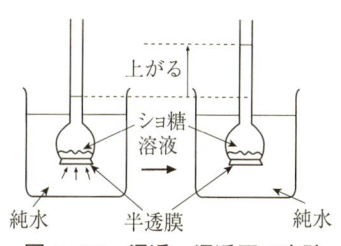

図3-21 浸透・浸透圧の実験

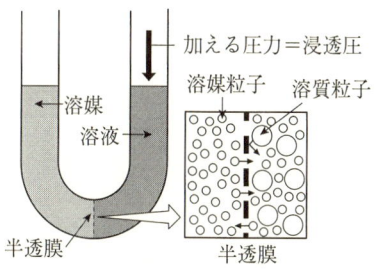

図3-22 浸透圧の原理

水分子が水側から溶液側へ浸透することになる。これが次々繰り返されるのである。拡散もそうだが、**物質は濃度が均一になる方向に自然に変化していく。**

分子の熱運動の激しさは絶対温度に比例するので、浸透圧は絶対温度に比例する。また、浸透しようとする水分子の数は溶質粒子の濃度に比例するので、浸透圧はモル濃度にも比例する。

コラム　生活の中の浸透圧

(1) 調理に利用

「青菜に塩」とは、青菜に塩をふりかければしおれることから、人が力なくしおれたさまをたとえて言う言葉である。実際に野菜に食塩をふりかけると濃厚溶液ができ、その浸透圧で葉の中から水が外に出るためしんなりとする。漬物にしたり、キュウリを塩もみすると、40%近くの水分が出ていって、しなやかだがシャキッとした歯ごたえになる。同様に、肉や魚を焼く前に塩をふりかけると内部の水分が外に出て身が引き締まり、型くずれしにくく、肉汁（うまみ）がしみ出しにくくなる。

(2) 食品保存に利用

湯通し塩蔵ワカメや塩魚など、食塩による浸透圧を利用して水分を減らし、食品中の成分濃度を高くすることで雑菌の繁殖を防いで保存性を高めている。

(3) 海水の淡水化──逆浸透法

半透膜を隔てると、水が薄い方から濃い方へと浸透してくる。濃い液に浸透圧に相当する圧力をかけると、浸透は見かけ上止まる。もっと強い圧力を加えると濃い方から、薄い方へと水が浸透していく。これを利用して、半透膜を隔てて海水に浸透圧

以上の高圧をかけ淡水を作る方法を**逆浸透法**という。淡水が少なく、しかもパイプラインも通せない離島やアラビアなどでは、この方法で海水から淡水を大量に製造して利用している。

(4) ナメクジ退治

ナメクジに塩や砂糖をまぶしておくと、体の水分が出ていき小さくなり死んでしまう。

(5) 魚のおしっこ

淡水魚は、体液の方が濃度が濃いので水が浸透して入ってくる。そのため大量の薄い尿を排出して体内の水分量を一定に保っている。海水魚では、海水の方が体液より濃度が濃いので、逆に体の水分が外に出ていってしまう。そのため海水を大量に飲み込み、塩分濃度の濃い尿を少量排出、また、えらから塩分を排出して体内の水分を増やすようにしている。

哺乳類であるクジラなどは、魚とはまったく別の方法で体内の水分量を一定に保っている。どのようにして体の水分量を一定に保っているのだろうか。調べてみるとよいだろう。

8 溶液のように見えて溶液ではない──コロイド溶液

溶液は透明である。そして、濁っている液は濾過して沈殿を取り除けるはずである。ところが、牛乳は白く濁っているのに濾過しても沈殿を取り出すことはできない。なぜなのだろうか。

牛乳のように分離せず混合しているが、不透明なものを**コロイド**という。霧や雲もコロイドである。コロイドの語源は、ギリシア語の kolla（にかわ）、eidos（類するもの）である。にかわはタンパク質であり、それに似たものという意味なのであ

る。タンパク質水溶液（生物体内の液）は、すべてコロイドである。

　これらは、なぜ透明ではないのだろうか。それは、気体や液体中に、普通の分子より大きな粒子が分散していて、光を強く散乱させているからである。コロイドは、液体や気体中に原子や小さな分子（約0.1nm　n：ナノ　10^{-9}）の10倍から1万倍大きい直径1～1000nmの粒子が分散してできている。この粒子をコロイド粒子という。映画館で映写機の光の通路が見えることがあるのは、ほこりなどのコロイドが光を散乱させるからである。

　コロイドは、溶液とは異なるので、溶質に相当するものを分散質、溶媒にあたるものを分散媒、そして溶液にあたるコロイド全体のことを「コロイド分散系」という。液体のコロイドをコロイド溶液または**ゾル** sol という。身近にあるさまざまなコロイドを分類すると次の表のようになる。

分散媒	分散質	名称	例
気体	液体	エーロゾル aerosol	霧、雲（液）、白い煙
	固体		黒煙、雲（氷）、ほこり
液体	気体	泡	泡、ソフトクリーム
	液体	乳濁液 emulsion	バター、牛乳、グリース
	固体	懸濁液 suspension	墨汁、ポスターカラー、濁水
固体	気体	固体泡	木炭、発泡スチロール、カステラ
	液体	ゲル gel	ゼリー、豆腐、コンニャク、オパール
	固体	固体コロイド	着色ガラス、ルビー

コロイド分散系

　シリカゲル（乾燥剤）や乾燥して市販されている寒天やゼラチンなどはゲルを乾燥させたもので、キセロゲルという。

3-3 溶液

【コロイド溶液の性質による分類】

・親水コロイド

多数の水分子が結合（水和）しているコロイド。デンプン、タンパク質、セッケン、合成洗剤などを水に溶かしたものがこれにあたる。

・疎水コロイド

ほとんど水和せず水に分散しているコロイド。硫黄、水酸化鉄(Ⅲ)、粘土（濁水）などのコロイド溶液がこれにあたる。コロイド溶液には、真の溶液（普通の溶液）とはまったく異なる以下のような性質や現象が見られる。

①チンダル現象

コロイドに横から強い光線を当てたとき、光線の道筋が見える現象。これは、コロイド粒子の直径が大きいため、その表面で光が強く散乱することによって見られる現象であり、イギリスの物理学者チンダル（1820〜1893）が発見した。真の溶液は透明であり、光の道筋は見えない。粒子の小さいコロイドや薄いコロイドは、透明に見えるが、強い光線を当てることでコ

純水（右）ではレーザー光の道筋は見えない
イオウのコロイド溶液（左）では見える

図3-24　チンダル現象

141

ロイドであることが簡単に判別できる。霧の中を走る自動車のライトの光路が見えるのもこの例である。

②ブラウン運動

コロイドを顕微鏡で観察したときに見られるコロイド粒子の不規則な運動。コロイド粒子は何とか光学顕微鏡で観察できる大きさである。その周囲にあって、顕微鏡では見えない小さな水分子は、たえず熱運動（不規則な運動）して不規則にコロイド粒子に衝突している。その反動でコロイド粒子があたかも自分で動いているように見える現象である。1827年イギリスの植物学者ブラウン（1773〜1858）が破裂した花粉から出てきた微小顆粒を観察していて発見し、1905年アインシュタイン（相対性理論で有名なドイツの物理学者　1879〜1955）によって水分子の熱運動がその原因であることがつきとめられた。なお、花粉そのものはコロイド粒子よりはるかに大きな細胞であり、ブラウン運動をしない。

③透析

コロイド溶液を半透膜（セロハン膜など）で包み純水に浸しておくことで、低分子やイオンを取り除きコロイド粒子をきれいにする操作。低分子（コロイド粒子よりずっと小さな分子）やイオンは半透膜を通過し拡散するが、コロイド粒子は半透膜の隙間より大きいため出て行けないので透析ができる。

血液透析はセロハン膜などの半透膜（透析膜）を隔てて静脈血と透析液を接触させ、血液中の尿素 $CO(NH_2)_2$ などの老廃物を透析によって除去する方法で、人工腎臓として広く使われている。

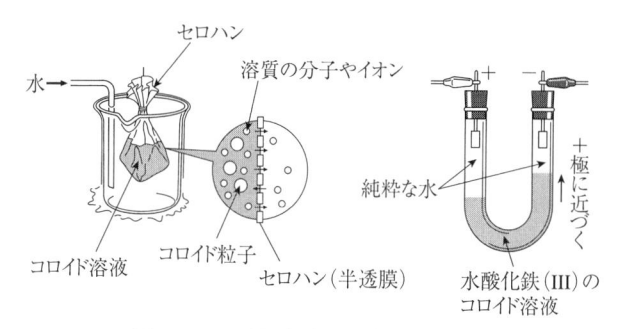

図3-25 透析（左）と電気泳動（右）

④電気泳動

コロイド粒子は大きいのに沈殿しないのは、粒子すべてが同種の電荷を帯びて反発し合っているからである。そのため直流電圧を加えると、コロイド粒子全体が反対符号の電極へと移動する。この現象を利用して、血清やDNAなどコロイドの混合物を精密に分離・分析することができる。

⑤凝析

疎水コロイドに電解質を少量加えると沈殿する現象。コロイド粒子と反対符号の電荷のイオンがコロイド粒子に結合し、コロイドの持つ電荷を中和してしまうために、反発力を失いコロイド粒子が凝集し沈殿する。

コロイド粒子と反対符号で電荷の価数の大きいイオンを加えると、より少量でも凝析させることができる。浄水場では濁水（粘土のコロイド溶液）を浄化するのにAl^{3+}を含む化合物を加えている。

疎水コロイドに親水コロイドを混ぜると親水コロイドが疎水

図3-26 凝析と塩析

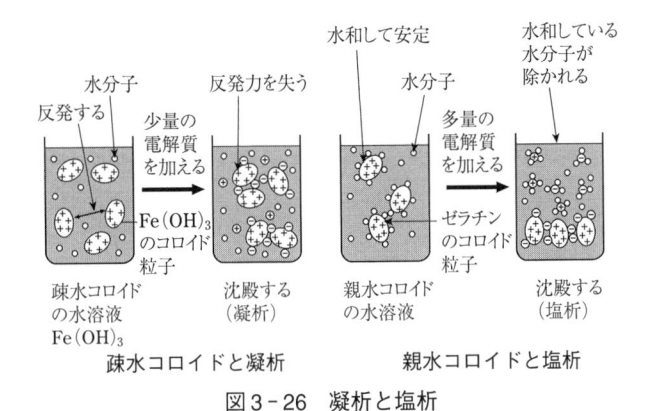

コロイドの周りに結合し凝析を起こしにくくなる。このとき加えた親水コロイドを保護コロイドという。墨汁の炭やインクの顔料は疎水コロイドであり、墨汁にはにかわ、インクにはアラビアゴムを保護コロイドとして加え沈殿しにくくしている。

⑥塩析

親水コロイドは、少量の電解質を加えても凝析はしない。しかし、電解質を高濃度にすると沈殿（凝集）を起こす。この現象を塩析という。電解質の濃度を高くすると電解質がコロイド表面の水和水を奪ってしまう。そして、水和水を失ったコロイド粒子は不安定になり凝集し、沈殿する。セッケンの製造において、食塩を加えて反応液からセッケンだけを析出させるのに利用している。また、豆乳に、にがりを加えて豆腐を作るといったことなどにも利用されている。

［答え］　問い1／②、問い2／溶けない、問い3／高い、問い4／低い

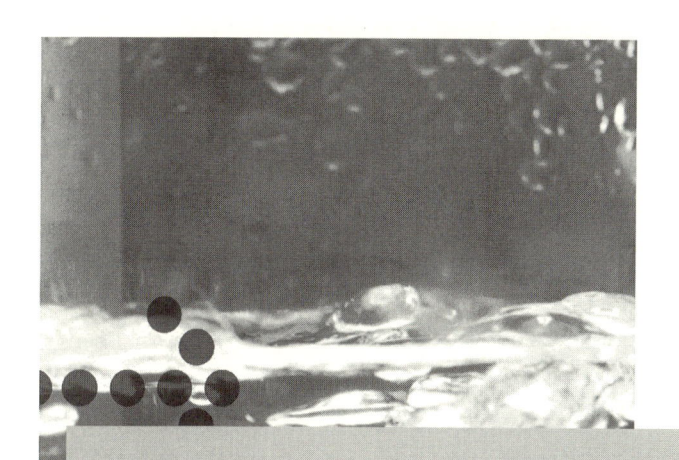

第4章
化学変化の仕組みといろいろな反応

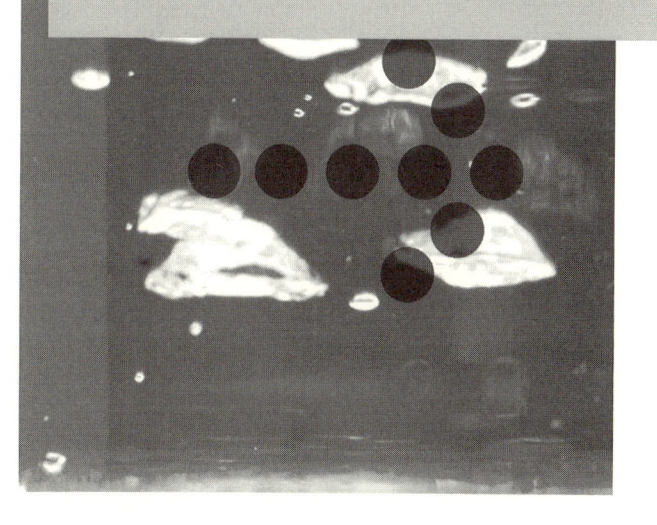

4-1 化学変化と熱の出入り

> **問い1** 次の現象のうち化学変化はどれか。
> ①水 H_2O を電気分解すると、水素 H_2 と酸素 O_2 が得られる。
> ②灯油を燃やすと二酸化炭素 CO_2 と水が生じる。
> ③水が沸騰する。
>
> **問い2** 熱が出る反応はどれか。
> ①水素と酸素から水ができる反応。
> ②鉄くぎがさびる反応。
> ③重曹(炭酸水素ナトリウム) $NaHCO_3$ を熱すると分解して炭酸ナトリウム Na_2CO_3 と水と二酸化炭素ができる反応。

1 物理変化と化学変化

物の変化を、大きく**物理変化**と**化学変化**に分けることがある。物理変化とは、どのような変化だろうか?

固体に力を加えると、その固体は縮んだり、破壊されたりする。このとき、その固体は別の物質になっているわけではない。形や様子が変わるだけである。水が氷や水蒸気になるような変化は、物質の固体・液体・気体の3つの状態変化である。この変化は水分子の集合状態が違っているだけで、物質そのものは変わっていない。水も氷も水蒸気も水分子 H_2O である。固体に力を加えたときの変化や状態変化のように、物質そのものが変わらない変化を**物理変化**という。

それに対して、化学変化とは、はじめにあった物質がなくな

4-1 化学変化と熱の出入り

って新しい物質ができる変化である。例えばポリ袋に水素と酸素を入れて点火すると、大きな爆発音と共に新しい別の物質である水ができる。

ここで水素と酸素は化学変化し合う物質で**反応物**といい、できた水を**生成物**という。

化学変化は、

(1)物質の種類が変わってしまう。
(2)温度を変えてももとの固体にはもどらない。

という点で、状態変化とは違う変化である。

このように、もとの物質とはちがう物質ができる変化を**化学変化**という。よく「反応する」という言い方をするが、これは、

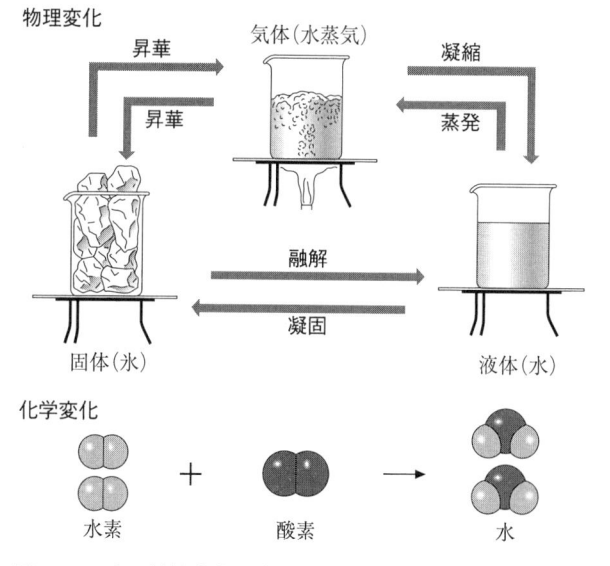

図4-1 水の状態変化と水素・酸素から水ができる化学変化

147

「化学変化が起こる」ということと同じである。

2 化学変化と熱の出入り

私たちは、ガスを燃やしてお湯を沸かしたり、料理を作ったりしている。そのときのガスは、LPガス（液化した石油系のガスという英語の頭文字からとった名称。プロパン C_3H_8 やブタン C_4H_{10} が主成分）か、都市ガスや天然ガス（ともにメタン CH_4 が主成分）といった、炭素と水素からできた**炭化水素**という物質のことが多い。

これらのガスを燃やすと、炭化水素中の炭素は二酸化炭素 CO_2 に、水素は水 H_2O になる。ガスが燃える反応のように熱と光を出しながら物質が酸素と激しく反応することを**燃焼（酸化反応）**といい、ガスコンロや石油ストーブは、燃焼のときに出る熱を利用している。このように熱が出る化学反応を**発熱反応**という。

逆に、周りから熱を吸収する**吸熱反応**という変化もある。発熱反応が起こると温度が上がり、吸熱反応が起こると温度が下がる。

私たちの周りの化学変化では、発熱するものが圧倒的に多い。

いろいろな物質の燃焼はもちろん、さびるなどのゆっくりした酸化反応（いわゆる「燃える」という化学反応。いまの段階では物質と酸素が化合する反応と考えておこう）でも発熱して温度が上がる。使い捨てカイロは、鉄粉が空気中の酸素と結びつく反応が起こったときに出る熱を利用している。私たちの体内では、いろいろな化学変化が起こって、そのときの発熱で体温が保たれている。

吸熱反応の例を一つあげておこう。容器に水酸化バリウム $Ba(OH)_2$ の粉末と塩化アンモニウム NH_4Cl の粉末を入れて、か

き混ぜる。すると、強烈なアンモニアの臭いがしてきて、べとべとの液体になっていく。このとき、容器に触れると大変冷たくなっている。周りから熱を奪って（吸収して）いるのである。

$$Ba(OH)_2 + 2NH_4Cl + 熱 \longrightarrow BaCl_2 + 2H_2O + 2NH_3$$

3 エネルギーから見た発熱反応と吸熱反応

「ある物体がエネルギーを持っている」ということは、他の物体に「仕事」をすることができる状況になっている（仕事ができる能力を持っている）、ということである。物理学では、「仕事」の大きさは、「力×距離」で表される。

ある速さで運動している物体は、もしも他の物体にぶつかれば、ぶつかった物体をある大きさの力で、ある距離だけ動かすことができる。これが「**仕事をすることができる状況**」の一例である。このとき、この運動している物体は「エネルギーを持っている」といえる。このエネルギーを**運動エネルギー**という。

基準点より高いところにある物体は、もしも基準点にある他の物体にぶつかれば、ぶつかった物体をある大きさの力で、ある距離だけ動かすことができる。このときも、この基準点より高いところにある物体は「エネルギーを持っている」といえる。このエネルギーを**位置エネルギー**という。運動エネルギーや位置エネルギーは力学的エネルギーと言われるエネルギーである。

化学では物質が持つ**化学エネルギー**を考える。それは力学的エネルギーの、「位置エネルギーと似た性格」と言える。例えば高いところから手のひらに水を落とすと、手のひらのすぐ上から落とすより、強い力で当たる。これは高さが高いほど物体は多くの位置エネルギーを持つからだ。そして低いところに落ちるほど物体はこの位置エネルギーを失っていく。これを力学

の用語では**エネルギー的に安定になる**と言う。

化学では高いところに物体がある代わりに、**原子同士の結びつきが弱いほど、たくさんの化学エネルギーが蓄えられている**と考える。弱い結びつきがほどけて強い結びつきができると、発熱反応が起き、反応物は熱となった分だけ化学エネルギーを失い**エネルギー的に安定した生成物**（原子同士が強く結びついた化合物）になる。

スチールウールは、細い繊維状の鉄 Fe だが、火をつけると熱を出して燃える。鉄くぎがさびるときも、スチールウールの燃焼と同じように、鉄 + 酸素 ─→ 酸化鉄　の反応が起こり、熱が出ている。しかし、スチールウールの燃焼と比べると単位時間あたりに発生する熱量が少ないので、感じ取りにくいだけである。鉄と酸素よりも酸化鉄のほうが**エネルギー的に安定**である。このとき出る熱を利用しているものに使い捨てカイロがある。

使い捨てカイロには、鉄粉、食塩水をしみ込ませた活性炭（細かい孔のあいた炭）などが入っている。鉄線ではなく、鉄粉を用いるのは表面積が大きく、それだけ酸素と化合しやすいからである。

食塩水には、鉄と酸素が化合するのを促進する働きがある。

袋をあけると、鉄粉と空気中の酸素が化合して熱が出る。これで、ホカホカするわけである。鉄粉が全部化合してしまうと、もう熱は出ない。

それに対し、吸熱反応では、反応物は外部からエネルギーを吸収する。

水素と酸素から水ができる反応について具体的に見てみよう。水素、酸素、水が持つ化学エネルギーから見ると、水素と酸素の化学エネルギーのほうが水の化学エネルギーより大きく

4-1 化学変化と熱の出入り

て、反応の結果、その化学エネルギーの差が周りに熱として出される（**発熱反応**）。

水を数千度にすると、水の一部分は分解されて水素と酸素になる。この場合は、水が熱を吸収したので**吸熱反応**である。水素と酸素の化学エネルギーのほうが水の化学エネルギーより大きいので、その化学エネルギーの差の分、周りから熱を吸収しないと水は水素と酸素に分解されない。熱の形ではなく、電気のエネルギーを吸収しても水は水素と酸素に分解される。

重曹（炭酸水素ナトリウム）$NaHCO_3$ を熱すると炭酸ナトリウム Na_2CO_3、水 H_2O、二酸化炭素 CO_2 ができる。これはホットケーキやカルメ焼きを膨らませるときに重曹を使うが、熱で分解して出た二酸化炭素で膨らませている。この反応も吸熱反応である。

$$2NaHCO_3 + 熱 \longrightarrow Na_2CO_3 + H_2O + CO_2$$

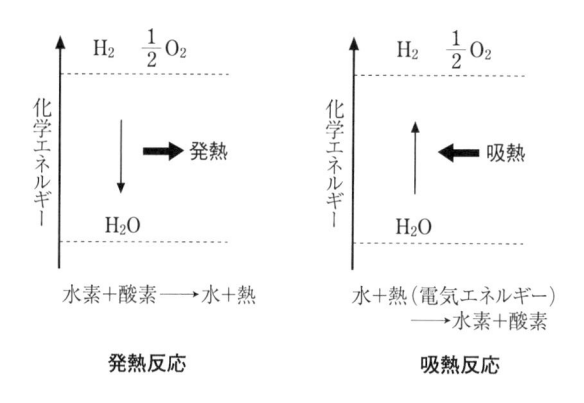

図4-2 発熱反応と吸熱反応

4 結びつくと熱が出る

　基本的に原子や分子、イオンがバラバラになるときには温度が下がる（**吸熱反応**）。逆にバラバラだったものが結びつくときには温度が上がる（**発熱反応**）。これは、結合を切断するのにエネルギーが必要だからである。

「くっつくときはアツアツ、別れりゃ冷たくなる」なんて人間の世界でも通用しそうである。

　物質を水に溶かすときも、発熱のときと吸熱のときがある。

　固体が水に溶けるとき、固体を作る分子やイオンはバラバラになる。だから物質を水に溶かせば基本的には温度が下がるはずである。

　しかし、水酸化ナトリウム NaOH を水に溶かすと逆に温かくなる。

　温度が上がるということは、水の中で新しい結びつきができたということである。水酸化ナトリウムは水に溶けるとバラバラになるが、バラバラになった粒子に新しく水の分子がくっついたのである（**水和**）。

　化学変化が起こったときや物質が水に溶けたとき発熱になるか吸熱になるかは、バラバラになるとき吸収するエネルギーと新しい結びつきができるとき発生するエネルギーの大小関係の兼ね合いできまる。

コラム　冷却パックの仕組み

　携帯用冷却パックと呼ばれる商品がある。これは、袋をげんこつでたたいてよく揉むと、温度が急激に下がるように作られた商品である。

　携帯用冷却パックの中には、白色の小さな粒と、小さな小袋

に入った液体が入っている。成分は、硝安 NH_4NO_3、尿素 $CO(NH_2)_2$、水など。硝安とは、硝酸アンモニウムで、硝酸 HNO_3 とアンモニア NH_3 の反応でできる塩である。白色の結晶で、窒素肥料などに利用されている。尿素は、無色の結晶で、人の尿の成分である。やはり肥料に利用されている。工業的に二酸化炭素とアンモニアを原料として製造されている。

この2種類の物質は、水によく溶ける以外に共通の性質がある。それは、水に溶けるときに周囲から多量の熱を吸収する働きである。

硝酸アンモニウムと水の吸熱反応は急速で、降下温度も大きいのに対し、尿素は緩やかな吸熱反応を示す。

両物質を混合して水と反応させることによって、冷却時間を持続させることができる。それぞれ単独で反応させるよりも大きな冷却効果が得られる。

［答え］　問い1／①と②、問い2／①と②

4-2 反応速度と化学平衡

問い1 運動する物体の速さは「距離÷時間」で求められる。では、化学反応の速さはどのように求めたらいいだろうか。

問い2 水素と酸素よりも水のほうがエネルギー的に安定である。水素と酸素を体積比2：1で混ぜるとどうなるか。
①ほとんど反応が起こらない。
②爆発的に反応して水になる。

問い3 薄い過酸化水素水（オキシドール　溶質はH_2O_2）に二酸化マンガン（酸化マンガン(IV)）MnO_2を入れると酸素が盛んに発生する。この反応の前後で二酸化マンガンの質量はどうなっているか。
①変化しない。
②減少している。

問い4 水素H_2とヨウ素I_2が反応するとヨウ化水素HIができるが、そのとき同時にヨウ化水素から水素とヨウ素に戻る反応が起こっているのだろうか？

1 反応速度

化学反応には、水素と酸素の混合気体に火をつけたときに起こる爆発や、火薬の爆発のような一瞬で終わる速い反応もあれば、鉄がさびるようなゆっくりした遅い反応がある。

4-2 反応速度と化学平衡

同じ反応でも条件によって反応の速さが違ってくる。例えば、硫黄 S は酸素中できれいな青色の炎をあげて燃える。できるのは二酸化硫黄(亜硫酸ガス)SO_2 である。

硫黄は、空気中ではゆっくり燃えるが、酸素中では空気中よりもずっと速く燃える。

このように化学反応には「速い」「遅い」がある。その速い遅いの度合いを**反応速度**という。物体の運動の場合は、速さは単位時間(例えば1秒間や1時間)に変化する距離で表し、

$$速さ = \frac{動いた距離}{要した時間}$$

で求められる。

では反応速度は、どう求めたらいいのだろうか?

反応が進むと、最初あった**反応物は減り、生成物は増える**。そこで、単位時間(例えば1秒間)に反応物あるいは生成物が変化する濃度あるいは物質量で反応速度を表す。物体の運動で言えば、単位時間は同じだが、動いた距離の代わりに、反応物(あるいは生成物)の濃度(あるいは物質量)を使うわけである。

例えば硫黄の燃焼の場合には、その反応速度は毎秒生じる二酸化硫黄の量(物質量)あるいは硫黄の量(物質量)の減り方で表す。

	S	+	O_2	$\longrightarrow$	SO_2
はじめ	1		1		0
ある時間後	$1-n$		$1-n$		n

はじめ S、O_2 が 1mol あったとして、反応が進み、ある時間までに S が n mol 減少すると同時に O_2 が n mol 減少し、同時に SO_2 が n mol 増加する。このときの反応速度 v は、次のように

なる。

$$v = \frac{\text{Sの減少量(物質量)}}{\text{要した時間}} = \frac{\text{O}_2\text{の減少量(物質量)}}{\text{要した時間}}$$
$$= \frac{\text{SO}_2\text{の増加量(物質量)}}{\text{要した時間}}$$

　物質Aが物質Bに変化する化学反応　A⟶B　の場合、反応速度v、つまり単位時間あたりの濃度の変化量は、t_1のときのAの濃度を$[A]_1$、t_2のときのAの濃度を$[A]_2$とすると次のようになる。ここでt_1、t_2は時間を表し、濃度はモル濃度である。なお、気体の場合も、溶液の場合と同様に単位体積あたりの物質量をモル濃度という。ある物質の**モル濃度**は化学式を[　]でくくって[化学式]と表すことが多い。

$$v = \frac{|[A]_2 - [A]_1|}{t_2 - t_1}$$

　一般に、化学反応は反応物質の分子の衝突によって起こる。「反応速度が大きい」というのは、「単位時間内の衝突回数が多い」ということである（分子同士が衝突しなければ「反応のしようがない」ということは容易に想像できるであろう）。

　硫黄の燃焼の場合も、酸素分子が硫黄の表面に衝突する回数が多いか少ないかによって、燃焼速度が異なる。硫黄が空気中では酸素中に比べて燃え方が遅いのは、空気中には酸素が$\frac{1}{5}$しかないので純酸素より酸素分子の数が少なく、硫黄に衝突する回数が少ないからである。

　反応速度は、温度が10℃ほど上がると、約2〜4倍速くなる。

　燃焼のような発熱反応では、反応が進むにつれて、温度はだんだん上がっていくから反応速度は急速に大きくなる。

　反応速度は、温度、濃度、その他いろいろな条件の影響を受

4-2 反応速度と化学平衡

ける。温度が一定で他の条件も同じであれば、反応速度は反応物質の濃度に比例し、固体物質ならばその表面積の大きさに比例する。

2 反応速度式

水素 H_2 とヨウ素 I_2 からヨウ化水素 HI ができる反応

$$H_2 + I_2 \longrightarrow 2HI$$

について、反応にかかわる物質の濃度と反応速度にどのような関係があるかを見てみよう。

この反応では、H_2 1個と I_2 1個の1組が反応してなくなると HI が2個できる。

まず、ある特定の H_2 分子に注目してみよう。相手となる I_2 が濃密にある（モル濃度が大きい）ほど、衝突して反応する確率は比例して大きくなるだろう。また I_2 分子に注目すると、相手になる H_2 分子のモル濃度に比例して反応する確率が大きくなるだろう。結局、反応速度は $[I_2]$ にも $[H_2]$ にも比例するので両方の積に比例することになる。そこで、この反応速度 v_1 は比例定数を k として、次のようになる。

$$v_1 = k_1[H_2][I_2]$$

このように反応物質の濃度が、反応の速さにどのように関係するかを示した式を**反応速度式**と言う。ここで、k_1 は、反応速度定数と呼ばれる比例定数で、温度や反応物質により変化する。

これに対して HI から H_2 と I_2 ができる速さは何に比例するだろうか。HI + HI $\longrightarrow$ H_2 + I_2 だから、HI 分子は2個がお互いに衝突しない限りは H_2 と I_2 ができない。そこで、[HI] の2乗に比例することになる。

$$v_2 = k_2[\mathrm{HI}]^2$$

実験で調べても、$\mathrm{H_2} + \mathrm{I_2} \longrightarrow 2\mathrm{HI}$ の場合は反応速度は $[\mathrm{H_2}][\mathrm{I_2}]$ に比例している。これはまさに $\mathrm{H_2}$ と $\mathrm{I_2}$ の衝突が反応速度を決めているからである。

ここでは理屈で反応速度式を導いたが、実際は反応速度と反応物質の濃度との関係についての実験値で決めるものである。

例えば $2\mathrm{H_2} + \mathrm{O_2} \longrightarrow 2\mathrm{H_2O}$ では2個の $\mathrm{H_2}$ と1個の $\mathrm{O_2}$ が互いに1ヵ所で衝突していたら反応速度は $[\mathrm{H_2}]^2[\mathrm{O_2}]$ に比例するはずである。しかし実際には $[\mathrm{H_2}]^{\frac{1}{2}}[\mathrm{O_2}]$ に比例する。つまり、実際には2個の $\mathrm{H_2}$ と1個の $\mathrm{O_2}$ が互いに1ヵ所で衝突して反応が進んでいるわけではないのである。

実は $2\mathrm{H_2} + \mathrm{O_2} \longrightarrow 2\mathrm{H_2O}$ の反応はいくつもの反応(**素反応**という)から成り立っている。例えば、次のような反応である。

(1) $\mathrm{H_2} \longrightarrow \mathrm{H} + \mathrm{H}$
(2) $\mathrm{H} + \mathrm{O_2} \longrightarrow \mathrm{HO_2}$
(3) $\mathrm{HO_2} + \mathrm{H_2} \longrightarrow \mathrm{H_2O_2} + \mathrm{H}$
(4) $\mathrm{HO_2} + \mathrm{H_2} \longrightarrow \mathrm{H_2O} + \mathrm{OH}$
(5) $\mathrm{OH} + \mathrm{H_2} \longrightarrow \mathrm{H_2O} + \mathrm{H}$

その中に特に遅い反応があると、全体の反応はそこのところでせき止められたようになる。さまざまな素反応のうち、最も遅い反応は、全体の反応速度を律するので律速段階という。

3 反応速度とエネルギー

①活性化エネルギー

水素と酸素が別々にあるより水のほうがエネルギー的に低いのであるなら、高い場所にある物体が自然に低いところに落ち

4-2 反応速度と化学平衡

るように、水素と酸素を混ぜれば自然に反応してもよさそうである。

しかし、水素と酸素を混ぜ合わせておくだけでは、いつまでたっても反応がほとんど起こらない。適当な割合に混ぜ、火をつけたり、電気火花を飛ばしてやると激しく反応して水ができる。

これは、水素分子と酸素分子が衝突して反応を起こすとき、ある程度以上のエネルギーを持っていないと反応しないからである。反応を起こさせる最低限のエネルギーを**活性化エネルギー**という。

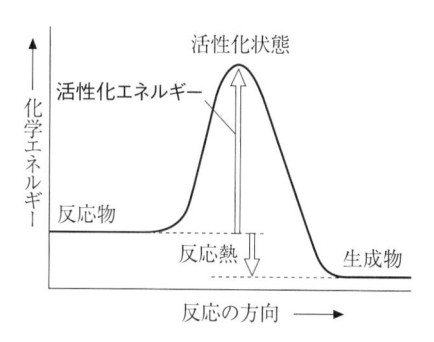

図4-4 活性化エネルギーの概念図

活性化エネルギーは「山の高さ」にたとえられる。私たちが山を越えるとき、山の高さで越えやすさが違うように、化学反応の場合も、反応物から生成物ができるまでの間に「エネルギーの山」があって、それが高いほど反応が進みにくくなる。火をつけたり、電気火花を飛ばしてやることは、この山を越えさせるのに必要なエネルギーだったのである。

このエネルギーの山さえ越えさせられれば、はじめの水素と酸素のエネルギーと、できた水のエネルギーの差だけのエネル

ギーを外に出して反応が進む。

一般に化学反応では、「混ぜても反応が起こらないときは、熱してみる」ことが行われる。これは、エネルギーの山を越えさせることになる。

②触媒

では、エネルギーの山を低くして、反応を進みやすくすることはできないだろうか。

そのために用いるのが触媒である。

例えば、薄い過酸化水素水 H_2O_2 をそのままおいても簡単に分解しないが、そこに酸化マンガン(Ⅳ) MnO_2 を加えると分解して酸素と水になる。

$$2H_2O_2 \longrightarrow 2H_2O + O_2$$

このときの酸化マンガン(Ⅳ)は、**反応の前後で変化していないが、反応を進める働きをしている物質**である。このような物質を**触媒**という。

触媒があると反応速度が大きくなるので、目的の生成物を短時間で得ることができる。

水素と酸素が適当な割合で混ざった混合気体に、白金黒(非常に細かい粉にした白金 Pt)をほんの少しでも入れると、ふつうの温度で反応し、爆発が起こる。この反応で白金は触媒として働いている。

触媒は、化学工業で大きな働きをしている。また、身近なところでも働いている。ガソリンエンジンで走る自動車には、白金を主にした触媒が使われていて、排気ガスの窒素酸化物 NO_x を分解(還元)してきれいにするのに役立っている。

さらに身近な触媒は生体内の酵素である。私たちが食べた食

図4-5 化学反応のエネルギー曲線と触媒の働き

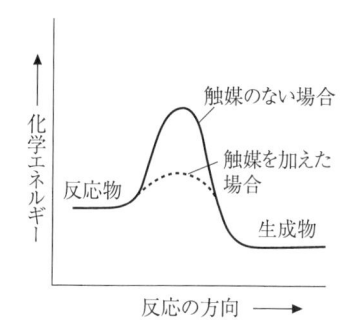

触媒は反応物・生成物には影響せず、活性化エネルギーを低下させて、反応しやすくする作用を持つ

べ物を消化する消化酵素、アルコールを分解する酵素などさまざまな生体触媒が体内で働いている。

4 化学平衡

ほとんどの化学反応は、反応物から生成物への一方通行だけでなく、逆向きにも起こる。

反応物から生成物への**右向きの反応を正反応**、生成物から反応物への**左向きの反応を逆反応**という。これら両方の反応が起こる反応を**可逆反応**といい、一方向しか起こらない反応を**不可逆反応**という。

可逆反応において、正反応と逆反応の速度を調べてみると、ある時間が経つと正反応の速度と逆反応の速度が等しくなり、見かけ上、反応が停止したような状態に達する。この状態を**化学平衡**という。

すでに「平衡」という考え方は、気体・液体・固体など異なった状態間の平衡や溶解平衡などで説明した。例えば、水と水蒸気の間の平衡では、水からは絶えず表面の一部の分子が飛び出し（**蒸発**）、一方、水蒸気のほうでは絶えず一部の分子が液

体の水に飛び込んでいる(凝縮)。逆向きの2つの変化が釣り合った状態が平衡である。そこでは、**個々の分子は絶えず何かの変化をしていても、それが全体としては互いに打ち消し合って、見かけ上変化を認めることができない**、というものである。化学平衡も、正反応と逆反応が共に起こっているのにそれらの反応速度が同じため、反応が起こっていないように見えるのだ。

最初に、化学平衡についてよく研究されたのが水素とヨウ素からヨウ化水素ができる反応である。

先に見たように水素1個とヨウ素1個が衝突して合体すると、原子の組み替えが起こって2個のヨウ化水素ができる。これは単純で緩やかに進む反応であるため、正反応と逆反応を調べやすかったのである。

水素 H_2 と塩素 Cl_2 から塩化水素 HCl ができる反応も単純であるが、塩化水素から水素と塩素ができる逆反応が起こりにくい。暗室で水素と塩素を混ぜてポリ袋に入れ、おおいをして光が当たらないようにし、外に出しおおいをとると、日光(紫外線)に当たっただけで爆発して塩化水素になってしまうのだ。

$$H_2 + Cl_2 \longrightarrow 2HCl$$

すると、ほぼ100%生成物になってしまい、反応物から生成物へ、逆に生成物から反応物へという逆向きの2つの作用が釣り合った状態(化学平衡の状態)がわかりにくい。

塩素の代わりに臭素 Br_2 にすると反応は緩やかになり、反応は100%以下になる。ヨウ素 I_2 にすると、さらに反応は緩やかになり、平衡の状態が調べやすくなる。それで水素とヨウ素の反応がよく使われたのである。

容器に H_2 と I_2 の混合気体を入れて400℃以上に保つと HI ができてくる。HI ができるためには H_2 と I_2 が衝突して、そ

4-2 反応速度と化学平衡

こで原子の組み替えが起こる必要がある。温度を高くすればそれだけ分子運動が激しくなって衝突回数が増える。また、衝突の仕方にもいろいろあって、衝突したからといって反応が起こるというわけではない。例えば極端な次の2つの場合、(b) のほうが (a) に比べて反応が起こりやすいだろう。

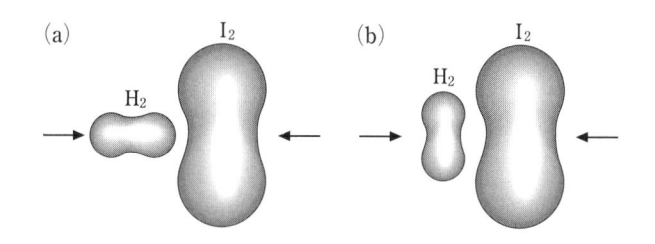

図4-6　H_2分子とI_2分子の衝突

この反応では、430℃に熱すると10^{13}回衝突して1回の割合でHIができることがわかっている。

HIができるにしたがい、HI同士が衝突して、HIがもとのH_2とI_2に戻る反応も起こってくる。

ある程度HIができたところで右向きと左向きの反応が釣り合って見かけ上変化がなくなる。このときが、

$$H_2 + I_2 \rightleftarrows 2HI$$

の平衡である。

5 平衡移動の原理（ル・シャトリエの法則）

可逆反応が平衡状態にあるとき、濃度、圧力、温度などの条件を変えると、その条件の変化を緩める（少なくする）向きに反応が進み、また新しい平衡状態になる。このとき、「平衡が移動した」という。これを**平衡移動の原理（ル・シャトリエの**

法則）という。

まず濃度の変化を見てみよう。

$$H_2 + I_2 \rightleftharpoons 2HI$$

この反応が化学平衡に達した容器に、HIを加えるとどうなるだろうか。容器内にHIが増えるので、HIが減少する方向、つまり左向きに平衡が移動して、新しい平衡状態になる。Heを加えたときは、Heは全然反応に関係しないので平衡は移動しない。

亜鉛Znと十分な量の塩酸HClの反応など、気体が発生する反応では、生成物、つまり発生した気体（この例では水素）がその反応容器からどんどん出て行くので、生成物を補うように反応は右向きにどんどん進んでいき、亜鉛がなくなるまで続く。

$$Zn + 2HCl \rightleftharpoons ZnCl_2 + H_2$$

生成物がなくなる──その変化を少なくするように平衡が移動、つまり平衡は右に向かう反応が繰り返されて最後まで進む。

次に圧力の変化を見てみよう。二酸化窒素NO_2から四酸化二窒素N_2O_4ができる反応は次のようである。

$$2NO_2 \rightleftharpoons N_2O_4$$

気体の入った容器内の圧力は気体の分子数に比例する。この容器に圧力を加えると、圧力を減らす方向、つまり分子数が小さくなる方向に平衡がずれる。左辺は2分子、右辺は1分子であるから、圧力を加えると平衡はN_2O_4の増える方向、つまり右向きにずれて、新しい平衡状態に達する。

$$H_2 + I_2 \rightleftharpoons 2HI$$

4-2 反応速度と化学平衡

水素とヨウ素の反応では、気体分子の数が左辺と右辺ともに2molで同じなので、圧力を加えても圧力を減らしても平衡は変わらないままである。

これは**温度についても言えて**、温度を上げると吸熱の方向に、温度を下げると発熱の方向に平衡が動く。

触媒を加えると短時間で平衡状態に達するが、平衡移動には関係しない。これは正反応の速度も、逆反応の速度も共に大きくなるからである。

天の邪鬼という言葉がある。人が右と言えば左、上と言えば下、表と言えば裏と、人に逆らってばかりいる人のことである。平衡移動の原理は天の邪鬼の原理とも言えるだろう。

化学平衡と反応速度からアンモニア合成を考えてみよう。

窒素 N_2 と水素 H_2 からアンモニア NH_3 ができる反応である。

$$N_2 + 3H_2 \rightleftharpoons 2NH_3 + 熱$$

例えば、200℃、1.013×10^4 hPa（10atm）、触媒の存在の条件のもとで長時間反応させると、アンモニアの濃度が50.66%で見かけ上反応が止まり、化学平衡に達する。

温度℃	圧 力 (hPa)			
	1.013×10^4	1.013×10^5	$3 \times 1.013 \times 10^5$	$5 \times 1.013 \times 10^5$
200	50.66%	81.54%	89.94%	98.29%
300	14.73%	52.04%	70.96%	92.55%
400	3.85%	25.12%	47.00%	59.82%
500	1.21%	10.61%	26.44%	57.47%
600	0.49%	4.52%	13.77%	31.43%

アンモニアの生成量（%）と圧力・温度の関係

逆に純アンモニアからスタートしても、アンモニアの濃度が見かけ上50.66％になるまで分解が進み、同じ化学平衡に達する。

合成するのだから、平衡が右向きに動きアンモニアがたくさんできるようにしたい。平衡移動の原理からすると、温度が上がると平衡は吸熱の方向に、つまりアンモニアが分解するほうにずれるのでよくない。全体に圧力をかけると分子数の減る方向、つまりアンモニアのできるほうに動くのでよい。平衡移動の原理から考えると低温・高圧が有利になる。

しかし、低温では反応速度が小さくなり、平衡に達するまでに時間がかかってしまうので、実用上は不利になる。時間的に速くできたほうがよい。

そこで触媒（酸化鉄＋アルミニウム）の力も借りて、500℃くらいまでには熱することにする。平衡移動の原理は圧力を大きくすることに重点的に適用して、1013hPaの千倍という超高圧に耐える反応装置で、このアンモニア合成は行われている。

コラム 窒素からアンモニア合成成功でドイツは戦争を決意？

戦争遂行にはパン（食糧）と火薬（砲弾）が大量に必要である。

1913年、ドイツではハーバー（1868～1934）とボッシュ（1874～1940）の方法によって空気中の窒素を使ったアンモニアの製造の工業化が始まった。アンモニアからは硝酸を作ることができ、硝酸からは火薬類を作ることができる。さらに化学肥料の原料にもなる。

そして1914年7月、第一次世界大戦が勃発した。

アンモニア合成がハーバーとボッシュによって成功した時、ドイツの皇帝ウィルヘルム2世は、「さあ、これで安心して戦争ができる！」と言ったというエピソードがある。海上封鎖を

受けてチリ硝石（$NaNO_3$、アンモニアの合成が確立されるまで、肥料や火薬の重要な原料だった）の輸入が困難な時なので、いかにもありそうな話ではあるが、どうやら作り話のようである。

実際には、戦争の足音が近づくにつれ、パンと火薬の生産を心配した化学者エミール・フィッシャー（1852～1919）らが政府に具申すると、「学者が軍事にお節介をするな」と一蹴されていた。軍当局は、戦争は短期間で決着がつくと思っていたのである。だから、皇帝が「さあ、これで安心して戦争ができる！」と言ったというのは事実ではない。

第一次世界大戦は、5年間もの時と大量の火薬を費やすことになった。

アンモニア合成法の工業化は、その結果としてパンと火薬の両面からその戦争を支えることになったということだ。

ハーバーとボッシュはアンモニア合成法の成功でドイツのみならず世界の食糧増産の大功労者になった。これら業績によりハーバーは1918年、ボッシュは1931年にそれぞれノーベル化学賞を受賞している。

[答え]　問い1／単位時間あたりの物質の濃度や物質量の変化量、問い2／①、問い3／①、問い4／起こっている

4-3 酸と塩基の反応

> **問い1** 酸の仲間、塩酸 HCl、硫酸 H_2SO_4、硝酸 HNO_3 を作っている元素には、どんな共通性があるだろうか?
>
> **問い2** 塩基の仲間、水酸化ナトリウム NaOH、水酸化カリウム KOH、水酸化カルシウム $Ca(OH)_2$ を作っている元素には、どんな共通性があるだろうか?
>
> **問い3** pH(ピーエイチ)4と10ではどちらが酸性が強いだろうか?
>
> **問い4** 酸と塩基の中和では共通にどんな反応が起こっているか?

1 酸性

①酸の定義

これまで**酸性**とか**アルカリ性**という言葉は、だれでも一度や二度は耳にしたことはあると思う。酸の定義がはじめて与えられたのは、今から約300年前のことだ。ボイルの法則で有名なボイルは、酸とは

(1) すっぱい味がする
(2) 多くの物質を溶かす
(3) 植物性の有色色素(リトマス)を赤色に変える
(4) アルカリと反応すると、それまで持っていたすべての性質を失う物質である

と述べている。

　食酢（酢酸 CH_3COOH が主成分）や塩酸 HCl はすっぱい味を持ち、青色リトマスを赤色に変え、亜鉛 Zn や鉄 Fe などの金属を加えると、金属を溶かし水素ガスを発生させる。このような性質を酸性という。化合物のうち、その水溶液が酸性を示すものが酸である。

②「酸の素＝酸素」の誤解

　燃焼理論の確立者ラボアジエは、酸を特徴づける元素として「酸素」を考えた。当時、酸とは、酸性酸化物に中性の水が結合したものと信じられていた。例えば三酸化硫黄 SO_3 に水が結合すると硫酸 H_2SO_4、二酸化窒素 NO_2 に水が結合すると硝酸 HNO_3 となるように、酸は必ず酸素を含み、酸性の原因は酸素と元素の非金属性にあると考えられていたのである。

　食塩と硫酸を原料に作られる塩酸 HCl も、当然酸素を持つ化合物であると信じられた。ところが、塩酸は酸素を持たず、塩化水素の水溶液であることがわかったとき、化学者の間にはとまどいが起こった。

③水素に注目

　酸の持つ共通な性質は何か、ということで有機化学の祖リービッヒ（ドイツ　1803〜1873）は、「**酸とは金属元素で置換される水素を持った化合物である**」と定義した。

　　$Zn + H_2SO_4 \longrightarrow ZnSO_4 + H_2$
　　$Fe + 2HCl \longrightarrow FeCl_2 + H_2$

これらの式のように、硫酸と塩酸の水素はそれぞれ亜鉛と鉄

で置換されている。酸の水素がこのように金属で置換されると、酸の性質であるすっぱい味は失われ、リトマスに対する変色反応もなくなる。したがって、酸に特有の性質であるすっぱい味や、青色リトマスを赤に変えることも、水素によることが明らかになった。

しかし、水素を構成要素として持つすべての化合物が、酸の性質を持っているわけではない。例えば、メタン CH_4 は4個の水素原子を、エタノール C_2H_5OH は6個の水素原子を持っているが、亜鉛や鉄のような金属で置換できる水素原子は1個もない。

④アレーニウスの電離説

この違いがはっきりしたのは、19世紀末に、スウェーデンの化学者アレーニウス（1859〜1927）が電離説を唱えるようになってからである。

この説では、「**酸とは水溶液中で水素イオン（H^+）を与える物質である**」とされた。構成している水素原子が、水溶液中で電離して、水素イオンになるかならないかによって、酸かどうかが決まるのである。

食酢の成分である酢酸 CH_3COOH も、塩酸 HCl、硝酸 HNO_3、硫酸 H_2SO_4 なども、水を加えると次のように電離する。

$$CH_3COOH \longrightarrow H^+ + CH_3COO^-$$
$$HNO_3 \longrightarrow H^+ + NO_3^-$$
$$HCl \longrightarrow H^+ + Cl^-$$
$$H_2SO_4 \longrightarrow 2H^+ + SO_4^{2-}$$

酸に特有な、すっぱい味がするとか、青色リトマスを赤色に変えるという性質は、この水素イオン H^+（正確に言えば、オ

キソニウムイオン H_3O^+）によることが明らかになった。こうして、アレーニウスの酸の定義が市民権を得たのである。

⑤オキソニウムイオン

水素イオン H^+ は水素原子の中のただ一つの電子を失ってできたイオンである。これは、プロトン（陽子）1個、つまり水素の原子核そのものである。

今日の見解では、H^+、つまり極めて体積が小さい裸のプロトン（陽子）が、水中でそのまま存在しているのではないことがわかっている。

アレーニウスの酸・塩基説での水素イオンは、実際はオキソニウムイオン H_3O^+ である。このイオンは、H^+ に H_2O が1分子結びついた（水和した）イオンであるとも考えられる。

したがって、HCl を水に溶かしたときの実際の反応は、

$$HCl + H_2O \longrightarrow H_3O^+ + Cl^-$$

となる。

水溶液内での水和はモル濃度の値に変化を与えない。そこで、水溶液内の現象を述べるときには水和は省略することを承知のうえなら、便宜上オキソニウムイオンを水素イオンとしてもよい。

2 アルカリと塩基

アルカリ（alkali）とは、もともとは、陸の植物の灰（主成分 K_2CO_3）および海の植物の灰（主成分 Na_2CO_3）をまとめて、アラビア人が名づけたものである。ここで、カリ（kali）は、灰という意味である。

化学ではアルカリは主としてアルカリ金属、アルカリ土類金属の水酸化物を指すが、しばしばアルカリ金属の炭酸塩と、ア

ンモニアも指すことがある。

塩基は酸の性質を打ち消す性質を持つ物質であり、酸と中和して塩と水を生じる（水を生じない場合もある）。塩基性は酸の性質を打ち消す性質である。

アルカリという言葉は、実質的には、塩基とあまり区別しないで用いられる。また、「塩基のうち水によく溶けるもの（NaOH、KOH、$Ba(OH)_2$など）」に限定してアルカリと言うことも広く用いられている。

コラム　ブレーンステッド-ローリーの酸・塩基説

1923年、デンマークの物理化学者ブレーンステッド（1879～1947）とイギリスの化学者ローリー（1874～1936）は、独立にプロトン（陽子、水素の原子核）の挙動に着目して、次のように酸・塩基を定義した。

「酸とは水素イオンを他に与えることのできる物質、塩基とは水素イオンを受け取ることのできる物質である」

今まで述べてきた酸はみんな水素イオンを出して、これを水分子やアンモニア分子などに与えるものだから、この定義でももちろん酸である。

また、今まで述べてきた塩基は水に溶けて水酸化物イオンを作るものであり、水酸化物イオンには水素イオンと結合して水分子を作る性質があるので、この定義でも塩基である。

アンモニア水が塩基性を示すのは、アンモニア分子が水分子から水素イオンを奪ってアンモニウムイオン NH_4^+ となり、水酸化物イオンができるからである。

$$NH_3 + H_2O \rightleftharpoons NH_4^+ + OH^-$$
（塩基）　H^+（酸）

この反応式では、水はアンモニアに H^+ を与えているので酸として働いているが、塩酸 HCl や硝酸 HNO_3 が水に溶けたときは、H^+ を受け取って H_3O^+ を作る反応を起こすので、塩基として働く。

この定義によると、一つの物質が相手によって、酸としても塩基としても働くことになる。水はその一例である。要は、プロトンを奪い合って、プロトンに対して親和力が強い物質が塩基として働き、相手物質が酸の役割を演じるということである。

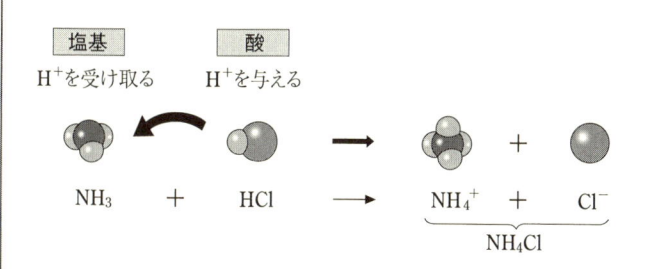

塩基	酸
H^+を受け取る	H^+を与える

NH_3 + HCl ⟶ NH_4^+ + Cl^-
　　　　　　　　　　　　　NH_4Cl

ブレーンステッドたちの定義では、酸と塩基は水溶液中に限らない。例えば、濃塩酸と濃アンモニア水のびんのふたを開けて、互いに近づけると白煙が出る。これは気体となった HCl と NH_3 が、直接 H^+ のやり取りをして、塩化アンモニウム NH_4Cl の粒子（白色）を作ったためである。これも酸と塩基の反応になる。

❸酸・塩基の価数

分子式の中に酸としての性質を示す水素を1個持つ酸と2個以上持つ酸がある。

例えば、硫酸 H_2SO_4、リン酸 H_3PO_4 は、それぞれ酸として

の性質を示す水素を2個、3個持っていて、解離すると水素イオンを2個、3個出すことができる。

$$H_2SO_4 \longrightarrow H^+ + HSO_4^-$$
$$HSO_4^- \longrightarrow H^+ + SO_4^{2-}$$

$$H_3PO_4 \longrightarrow H^+ + H_2PO_4^-$$
$$H_2PO_4^- \longrightarrow H^+ + HPO_4^{2-}$$
$$HPO_4^{2-} \longrightarrow H^+ + PO_4^{3-}$$

このような酸を区別するのに、水素イオンを1個出す酸を**1価の酸**、2個出すものを**2価の酸**、3個出すものを**3価の酸**と言う。

塩基の場合も酸と同様に、見かけ上1個の水酸化物イオンを生成する塩基を**1価の塩基**と言う。水酸化ナトリウム NaOH、アンモニア NH_3 は1価の塩基であり、水酸化カルシウム $Ca(OH)_2$ は**2価の塩基**、水酸化アルミニウム $Al(OH)_3$ は**3価の塩基**である。

多くの2価、3価の塩基は水に溶けにくく、酸と反応して見かけ上2価、3価の塩基として働く。

4 酸・塩基の強弱

HAという分子を持つ酸を水に溶かし、次のように電離したとする。

$$HA \rightleftharpoons H^+ + A^-$$

この酸の全量を1として、そのうち $a (0 \leq a \leq 1)$ だけ電離したとすると、この a を**電離度**という。a が大きいものは強酸で、小さいものは弱酸である。

実際は強酸は全部電離している。つまり電離度1であるという。

コラム　緩衝溶液（バッファー）

外から受ける作用を和らげる性質（緩衝作用）を持つ溶液を緩衝溶液という。ふつうは酸性、塩基性の変化を和らげる働きを持つ溶液のことである。

よく使われる酢酸 CH_3COOH と酢酸ナトリウム $NaCH_3COO$ の混合水溶液で仕組みを考えてみよう。

酢酸ナトリウム $NaCH_3COO$ はイオン結晶なのですべて電離しているが、酢酸 CH_3COOH は一部だけが電離している。

$$NaCH_3COO \longrightarrow Na^+ + CH_3COO^- \quad (1)$$
$$CH_3COOH \rightleftharpoons H^+ + CH_3COO^- \quad (2)$$

ここに強酸（つまり H^+）を加えると、(1) 式の電離により多量に生じた CH_3COO^- に H^+ が結びついて (2) 式の左辺の CH_3COOH になるため、H^+ の濃度ははじめとあまり変わらない。H^+ を加えてもその割には酸性の強さは上がらないのである。

強塩基（つまり OH^-）を加えると、H^+ や多量にある CH_3COOH 分子と反応する。そして、CH_3COOH が残っている限り、次々と電離して H^+ を補うため、結局、H^+ の濃度ははじめとあまり変わらない。

5 水のイオン積

水の一部は、実際には、

$$2H_2O \rightleftharpoons H_3O^+ + OH^-$$

簡略化して、

$$H_2O \rightleftharpoons H^+ + OH^-$$

のように電離している。

温度が25℃のとき、水溶液中の $[H^+] \times [OH^-]$ は 1×10^{-14} $(mol/L)^2$ という値になり、常に一定である。仮に酸や塩基を加えても、例えば $[H^+]$ が10倍になれば、$[OH^-]$ が10分の1になり、常にこの値は保たれる。

この数値を**水のイオン積**と言う。

6 pH

水のイオン積 $[H^+][OH^-]$ が常温で 1×10^{-14} $(mol/L)^2$ 付近ということを示したが、これは温度さえ決まっていれば、そこにどんな物質が溶けていても変わらない値である。したがって、もし酸が溶けて H^+ が増えれば、その一部は同数の OH^- と結合して水となり、結局 H^+ が多くなった代わりに OH^- が減って、そのモル濃度の積が一定に保たれることになる。

ふつうに酸の溶液と言えば H^+ を含む溶液であるが、水溶液である以上 H^+ と OH^- とは必ず共に存在する。ただ **OH^- が少なく H^+ が多い状態が酸性**の水溶液である。

塩基性の水溶液はその反対で、H^+ が少なく OH^- が多い状態である。中性とは両者が等しい場合で、常温でいえばそのモル濃度が共に 1×10^{-7} mol/L ということになる。

こうして酸性、中性、塩基性を表すのに、H^+ か OH^- の一方だけで表せることになるが、さらに10の何乗という表し方の代わりに、その肩の数字だけで表すやり方がある。

水素イオン濃度 $[H^+]$ の値を 10^{-x} と表したとき、$-x$ の符号を逆にした数 x で表したものを **pH**(ピーエイチ)と呼ぶ。pH

で水溶液の酸性・塩基性の強さを表すことが多い。

例えば、

$[H^+] = 10^{-12}$ mol/L のとき、pH = 12

$[H^+] = 10^{-3}$ mol/L のとき、pH = 3

である。

対数を使うと、pHは、次のように定義される。

$pH = -\log_{10}[H^+]$

水素イオン濃度が10倍になるとpHは1小さくなる。純粋な水は中性であり、pH = 7 である。酸性の水溶液ではpHは7よりも小さく、塩基性の水溶液ではpHは7よりも大きい。pHの定義は $\log_{10}[H^+]$ にマイナスを付けた（逆数にした）ものなので、**pHの値が小さいほど $[H^+]$ は大きく、酸性が強い**。くれぐれも勘違いのないように。

7 pH指示薬

酸や塩基の水溶液における水素イオン濃度を簡単に知る方法として、**指示薬**の使用がある。

指示薬はそれ自体が水素イオン（プロトン）と反応する有機化合物で、きわめて弱い酸や塩基である。それがpHの指示薬となるのは、その化合物が酸型（プロトンと結合した型）と塩基型（プロトンが電離した型）とで、化合物の色が変化するためである。ただし、指示薬となる有機化合物は、水素イオン濃度が約100倍（pHの値では2）変化する間で、プロトンとの結合の割合が変化する、つまり色が変わるものが選ばれる。指示薬のプロトンとの結合の割合が変化するpHの領域を、その指示薬の**変色域**と呼ぶ。

いくつかの指示薬の変色域を下に示す。

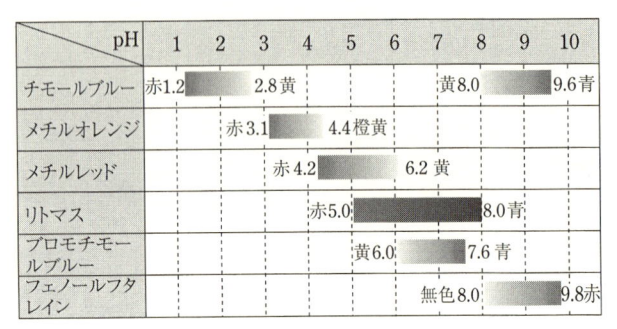

pH	1	2	3	4	5	6	7	8	9	10
チモールブルー	赤1.2		2.8黄					黄8.0		9.6青
メチルオレンジ			赤3.1	4.4橙黄						
メチルレッド				赤4.2		6.2黄				
リトマス					赤5.0			8.0青		
ブロモチモールブルー						黄6.0	7.6青			
フェノールフタレイン								無色8.0		9.8赤

図4-9　pHの代表的な指示薬

胃液には、塩酸がふくまれていてpH1.5～2、食酢は2.5～3.0、レモン果汁は4、トマトジュースは4.5、ヨーグルトは5、唾液や尿は5～7、牛乳は6.4～6.8、血液は7.35～7.45である。

8 中和反応の本質

具体的に、塩酸HClと水酸化ナトリウムNaOH水溶液の中和反応を考えてみよう。

化学反応式では、

$$HCl + NaOH \longrightarrow NaCl + H_2O$$

イオン反応式では、

$$H^+ + Cl^- + Na^+ + OH^- \longrightarrow Na^+ + Cl^- + H_2O$$

で、結局イオンのレベルではCl⁻、Na⁺は反応していないので

$$H^+ + OH^- \longrightarrow H_2O$$

である。もちろん、実際にはH⁺ではなくオキソニウムイオン

H_3O^+ なので次のように書く方が正しい。

$$H_3O^+ + OH^- \longrightarrow 2H_2O$$

このように酸と塩基の中和反応は、**水 H_2O が必ず生成する**のである。

ミカンの缶詰を作るときに中和反応が使われている。それを、実験で行うことができる。方法は、穴開きお玉にバラバラにしたミカンの房を入れて、加熱した0.5%水酸化ナトリウム NaOH 水溶液につけて2分間ほど上下にゆする。薄皮がきれいに溶けた房を、薄い塩酸で中和して水洗いしてできあがる。

実際の缶詰工場では、先にミカンの房を塩酸（0.6%）に攪拌しながら浸し、軽く水洗いしてから水酸化ナトリウム水溶液（0.3%）に浸す。

コラム　強酸性の川を中和

酸性を弱めるには、水素イオン H^+ を少なくすればよい。酸と塩基の中和以外にも水素イオンを少なくすることができる反応がある。

例えば小学校以来、二酸化炭素の発生といえば「塩酸＋石灰石（炭酸カルシウム）」であるが、この反応が進むと塩酸の酸性は薄れていく。

硫酸 H_2SO_4 と石灰石 $CaCO_3$（粉末状）でも同様である。このときは、

$$H_2SO_4 + CaCO_3 \longrightarrow CaSO_4 + H_2O + CO_2$$

の反応が起こる。

塩酸や硫酸の水素イオン H^+ は、炭酸イオン CO_3^{2-} と結びついて、水と二酸化炭素になってしまうので酸性が弱まるのであ

る。

　石灰石を使って、酸性の川を普通の川にしている例が、わが国にある。

　群馬県の草津白根山の近くに吾妻川がある。

　この川の水は火山からの強い酸性の水を含んでいる。その主な成分は硫酸である。そのため、魚なども棲めないし、植物も生育できないので毒水と呼ばれていた。鉄やコンクリートは、強い酸性のためにボロボロになるので、橋桁を作ることができなかった。5寸くぎ（長さ約15 cm）が10日で溶けるほどの強い酸性を示す川だったのである。

　吾妻川の強い酸性の原因をたどると、3つの支流に行き着いた。そこでこの3つの支流の川の水を中和すれば、ずっと酸性が弱くなるはずだと考えられた。

　水酸化ナトリウム NaOH や水酸化カルシウム $Ca(OH)_2$ は高価なので、大量には使えない。そこで、登場したのが石灰石（炭酸カルシウム $CaCO_3$）。これなら、石灰石の山から掘ってきて、粉末にするだけでよい。

　炭酸カルシウムには、塩基の水酸化物イオンはないが、上述のように酸の水素イオン H^+ と反応して、水素イオンをなくしてしまう働きはある。それで酸性を弱めることができる。

　酸と塩基の反応を中和と言っているが、より広くは**酸という激烈な酸性の性質を弱めることも中和なのである。**

　国土交通省の品木ダム水質管理所は、3つの支流に水に混ぜた石灰石の粉末を投入している。投入量は、1日に平均して50〜70トン、多いときで90トンである。その結果、強い酸性が弱まり、農作物用の灌漑用水として使えるようにまでなっている。毒水が普通に使える水に変わったのである。硫酸と石灰石（炭酸カルシウム）が反応すると、水と二酸化炭素と硫酸カル

シウム $CaSO_4$（＝セッコウ）ができる。硫酸カルシウムは水に溶けにくいので、品木ダムに流れ込んで、次第にその底にたまっている。

石灰石は安価に多量に入手しやすいので、酸性を弱めたいときによく用いられる。例えば酸性雨で酸性化した湖を中和するために粉末にした石灰石をまいたりしている。他に石灰石を焼いてつくった生石灰（酸化カルシウム）CaO や生石灰を水と反応させてつくる消石灰（水酸化カルシウム）$Ca(OH)_2$ は、酸性化した土壌の改良のために用いられている。

9 中和反応の量的関係

中和反応においては、例えば、酸・塩基の 1mol はその酸・塩基の価数倍の H^+ や OH^- を出す。

中和反応は、H^+ と OH^- とが反応して水を生成する変化であるから、酸と塩基が完全に（ちょうど過不足なく）中和したときは、H^+ の物質量と OH^- の物質量とは等しい。

濃度 $c_1(\text{mol/L})$ の a_1 価の酸 $V_1(\text{L})$ 中の H^+ の物質量は、

$a_1 \times c_1(\text{mol/L}) \times V_1(\text{L})$

と表すことができる。

同様に、濃度 $c_2(\text{mol/L})$ の a_2 価の塩基 $V_2(\text{L})$ 中の OH^- の物質量は、

$a_2 \times c_2(\text{mol/L}) \times V_2(\text{L})$

であるから、完全に中和したときは

$a_1 c_1 V_1 = a_2 c_2 V_2$

が成立する。

ここで、体積をmL単位で表したときも同じ式が成り立つ。そのときは、両辺の単位はmolの1000分の1、つまりmmol（ミリモル）になる。

[答え] 問い1／水溶液中で水素イオンH^+を与える、問い2／酸の性質を打ち消す、問い3／pH4、問い4／水と塩が生成する

4-4 酸化還元反応

> **問い1** 「灯油が燃焼すると、二酸化炭素以外に水もできる」は正しいか？
>
> **問い2** 物質が酸素と化合する反応が酸化だが、物質が酸素以外と反応する場合も酸化と呼ぶことがあるのだろうか？
>
> **問い3** 「太陽電池と乾電池の電流が取り出せる仕組みは基本的に同じである」は正しいか？
>
> **問い4** アルミニウムが「電気の缶詰」と言われるのはどうしてか？

1 酸化と還元

①燃焼という激しい酸化

ものが燃える、すなわち物質が熱や光を出して激しく酸素と反応することを**燃焼**と言う。燃焼は激しい**酸化反応**である。

炭素が燃焼すると二酸化炭素CO_2、水素が燃焼すると水

H_2O ができる。

$$C + O_2 \longrightarrow CO_2$$
$$2H_2 + O_2 \longrightarrow 2H_2O$$

有機物は炭素や水素を構成元素とするので、有機物が燃焼すると炭素は二酸化炭素に、水素は水になる。私たちが燃料に使っているのはメタン CH_4、プロパン C_3H_8、灯油などの有機物である。都市ガスの多くは天然ガスであるが、それはメタンが主成分である。都市ガスが供給されない地域ではプロパンが用いられる。

｜炭素、水素｜ + 酸素 ⟶ 二酸化炭素 + 水 +（熱・光）

また、鉄も細かくして表面積を大きくすると燃焼するようになる。マグネシウム Mg は薄い板にして火をつけると激しく熱と光を出しながら燃焼し、白色の酸化マグネシウム MgO になる。

このように、ある物質が**酸素と化合**したとき、「物質は酸化された」と言い、その変化を**酸化**と言う。

二酸化炭素、水、酸化マグネシウムなど酸化によってできる生成物を**酸化物**と言う。

酸化には、鉄がさびるなどのようにゆっくり進む酸化もある。

②還元――酸化物から酸素を取り除く反応

空気中で銅 Cu を加熱すると、酸素 O_2 と反応して黒色の酸化銅（Ⅱ）CuO ができる。この反応は酸化である。

$$2Cu + O_2 \longrightarrow 2CuO$$

酸化銅（Ⅱ）CuO と炭素 C を反応させると、銅 Cu と二酸化

炭素 CO_2 ができる。CuO が酸素を失って Cu になったと考えられる。

このように、**酸化物が酸素を失ったとき**、「物質は還元された」と言い、その変化を**還元**と言う。

酸化銅(Ⅱ)を水素 H_2 でも還元することができる。

$$CuO + H_2 \longrightarrow Cu + H_2O$$

の反応において、水素は、酸化銅(Ⅱ)で酸化され、酸化銅(Ⅱ)は、水素によって還元されている。

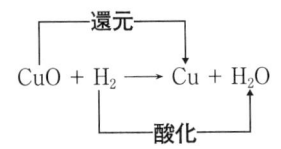

```
        ┌──還元──┐
        │         ↓
CuO + H_2 ──→ Cu + H_2O
        │              ↑
        └─────酸化─────┘
```

③酸化還元の考えを広げる

次に、硫化水素 H_2S と酸素 O_2 の反応を考えてみよう。硫化水素は酸素と反応して、硫黄 S と水 H_2O になる。

$$2H_2S + O_2 \longrightarrow 2S + 2H_2O$$

この反応は酸素との反応なので酸化反応のはずだが、硫化水素は酸素と結合しているとは言えない。硫化水素 H_2S は水素原子 H を奪われて、硫黄 S になったように見える。

この例のような反応から、酸素と結合することが酸化であるという考えを広げ、**酸化とは水素を失う変化**でもあると定義されるようになった。

なお、硫化水素は卵が腐ったような臭いがするガスで、硫黄温泉の近くでこの臭いがすることが多い。硫化水素と酸素との反応でできた硫黄が「湯ノ花」である。

④酸化還元の考えをさらに広げる

銅と酸素の反応

$$2Cu + O_2 \longrightarrow 2CuO$$

のときに、Cu に注目して反応前後を比べてみると、反応前は金属単体の銅 Cu で、反応後は Cu と O はそれぞれ Cu^{2+}、O^{2-} のイオンになっていて、イオン結合で結びついている。この反応における銅は、電子 e^- 2個を失い

$$Cu \longrightarrow Cu^{2+} + 2e^-$$

酸素原子は1個当たり電子2個を獲得して

$$O_2 + 4e^- \longrightarrow 2O^{2-}$$

という反応をしている。

次に、熱した銅を塩素 Cl_2 を満たしたフラスコに入れてみよう。すると、激しく反応してもくもくと茶色の煙を上げ、まるで燃焼しているような反応が起こって、塩化銅(Ⅱ)になる。もちろん、これは酸素と反応しているのではないので、燃焼とは言えない。

$$Cu + Cl_2 \longrightarrow CuCl_2$$

この反応における銅は

$$Cu \longrightarrow Cu^{2+} + 2e^-$$

という反応をしている。これは、銅＋酸素の場合と同じなので、これも酸化されたと言おう。電子のやり取りが酸化（物質と酸素の反応）と同じなら、酸素がかかわらない反応も、酸化であるとしようというわけだ。銅に注目すると、銅はこの反応で電子

を失っている。こうして、**酸化は反応にかかわる原子あるいは原子団が電子を失うこと**という定義に広げられるのである。

さらに、塩素に注目してみよう。この反応では、Cu原子の変化と同時に1個のCl原子が1個の電子を獲得している。

$Cl_2 + 2e^- \longrightarrow 2Cl^-$

この例のように、ある原子が電子を失うと別の原子がその電子を獲得するので、**還元されるとは電子を獲得すること**と定義された。

このように**酸化・還元を電子のやり取りで定義すると、酸化と還元は必ず同時に起こる**。

金属と酸との反応、例えば、

$Zn + H_2SO_4 \longrightarrow ZnSO_4 + H_2\uparrow$

において、亜鉛は電子を失っているので、酸化されたことになる。また、水素は電子を獲得しているので還元されていることになる。

$Zn \longrightarrow Zn^{2+} + 2e^-$
$2H^+ + 2e^- \longrightarrow H_2$

2つの物質の間で、電子のやり取りが行われている反応では、

	酸素原子	水素原子	電子
酸化	得る	失う	失う
還元	失う	得る	得る

酸化と還元の関係

酸化されている物質があれば必ず還元されている物質がある。2つの物質の間で、**酸素原子・水素原子または電子のやり取り**が行われている反応を、一般に**酸化還元反応**と言う。酸化だけが起こるとか還元だけが起こるといった反応はない。

2 酸化数

酸化・還元を電子のやり取りから考えるとき、イオン結合性の物質が関係している反応の場合には、電子のやり取りの関係がはっきりしている。しかし、例えば、水素と酸素とが化合して水ができる反応

$$2H_2 + O_2 \longrightarrow 2H_2O$$

のように、共有結合性の物質が関係している酸化還元反応では、電子のやり取りの関係がはっきりしない。そこで電子のやり取りを共有結合性の物質にまで広げるために、**酸化数**の変化が考えられるようになった。これは共有結合に関係している電子を陰性の高いほうの原子（電子を引きつけやすい原子）に形式的に全部割り当てたものである。

H_2O では、水素原子 H・2個と酸素原子・Ö: 1個とが電子対を共有して共有結合をしている。酸素原子のほうが水素原子よりも陰性が強いから、共有された電子対が全部 O に属すると考えると、H は 1 電子を失い、O は 2 電子を得たことになる。そこで H、O の酸化数をそれぞれ +1、-2 とする。

過酸化水素 H_2O_2 は無色の粘度の高い液体（融点 -1.7℃、沸点 151℃）で、分子は H-O-O-H の結合で作られているが、直線的ではなく、2個の O-H 結合が一平面上にないねじれたコの字形をしている。

過酸化水素では、酸素原子同士については電子のやり取りを

考えないので、O原子1個は1電子を得るだけである。したがって、この場合のOの酸化数は -1 となる。

$$\text{H}-\ddot{\text{O}}\diagdown\ddot{\text{O}}-\text{H}$$

酸化数は次のようにして決める。

(1) 単体の原子の酸化数は 0
(2) 単原子イオンの酸化数は、そのイオンの価数に等しい
(3) 化合物中の水素原子の酸化数は $+1$、酸素原子の酸化数は -2（H_2O_2 の O は -1）
(4) 電気的に中性な化合物中の原子の酸化数の総和は 0。
(5) 多原子イオン中の成分原子の酸化数の総和は、そのイオンの価数に等しい

少し練習してみよう。

硫酸 H_2SO_4 中の S の酸化数は(3)と(4)から、S の酸化数を x とすると、

$$(+1) \times 2 + x + (-2) \times 4 = 0$$
$$\text{より}\quad x = +6$$

過マンガン酸イオン MnO_4^- の Mn の酸化数を求めてみよう。

イオンの価数は -1 だから、(5)から MnO_4^- の酸化数を全部足し合わせると -1 になる。

O の酸化数は -2 で、それが4個あるから $(-2) \times 4 = -8$。

そうすると Mn の酸化数を y とすると、$y + (-8) = -1$ から

$$y = +7$$

ある原子が酸化されるときには電子を失うから、酸化数は増

加することになり、還元されるときには電子を得るから、酸化数は減少することになる。

水素と酸素とが化合して水ができる反応で、酸化数の変化を考えてみよう。

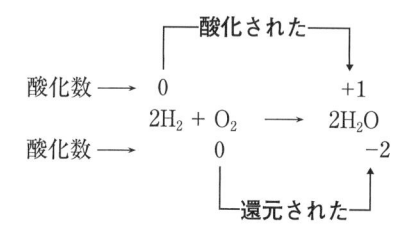

$$\underset{0 \qquad\qquad\qquad +1}{\overset{\text{─ 酸化された ─}}{2H_2 + O_2 \longrightarrow 2H_2O}}$$

酸化数 ⟶ 　　0　　　　　　　+1
　　　　　$2H_2 + O_2 \longrightarrow 2H_2O$
酸化数 ⟶ 　　0　　　　　　　−2
　　　　　　└─ 還元された ─┘

水素の酸化数は0から+1に増加し、酸素の酸化数は0から−2に減少しているので、水素は酸化され、酸素は還元されたことになる。

3 酸化剤と還元剤

例えば消化剤のように、「○○剤」とは「相手を○○する物質」という意味である。

酸化剤は相手を酸化する物質（自分自身は還元される物質）で、還元剤は相手を還元する物質（自分自身は酸化される物質）である。

酸化剤 ⟶ 相手物質を酸化し、自身が還元される物質
還元剤 ⟶ 相手物質を還元し、自身が酸化される物質

一般に、酸化剤は他の分子などから電子を奪いやすい性質を持つ物質で、酸素やオゾン O_3 のほか酸化の度合いが高い酸化物（MnO_2 など）、硝酸 HNO_3、過マンガン酸カリウム $KMnO_4$ や二クロム酸カリウム $K_2Cr_2O_7$、塩素 Cl_2、臭素 Br_2 などのハロゲンなどである。

還元剤には水素や不安定な水素の化合物（HI、H_2S など）をはじめ、二酸化硫黄 SO_2 やアルカリ金属、Mg、Ca、Zn などの金属、鉄(II)塩などのほか、ギ酸 HCOOH、シュウ酸$(COOH)_2$ などの有機物が用いられる。

過酸化水素 H_2O_2 のように、反応する相手に応じて酸化剤あるいは還元剤のいずれかとして作用する物質もある。

H_2O_2 は酸化剤としては次のような反応を起こす。

主な酸化剤

オゾン	O_3	$O_3 + 2H^+ + 2e^- \longrightarrow O_2 + H_2O$
過酸化水素	H_2O_2	$H_2O_2 + 2H^+ + 2e^- \longrightarrow 2H_2O$
過マンガン酸カリウム	$KMnO_4$	$MnO_4^- + 8H^+ + 5e^- \longrightarrow Mn^{2+} + 4H_2O$
酸化マンガン(IV)	MnO_2	$MnO_2 + 4H^+ + 2e^- \longrightarrow Mn^{2+} + 2H_2O$
塩素	Cl_2	$Cl_2 + 2e^- \longrightarrow 2Cl^-$
酸素	O_2	$O_2 + 4H^+ + 4e^- \longrightarrow 2H_2O$
二クロム酸カリウム	$K_2Cr_2O_7$	$Cr_2O_7^{2-} + 14H^+ + 6e^- \longrightarrow 2Cr^{3+} + 7H_2O$
希硝酸	HNO_3	$HNO_3 + 3H^+ + 3e^- \longrightarrow NO + 2H_2O$
濃硝酸	HNO_3	$HNO_3 + H^+ + e^- \longrightarrow NO_2 + H_2O$
熱濃硫酸	H_2SO_4	$H_2SO_4 + 2H^+ + 2e^- \longrightarrow SO_2 + 2H_2O$
二酸化硫黄	SO_2	$SO_2 + 4H^+ + 4e^- \longrightarrow S + 2H_2O$

主な還元剤

ナトリウム	Na	$Na \longrightarrow Na^+ + e^-$
亜鉛	Zn	$Zn \longrightarrow Zn^{2+} + 2e^-$
水素	H_2	$H_2 \longrightarrow 2H^+ + 2e^-$
硫化水素	H_2S	$H_2S \longrightarrow S + 2H^+ + 2e^-$
ヨウ化カリウム	KI	$2I^- \longrightarrow I_2 + 2e^-$
シュウ酸	$(COOH)_2$	$(COOH)_2 \longrightarrow 2CO_2 + 2H^+ + 2e^-$
二酸化硫黄	SO_2	$SO_2 + 2H_2O \longrightarrow SO_4^{2-} + 4H^+ + 2e^-$
硫酸鉄(II)	$FeSO_4$	$Fe^{2+} \longrightarrow Fe^{3+} + e^-$
塩化スズ(II)	$SnCl_2$	$Sn^{2+} \longrightarrow Sn^{4+} + 2e^-$
チオ硫酸ナトリウム	$Na_2S_2O_3$	$2S_2O_3^{2-} \longrightarrow S_4O_6^{2-} + 2e^-$
過酸化水素	H_2O_2	$H_2O_2 \longrightarrow O_2 + 2H^+ + 2e^-$

主な酸化剤と還元剤

$$H_2O_2 + 2H^+ + 2Fe^{2+} \longrightarrow 2H_2O + 2Fe^{3+}$$

還元剤としては酸性溶液で

$$2MnO_4^- + 5H_2O_2 + 6H^+ \longrightarrow 2Mn^{2+} + 5O_2\uparrow + 8H_2O$$

塩基性溶液で

$$2MnO_4^- + 3H_2O_2 \longrightarrow 2MnO_2\downarrow + 3O_2\uparrow + 2H_2O + 2OH^-$$

などの反応が知られている。

 他の物質から電子を奪いやすい物質が酸化剤、電子を与えやすい物質が還元剤である。したがって、**強い酸化剤 ⟶ 弱い酸化剤 ⟶ 弱い還元剤 ⟶ 強い還元剤** という一続きの系列は、電子をほしがる強さの順序である。この系列の中位の物質は、上位の酸化剤に対しては還元剤として働き、強い還元剤に対しては酸化剤として働くのである。

4 金属のイオン化傾向

 硫酸銅(Ⅱ) $CuSO_4$ の水溶液中に鉄を入れると、鉄の表面に銅の単体が析出する。

$$Cu^{2+} + Fe \longrightarrow Cu + Fe^{2+}$$

同じように、硝酸銀水溶液 $AgNO_3$ に銅板やスズの棒を入れると、銀が析出する。

$$Ag^+ + e^- \longrightarrow Ag$$

このような現象は、金属イオンと電子との作用、すなわち、より還元されやすい金属イオンが、電子を受け取ると考えることができる。

次の反応

$$Cu^{2+} + 2e^- \longrightarrow Cu$$
$$Fe^{2+} + 2e^- \longrightarrow Fe$$

のうち、上の反応が進みやすいので、

$$Cu^{2+} + Fe \longrightarrow Cu + Fe^{2+}$$

の反応を起こすのであって、Fe^{2+} のあるところに Cu を入れても反応は起こらない。金属によって陽イオンへのなりやすさ（**イオン化傾向**）が違うのである。

イオン化傾向の強さの順がイオン化列である。

[**イオン化列**]　K > Ca > Na > Mg > Al > Zn > Fe > Ni > Sn > Pb > (H_2) > Cu > Hg > Ag > Pt > Au

水素は金属ではないが、陽イオンになるので、比較のためにイオン化列に含めている。

イオン化列は、いつどのような条件下でも、この順のとおりになるわけではない。水溶液の濃度や温度などの条件で、順序が入れ替わることがあるので、あくまでも定性的な目安である。

金属の反応性は、イオン化傾向の大きさの違いでほぼ決まる。イオン化傾向の大きい金属は電子を失いやすく（酸化されやすく）、反応性が大きい。例えば、K、Ca、Na は冷水と反応して水素を発生し、水酸化物を生じる。また、これらは空気中の水分（湿気）とさえ反応してしまうので、金属単体として空気中で取り扱うことは難しい。

$$2Na + 2H_2O \longrightarrow 2NaOH + H_2$$

Zn や Fe など、イオン化傾向が水素より大きい金属は、酸の

4-4 酸化還元反応

水溶液に水素を発生しながら溶ける。

$$Zn + 2HCl \longrightarrow ZnCl_2 + H_2$$

水素よりもイオン化傾向が小さい Cu は、希塩酸や希硫酸には溶けないが、酸化力が強い硝酸や熱濃硫酸に溶ける。

$$Cu + 4HNO_3 \longrightarrow Cu(NO_3)_2 + 2H_2O + 2NO_2 \quad 濃硝酸$$
$$3Cu + 8HNO_3 \longrightarrow 3Cu(NO_3)_2 + 4H_2O + 2NO \quad 希硝酸$$

一方、イオン化傾向が小さい Pt や Au は反応性が極めて小さく、酸化力が強い熱濃硫酸や硝酸とも反応しない。

ところが、アルミニウム Al はイオン化傾向が大きいにもかかわらず酸化力のある硝酸には溶けない。鉄も濃硝酸に入れると、まったく不活性となり、酸と反応しなくなる。これを硫酸銅(Ⅱ)水溶液に入れても銅が析出しない。

このように、金属が当然示すと思われる反応性を失って、一見、貴金属的な性質を帯びた状態を**不動態**という。アルミニウ

イオン化列	K	Ca	Na	Mg	Al	Zn	Fe	Ni	Sn	Pb	H_2	Cu	Hg	Ag	Pt	Au
常温の空気中での反応	すみやかに酸化される			酸化される。水酸化物あるいは炭酸塩になることがある									酸化されない			
水との反応	常温で反応する			熱水と反応	高温で水蒸気と反応する			反応しない								
酸との反応	塩酸や希硫酸と反応して水素を発生する											硝酸や熱濃硫酸には溶ける			王水にだけ溶ける	
天然での存在状態	酸化物や塩化物、硫酸塩、炭酸塩、水溶液中では陽イオンとして存在する			酸化物や硫化物などとして存在する									単体として存在する			

Pb は表面に水に溶けない $PbCl_2$ や $PbSO_4$ を作るため塩酸や希硫酸にはほとんど溶けない。Al, Fe, Ni は濃硝酸には不動態となり溶けない

金属の反応性とイオン化列

ム、鉄以外にも、ニッケルNi、コバルトCo、クロムCrなどに見られる。この原因は金属の表面に極めて薄い安定な酸化被膜ができて、内部を保護するためと考えられている。

コラム　金メダルを溶かして秘匿

濃硝酸と濃塩酸を体積比1：3で混合した溶液を王水という。金属の王である金や白金をも溶かすからである。

デンマークのコペンハーゲン大学にいたヘヴェシー教授は、第二次世界大戦中にドイツ軍に追われる身となり、逃げ出さなくてはならなくなった。彼はその時、ある二人からノーベル賞の金メダルを預かっていた。銅や銀なら濃硝酸や熱濃硫酸で溶かすことができる。しかし、金や白金は溶けない。その金や白金でも濃硝酸と濃塩酸を混ぜた「王水」なら溶かすことができる。

ヘヴェシー教授は、金メダルを王水で溶かしたのである。教授は実験室にあった王水のびんに2つの金メダルを入れ、そのびんを置きざりにして逃げた。戦後、実験室にもどったところびんは無事だった。そして、そこから再び金を取り出すことができたのである。ノーベル賞を主催するノーベル財団はその経緯を知り、この溶液から取り出した金を使ってメダルを復元し、二人に改めて金メダルを贈った。

5 電池

電池は、酸化還元反応を利用して化学反応のエネルギーを電気エネルギーに変える装置である。

4-4 酸化還元反応

①ダニエル電池

隔膜を間においてZnSO₄溶液とCuSO₄溶液を入れ、図4-13のようにそれぞれZnとCuをセットする。この電池を**ダニエル電池**という。

亜鉛と銅では亜鉛のほうがイオン化傾向が大きい。したがって、亜鉛がZn^{2+}となって溶け出し、亜鉛極に残る電子は外部回路経由で銅極方向へ押し出される。一方、銅極ではCu^{2+}が銅極から電子を受け取り、銅極へ析出する。結局、溶液中では、2種類の陽イオンがリレー式に亜鉛極から銅板へ向かって移動し、正電荷を運んだことになる。

電流の向きは電子の流れとは逆の方向と定義されているので（アメリカ独立宣言の起草で有名なフランクリン（1706〜1790）が定義した）、電流は銅板から亜鉛板に向かって流れる。電流の流れ込む極を**負極**、電流の流れ出る極を**正極**という。

負極、正極で起こる電池反応に直接かかわる物質をそれぞれ**負極活物質**、**正極活物質**という。ダニエル電池では、負極活物

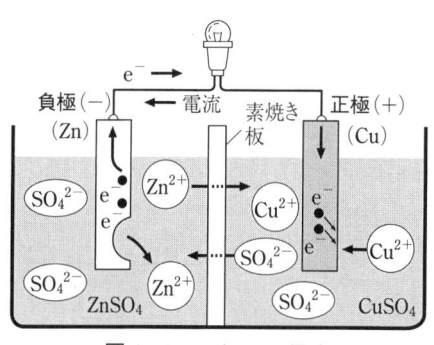

図4-13 ダニエル電池

質は**亜鉛**であり、正極活物質は**銅(Ⅱ)イオン**である。

両方の極の間に生じる電位差を電池の起電力という。ダニエル電池の起電力は、約 1.1V である。

ダニエル電池は、次のような簡略化した式で表すことができる。

(−) Zn ｜ ZnSO$_4$ aq ｜ CuSO$_4$ aq ｜ Cu (＋)

aq はラテン語 aqua からの記号で、水という意味。化学式に aq が付くと水溶液を表す。

②ボルタ電池

希硫酸に、導線でつないだ亜鉛板と銅板を浸したものを、**ボルタ電池**という。

ボルタ電池は、次のように表される。

(−) Zn ｜ H$_2$SO$_4$ aq ｜ Cu (＋)

この電池では、イオン化傾向の大きい亜鉛が溶けて Zn^{2+} になったとき放出される電子が導線を通って銅板に達し、その表面で水素イオンに与えられる。

$$Zn \longrightarrow Zn^{2+} + 2e^-$$
$$2H^+ + 2e^- \longrightarrow H_2$$

まとめて

$$Zn + 2H^+ \longrightarrow Zn^{2+} + H_2$$

負極活物質は**亜鉛**であり、正極活物質は**水素イオン**である。

ボルタ電池の起電力は、最初約 1.1V であるが、豆電球などをつなぐと起電力が急速に低下する。この現象を**分極**という。

二クロム酸カリウム $K_2Cr_2O_7$ のような酸化剤を加えると起電力が上昇する。ボルタ電池の場合は、酸化剤である H_2O_2 や $K_2Cr_2O_7$ を添加すると、それ自体が正極活物質となってただちに起電力が回復する。

③実用電池

日常、用いられている乾電池(マンガン乾電池やアルカリ乾電池)は、使うともとに戻らない電池である。このような電池を一次電池という。これに対し、鉛蓄電池やニッケル・カドミウム蓄電池などのように、外部から逆向きの電流を流すと起電力が回復し、繰り返し使うことができる電池もある。このような電池を**二次電池**または**蓄電池**という。

[マンガン乾電池]

マンガン乾電池(塩化亜鉛型)は、正極活物質に**酸化マンガン(Ⅳ)** MnO_2(正極端子は炭素棒)、負極活物質に**亜鉛**を用いた電池である。電解質水溶液は、塩化アンモニウム NH_4Cl を含む塩化亜鉛 $ZnCl_2$ 水溶液であるが、これにデンプンなどを加えてペースト状にし、携帯に便利にしてある。起電力は約 1.5V である。

(−) Zn ｜ $ZnCl_2$ aq, NH_4Cl aq ｜ MnO_2, C (+)

[リチウム電池]

負極活物質に**リチウム**を、正極活物質に**フッ化黒鉛** $(CF)n$(フッ素で処理した黒鉛)や**酸化マンガン(Ⅳ)** などを使用。小型軽量でしかも大きな電圧(約 3V)を出せる。

[鉛蓄電池]

実用上重要な二次電池に鉛蓄電池がある。鉛蓄電池は、負極活物質が**鉛** Pb、正極活物質が**酸化鉛(Ⅳ)** PbO_2 であり、電解質水溶液には希硫酸（27〜34％）が用いられる。起電力は約 2.1V である。

$$(-) \ Pb \ | \ H_2SO_4 \, aq \ | \ PbO_2 \ (+)$$

電池から電流を取り出すことを放電という。放電のときに起こる化学反応は、次のようになる。

負極　$Pb + SO_4^{2-} \longrightarrow PbSO_4 + 2e^-$

正極　$PbO_2 + 4H^+ + SO_4^{2-} + 2e^- \longrightarrow PbSO_4 + 2H_2O$

負極では Pb が酸化され、正極では PbO_2 が還元されて、いずれも $PbSO_4$ になる。

全体の反応は、次のようになる。

$$Pb + PbO_2 + 2H_2SO_4 \longrightarrow 2PbSO_4 + 2H_2O$$

[ニッケル・カドミウム蓄電池]

ニッカド電池ともいわれる。負極活物質に**カドミウム** Cd、正極活物質に**ニッケルの化合物**、電解質水溶液には水酸化カリウム溶液を使用。鉛蓄電池より軽く、衝撃に強い。

約 3000〜5000 回の充電、放電の繰り返しが可能で、寿命も長い（鉛蓄電池は 1000〜2000 回）。携帯用の電気製品の電源として広く用いられている。

その他、二次電池ではニッケル水素蓄電池やリチウムイオン蓄電池が実用化されている。

コラム　燃料電池

燃料電池の研究は1932年頃から始まり、1959年には水酸化カリウム水溶液を電解液に用いたアルカリ型の水素－酸素燃料電池が開発されて、アポロ7号以降の有人宇宙船に採用された。

負極では外部より供給された燃料が反応して、電極に電子を与え、正極では回路を通ってきた電子の作用で、酸素が反応する。つまり燃料電池では燃料を酸化することによって発生する化学エネルギーを、直接電気エネルギーに変換する。

水素－酸素燃料電池 $(-)\ H\ |\ KOH\ aq\ |\ O_2\ (+)$ では、

負極　$2H_2 + 4OH^- \longrightarrow 4H_2O + 4e^-$
正極　$O_2 + 2H_2O + 4e^- \longrightarrow 4OH^-$

のような電極反応が起こり、全体として、

$2H_2 + O_2 \longrightarrow 2H_2O$

の反応が進行することになる。

この起電力の理論値は1.23Vであるが、実際は約1Vである。有人宇宙船では、生成した水は飲料水として使われるという。

外部から燃料と酸素を供給する限り、電池容量に関係なく、原理的には永久に電気エネルギーを取り出すことができる。燃料電池研究の目標のひとつは、灯油などを燃料とした直接発電にある。火力発電によるエネルギー効率は、送電ロスなども含めると最終的には20％台にまで低下してしまう。それに対し、燃料電池では、原理的には60％ぐらいのエネルギー効率が可能である。各家庭に設置すれば、送電ロスがなくなり、送電用諸設備が不要となるなど、多くの利点が見込まれている。

現在、実用化を目指して研究されている主な燃料電池は次の

とおりである。( )内は作動温度。

(1) リン酸水溶液電解質型燃料電池(200℃)
(2) 溶融炭酸塩電解質型燃料電池(650℃)
(3) 固体酸化物電解質型燃料電池(1000℃)

現在は、いずれも水素を燃料としている(実際は天然ガスを改質して使っている)。

6 電気分解

① 硫酸や水酸化ナトリウム水溶液の電解

電池と電気分解は、どちらも、電極界面で電子の授受をともなった反応——酸化還元反応が起こっている。

電気分解を行うには、簡単には電解質に一対の電極を入れ、電極間に外部から電圧をかける。両極の電解生成物の混合を防ぐ必要があるときには、電極間を隔膜でしきる。

例えば、塩化銅(II)水溶液に2本の白金電極を入れて、外部電源につなぐと、電源の正極につないだ電極(陽極)に塩素が発生し、負極につないだ電極(陰極)に銅が析出する。

陽極　　$2Cl^- \longrightarrow Cl_2 + 2e^-$　　(酸化)

陰極　　$Cu^{2+} + 2e^- \longrightarrow Cu$　　(還元)

そこで起こる電極反応は、電極物質、電解質のなかで最も酸化されやすい物質が陽極へ電子を放出し、最も還元されやすい物質が陰極から電子を受け取るということである。このときの物質はイオンとは限らない。分子の場合もある。

また、イオンの場合、陽極では陰イオン、陰極では陽イオンとも限らない。どちらも陽イオンの場合も、またどちらも陰イ

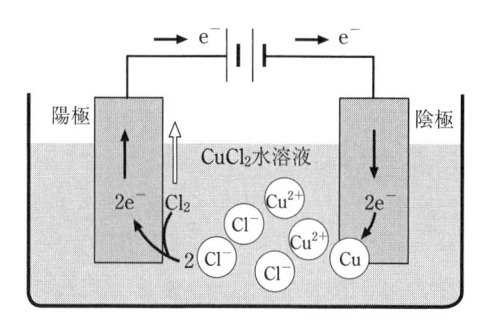

図4-14 塩化銅(Ⅱ)水溶液の電気分解

オンの場合もありうる。塩化銅(Ⅱ) $CuCl_2$ 水溶液の場合は、水溶液中に水 H_2O、銅(Ⅱ) イオン Cu^{2+}、塩化物イオン Cl^- が存在し、その中で Cu^{2+} が電子を受け取り、Cl^- が電子を放出する。

硫酸など酸性の水溶液の電気分解でも、陽極で

$$4OH^- \longrightarrow 2H_2O + O_2 + 4e^-$$

の反応が起こって酸素が発生するという説明を見かける。酸性の水溶液では、[OH^-] は非常に小さいが、水の電離によって消費された OH^- が補充されて反応が進行するというのである。

実際の電極には1〜数V（ボルト）の電圧がかけられ、目に見える量の泡が発生する。そのようなとき、水の電離によって生じる OH^- を酸素発生の元になる物質とするのは、あまりにも濃度が薄すぎて十分な量が確保できないので無理がある。中性の水でも [OH^-] = 10^{-7}（mol/L）であり、これでも反応物質としては非常に少ないが、pH1 の水溶液ならさらにそれより6桁も少なくなるのである。

では、酸性の水溶液では何が元になって陽極から酸素が発生するのだろうか。

それは、多量に存在する水が酸化されるのである。

$$2H_2O \longrightarrow O_2 + 4H^+ + 4e^-$$

水溶液の電気分解で陰極から水素を発生する場合は、硫酸など酸性の水溶液では、

$$2H^+ + 2e^- \longrightarrow H_2$$

中性や水酸化ナトリウム NaOH 水溶液など塩基性の水溶液では、

$$2H_2O + 2e^- \longrightarrow 2OH^- + H_2$$

となる。

②電気分解のときに変化する物質の量

塩化銅(Ⅱ) $CuCl_2$ 水溶液を電気分解するとき、次式のように、電子を 2mol 流すと、陰極では銅が 1mol 析出し、陽極では塩素が 1mol 発生する。

陰極　　$Cu^{2+} + 2e^- \longrightarrow Cu$
陽極　　$2Cl^- \longrightarrow Cl_2 + 2e^-$

1mol の電子が運ぶ電気量は 96500C（クーロン）である。

1mol の電子が持つ電気量を**ファラデー定数**といい、記号 F で表す。すなわち $F = 96500C/mol$ である。

1C は 1A（アンペア）の電流が 1 秒間流れたときの電気量である。したがって、一定量の電流を一定時間流したときの電気量は、

電気量〔C〕 = 電流〔A〕 × 時間〔s〕

となる。

例えば、硫酸銅(Ⅱ) $CuSO_4$ 水溶液を白金電極を用いて 5.00A の電流で 16 分 5 秒間電気分解したときの陰極で析出する銅の質量、陽極で発生する酸素の体積（標準状態）を求めてみよう。

流れた電気量は、$5.00〔A〕×(60×16+5)〔s〕= 4825〔C〕$

電子の電気量は 96500C/mol であるから、4825〔C〕は $4825÷96500=0.05$ で 0.05〔mol〕の電子に相当する。

（陰極）　$Cu^{2+} + 2e^- \longrightarrow Cu$

　　　　　　2mol　　　1mol（63.5g）

　　　　　0.05mol　　　x〔g〕

したがって、析出する銅は、$x = \dfrac{0.05}{2} \times 63.5 = 1.59$〔g〕

（陽極）　$2H_2O \longrightarrow O_2 + 4H^+ + 4e^-$

　　　　　1mol（22.4 L）　　4mol

　　　　　　y〔L〕　　　　0.05mol

したがって、発生する酸素は、$y = 22.4 \times \dfrac{0.05}{4} = 0.28$〔L〕

③電気分解の利用

[水酸化ナトリウムの製造]

1970 年代までは、水酸化ナトリウム NaOH は水銀法で作られていた。水銀法とは、塩化ナトリウム水溶液を水銀を陰極として電気分解し、生成したナトリウムをこの水銀に溶け込ませてナトリウムアマルガム（水銀に他の金属が溶け込んだものをアマルガムという）とする。そのナトリウムアマルガムを水と反応させて水酸化ナトリウムと水素を作るという方法である。

(陰極) $Na^+ + e^- \longrightarrow Na$

$2Na + H_2O \longrightarrow 2NaOH + H_2$

　このようにして得られた水酸化ナトリウムは塩化ナトリウムと混ざることもなく高純度で、そのまま製品にすることができた。

　ところが、水酸化ナトリウム製造と直接関係はなかったが、水銀公害の問題が発生したために水銀法とは異なる方法への転換が進められた。その結果、古くからある隔膜法以外に、イオン交換膜法が開発され普及してきている。イオン交換膜法は、Na^+ だけが通れる陽イオン交換膜で陽極と陰極を区切っている。この方法では、水銀法と同様純度の高い水酸化ナトリウムが得られる。電流効率も高い。

　図のように食塩水を電解すると、塩素と水酸化ナトリウムと水素を製造することができる。

　膜の開発など、わが国の寄与の大きい技術である。

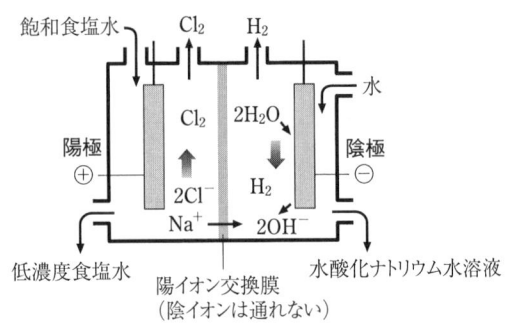

図4-15　イオン交換膜法による水酸化ナトリウムの製造

[銅の電解精錬]

　銅鉱石を還元しただけの冶金銅は純度が低いので、電解して

4-4 酸化還元反応

精製する。それには、冶金銅を板状に鋳込み陽極とし、陰極は薄い純銅板、電解液としてはCu^{2+}を含む希硫酸溶液を用い電解する。電解により、陽極の粗銅は酸化されてCu^{2+}になって液中に溶け込み、陰極ではCu^{2+}が還元されて純銅が析出する。

電極間の電位を低く保つと、銅よりイオン化傾向の小さい金、銀、白金などは溶液に溶け込まず、沈降して底にたまる(陽極泥)。

陽極　$Cu \longrightarrow Cu^{2+} + 2e^-$
陰極　$Cu^{2+} + 2e^- \longrightarrow Cu$ (銅の析出)

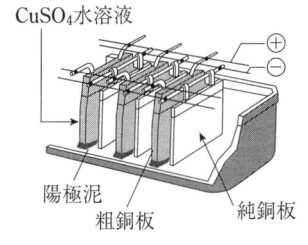

陽極：粗銅
$Cu \longrightarrow Cu^{2+} + 2e^-$

陰極：純銅
$Cu^{2+} + 2e^- \longrightarrow Cu$

陰極に純粋な銅が析出する。

図4-16　銅の電解精錬

一方、銅よりイオン化傾向の大きい鉄、ニッケル、亜鉛、鉛などは溶液に溶け込むが、低電圧のため陰極に析出されないので、99.98%以上の高純度の銅を得ることができる。陽極泥から得られる金、銀、白金などの貴金属は、銅精錬における重要な副産物である。

[アルミニウムの溶融塩電解]

ナトリウム、マグネシウム、アルミニウムなどのイオン化傾向の大きい金属は、その塩類を含む水溶液を電気分解しても、水などが分解されて水素を発生するだけで、単体としては析出しない。これらの金属の単体を得るには、その無水の化

図4-17 溶融塩電解によるアルミニウムの製造

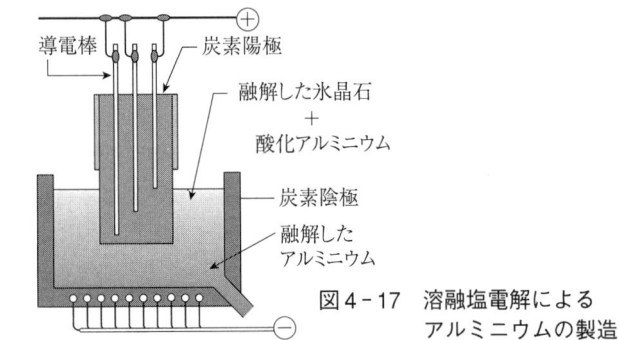

（図中ラベル：導電棒、炭素陽極、融解した氷晶石＋酸化アルミニウム、炭素陰極、融解したアルミニウム）

合物を高温にして、溶融状態で電気分解する。この方法を溶融塩電解という。

アルミニウムは、ボーキサイトと呼ばれる鉱石から酸化アルミニウム Al_2O_3（アルミナ）を精製し、これを氷晶石 Na_3AlF_6 とともに約1000℃で融解した状態で電気分解して製造している。

[電気めっき]

1836年、イギリスで銀の電気めっきの工業化に成功して以来、電気めっきはめっき工業の主流であった。1922年、クロムめっきの工業化にも成功し、ニッケルとともに、電気めっきとして最も多く用いられることになった。

最も一般的な電気めっきはニッケルめっきで、鉄、亜鉛、黄銅などに対して行われている。

クロムめっきはニッケルめっきの仕上げとして用いられている。曇り止め用には、0.0002～0.0005mmの薄いクロム膜をニッケルめっき上にかける。

銀めっき、亜鉛めっきなどの金属のめっきも広く用いられている。めっきは、いろいろな金属を他の金属でおおい、それによって腐食をおさえたり、装飾としての価値を高めるのに利用

される。現在では、金属だけではなく、プラスチックにもめっきができるようになっている。

コラム　同じ年に同じ年齢の青年が同じ発見をした

人間は、木炭や石炭・コークスなどの炭素によって酸化物や硫化物などで存在する鉱石を還元して単体の金属を得てきた。単体の金属を取り出すことがやさしいものから、人間は利用してきた。金、銀、水銀、銅、鉛、スズ、鉄がまず利用された。それらは、イオン化傾向が小さい金属である。

しかし、アルミニウムよりイオン化傾向が大きい金属が単体として取り出せるようになったのは、まだ最近のことである。

まず、1807年にイギリスの化学者デービー（1778～1829）が、ナトリウムとカリウムを取り出した。すでに発明されていたボルタの電池を利用して、水酸化ナトリウムおよび水酸化カリウムを融解して液体状態にしたうえで電気分解したのである。

ナトリウムとカリウムは、その大きな還元力によって、当時、まだ化合物から取り出すことができなかった金属を得る強力な手段となった。アルミニウムは、1825年に、デンマークの物理学者エルステズ（1777～1851）が取り出すのに成功し、1827年にはウェーラー（1800～1882）というドイツの化学者がエルステズよりも純粋なものを取り出すことに成功した。

こうして得られたアルミニウムは非常に高価なものであった。金や銀と同じくらいに貴重なものだったのだ。アルミニウムのメダルがナポレオン三世に献上されたという話が残っているくらいである。アルミニウムは酸素と結びつく力が強く、その酸化物を融解するのに2000℃以上の高温が必要なのである。

アルミニウムの鉱石は**ボーキサイト**である。ボーキサイトは酸化アルミニウム Al_2O_3（**アルミナ**）を40～60%含むが、この

酸化アルミニウムはコークスで還元することもできないし、融解して電気分解しようにも、融解が高すぎるのだ。

この困難に立ち向かっていった二人の青年がいた。二人はまったく別々に、「もしかすると、酸化アルミニウムを溶かし込むことができるものがあるかもしれない。そうなればしめたものだ」と考えた。

偶然であったろうが、**氷晶石**に目がいった。氷晶石はNa_3AlF_6という組成のフッ化物でグリーンランドでとれる乳白色の鉱物である。融点は約1000℃。氷晶石を融解して、酸化アルミニウムを加えると、何と10％程度も溶かし込むことができたのだ。

この液のなかに炭素電極を差し入れ、直流電流を流した。すると、金属アルミニウムが、陰極に析出してきた。

陰極　　　$4Al^{3+} + 12e^- \longrightarrow 4Al$
陽→陰極　$6O^{2-} + 3C \longrightarrow 3CO_2 + 12e^-$
全体　　　$2Al_2O_3 + 3C \longrightarrow 4Al + 3CO_2$

1886年のこと、はじめに、アメリカのホールが、その2ヵ月後にはフランスのエルーがこの方法を発見した。まったく独立に同じ方法を発見したのである。しかも、二人は、ともに21歳の青年だった。二人は、それぞれの国で特許を取った。二人はともに1863年に生まれ、1914年に亡くなった。もちろんまったくの偶然であるが、何か因縁めいたものを感じずにはいられない。

現在、使われているアルミニウムの工業的な作り方は、この二人の発見した方法そのものである。大量の電力を必要とするので、アルミニウムは電気の固まりとか、電気の缶詰と言われている。

アルミニウムの電解による製法の原理は、マグネシウムなどの取り出し方にも応用されて、今日の軽金属時代の扉を開くことになったのである。

[答え] 問い1／正しい、問い2／酸素以外でも酸化と呼ぶ場合がある、問い3／誤り、問い4／アルミの製錬に大量の電力が必要なため

4-5 空気の酸性化

問い1 「空気で消えるペン」や「色が消えるのり」の色を消しているものはどれか。
　窒素　酸素　アルゴン　二酸化炭素

問い2 雨を酸性にしている物質はどれか。
　塩酸　硫酸　亜硫酸　硝酸　亜硝酸　酢酸　炭酸

問い3 日本の雨と欧米の雨では、成分に違いはあるだろうか。
　①大きな違いはない
　②日本の雨の方がpHが高く、きれいである
　③日本の雨はpHが高いものの、きれいとは言えない
　④欧米の雨の方がpHが高く、きれいである

問い4 酸性雨というより、空気の酸性化が問題であるという。どういうことか。

1「空気で消えるペン」と「色が消えるのり」

「空気で消えるペン」という文房具がある。このペンで字や絵を書いて2～3日すると、きれいに消えてしまう。また、「色が消えるのり」というものもある。これらの色は、なぜ空気で消えるのだろう。

空気には窒素 N_2、酸素 O_2、アルゴン Ar、二酸化炭素 CO_2 などが含まれている。このうちのどれが色を消すのだろう。「空気で消えるペン」で3枚の紙に絵や文字を書いて、別々のポリ袋に入れ、それぞれに窒素、酸素、二酸化炭素を吹き込んで口を閉じる。こうすると、二酸化炭素が色を消していることがわかる。では、なぜ二酸化炭素が色を消すのだろうか。

二酸化炭素は水に溶けると、次のように炭酸 H_2CO_3 を作るので、酸性の物質である。しかし、酸素や窒素などは酸性ではない。これがヒントである。

$$CO_2 + H_2O \longrightarrow H_2CO_3$$

実は、「空気で消えるペン」や「色が消えるのり」には、塩基性では青、酸性では無色になる（色がなくなる）色素が使われているのである。正しく言えば、pH10あたりを境にして、

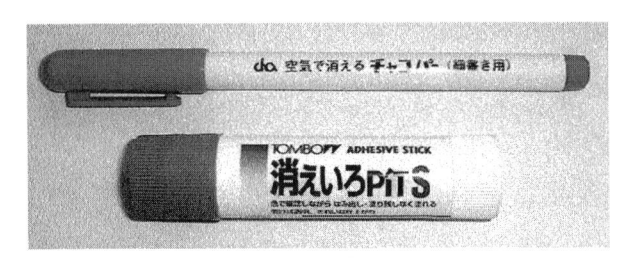

「空気で消えるペン」（上）と「色が消えるのり」（下）

それより塩基性側では青、酸性側では無色を示す色素である。

これらの文房具のインクやのりは、はじめは塩基性になっているので、青色をしている。しかし、空気にさらされると、二酸化炭素で中和されるために、無色に変わるのである。

2 酸性雨とは

空気は約0.04%の二酸化炭素を含んでいて、雨はその二酸化炭素を溶かしているので、弱い酸性を示す。

蒸留水に0.04%の二酸化炭素を含む空気を溶かすと、計算上、pHは5.6になる。このことから、**酸性雨**はpH5.6以下の雨だと言われている。しかし、酸性雨はそれほど単純に決められるものではない。自然にも、火山から噴き上がる酸性のガスや、海から放出される硫黄化合物などによって、pH5.6以下の雨が降ることもあるからだ。

環境問題になっている酸性雨は、自然の作用で酸性が強くなった雨ではなく、人間の活動によって酸性化された雨である。したがって、酸性雨はpHの数値だけで定義されるものではない。また、雨が酸性化することのみが強調され、NO_xやSO_x(**5**で詳しく説明)の増大によって空気自体が酸性化していることが見落とされがちである。

3 酸性雨の成分

今、日本各地に降っている雨はどれくらいのpHであろうか。それを調べてみると、ほとんどがpH5.0以下であることがわかる。日本に降る雨は、たいてい酸性雨だと言える。

では、どんな成分が雨を酸性にしているのだろう。日本の平均的な酸性雨の成分を見てみよう。雨の中に溶けている物質は、イオンに分かれているので、次の図は陽イオンと陰イオンに分

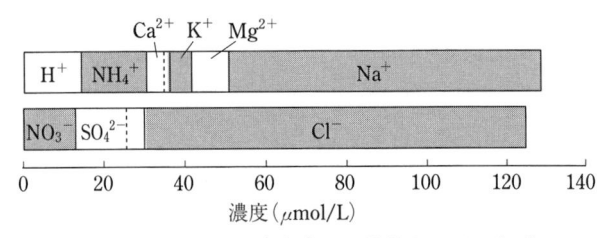

図4-19 日本の降水中の平均的なイオン組成
（1997年度環境省酸性雨対策調査）

けて表してある。

　これらのイオンのすべてが、大気汚染によるものではない。海水の細かなしぶきが空気中に漂っていて、それが雨に溶けることによって、もたらされるイオンもある。例えば、Cl^-はほとんどが海水由来である。では、どこまでが海水によるもので、どこまでが大気汚染によるものであろうか。

　雨の中のNa^+やCl^-をすべて海水由来として、なおかつ海水中のイオンの比率が雨の中でも保たれると仮定して計算すると、図の破線から右側のイオンは海水由来、左側は大気汚染に関係した部分と考えられる。こうしてみると、酸性を示すH^+イオンの相手になる陰イオンはSO_4^{2-}とNO_3^-であることがわかる。つまり、**酸性雨の原因物質は、硫酸 H_2SO_4 と硝酸 HNO_3** だということになる。

	SO_4^{2-}	NO_3^-	Ca^{2+}	NH_4^+	pH
東京都江東区	5.5g	4.4g	3.4g	1.1g	4.9
カナダキングストン	4.4g	4.1g	1.0g	0.2g	4.0

降雨中の各イオンの量とpH
1年間、1m³当たり（1989年大気環境学会）

4-5 空気の酸性化

次に、日本とカナダの酸性雨の成分を比べてみよう。前ページの表は、酸性雨に含まれるイオンのうち、海水由来によるイオンを除いたものである。

日本と欧米の酸性雨を比べてみると、日本の雨は pH は高いものの、NH_4^+ や Ca^{2+} が多いことがわかる。また、SO_4^{2-} や NO_3^- などの陰イオンも多い。これは何を意味するのだろうか。SO_4^{2-} や NO_3^- が多いということは、もともと日本の雨には、H_2SO_4 や HNO_3 がたくさん溶け込んでいたことを示している。それにもかかわらず、H^+ が少ないのは、大気中に NH_3 や $CaCO_3$ などがあって、これらが雨を中和したためだと考えられる。NH_3 は大気汚染物質であり、$CaCO_3$ は空気中に舞い上がった土壌に含まれているものである。

つまり、日本では空気中に塩基性の物質が多いために、雨が中和されて、pH が欧米より高い値を示しているのである。したがって、日本の雨は欧米に比べて酸性が弱くても、きれいな雨とは言えない。

このように、雨が清浄であるかどうかは pH だけではわからない。雨に含まれるイオンの総量を測定する必要がある。きれいな雨は海水由来のイオンがほとんどで、大気汚染によるイオンは少ないので、溶けているイオンの量が少ない。逆に、大気汚染の激しいところに降る雨は、いろいろな物質を溶かしているので、イオンが多くなる。これを測るものが、導電率計である。この測定器は、同じ電圧をかけたとき、多くのイオンを含む水溶液ほど電流が大きくなることを使ったものである。酸性雨の測定といえば、pH メーターによる計測だけがよく行われているが、導電率計による測定も欠かすことができない。

4 解体屋・OH ラジカル

なぜ酸性雨に硫酸や硝酸が含まれているのかを説明する前に、大気中の化学反応で重要な役割を果たしている・OH ラジカルというものについて説明しよう。

まず、**ラジカル**というものであるが、これは**遊離基**とも呼ばれている。6 章で詳しく説明するように、いろいろな有機化合物はグループごとに特徴的な構造を持っている。アルコールの仲間は、いずれも、C と H の部分に OH が結合している。アルデヒドは、共通に CHO を持っている。カルボン酸は、COOH を持っている。このように、それぞれの物質に特徴的な部分を**基**という。ラジカルというものは、このような基の部分が分子から離れたものである。ラジカルを遊離基と呼ぶのは、分子から離れた基であることを表している。

さて・OH ラジカルであるが、これは大気中で次のように作られる。まず、オゾン O_3 が紫外線 (ultraviolet rays:UV) のエネルギーを吸収し、エネルギーの高い状態 (**励起状態**) になる (O_3^* になる)。励起状態というのは、電子がエネルギーの高い軌道に飛び移った状態であり、こうなった分子は、非常に化学反応を起こしやすい。

$$O_3 + UV \longrightarrow O_3^*$$

励起状態のオゾンは分解し、酸素分子 O_2 と、励起状態の酸素原子 O^* になる。

$$O_3^* \longrightarrow O_2 + O^*$$

次に、励起状態の酸素原子が水分子と反応して、・OH ラジカルが作られる。

4-5 空気の酸性化

$$\cdot \ddot{\mathrm{O}} \colon \mathrm{H} \qquad \colon \ddot{\mathrm{O}} \colon \mathrm{H}$$

　・OHラジカル　　　　OH⁻イオン

図4-21　・OHラジカルとOH⁻イオンの電子式

$$O^* + H_2O \longrightarrow 2\,\cdot OH$$

　図に示した電子式から、・OHラジカルは不対電子を1個持っていることがわかるであろう。なお、OH⁻イオンの電子配列も示した。OH⁻はイオンでありラジカルではないので、不対電子を持っていない。

　・OHラジカルは不対電子（電子の空席）を持っているため、そこに電子を引き付ける傾向が強い。つまり、相手の物質を酸化する力が強い（酸化還元反応と電子のやり取りについては、4-4を参照）。・OHラジカルは、例えばメタン CH_4 を次のように酸化する。

$$CH_4 + \cdot OH \longrightarrow CH_3 + H_2O$$

　生じた CH_3 は大気中の酸素や一酸化窒素によってさらに酸化され、最終的には H_2O と CO_2 になる。このように・OHラジカルは、空気中に放出されたさまざまな気体を酸化・分解する力を持っている。・OHラジカルが気体分子の解体屋と呼ばれる理由がここにある。しかし、・OHラジカルでも分解できない分子がある。それは、フロンである。

5 SO$_x$ と NO$_x$（硫黄酸化物と窒素酸化物）

話を酸性雨にもどそう。酸性雨は、硫酸や硝酸が雨に溶けることによって生じることを述べた。その硫酸と硝酸は、**硫黄酸化物**と**窒素酸化物**から作られる。

硫黄酸化物には、SO$_2$ や SO$_3$ などがある。そして、窒素酸化物としては NO や NO$_2$ などが知られている。このように、これらの酸化物にはたくさんの種類があるので、まとめて SO$_x$ や NO$_x$ と表すことがある。x は 1 や 2 などの数字を代表しているわけである。

SO$_x$ や NO$_x$ はいずれも気体であるが、水に溶けたり、·OH ラジカルに酸化されることによって、硫酸や硝酸になる。

では、SO$_x$ や NO$_x$ はどのように発生し、どんな反応で硫酸や硝酸になるのであろうか。

① SO$_x$

SO$_x$ はおもに石油や石炭を燃焼することによって生成される。石油や石炭の中には硫黄が含まれており、それが酸素と反応して、二酸化硫黄が作られる。

$$S + O_2 \longrightarrow SO_2$$

SO$_2$ は大気中で ·OH ラジカルによって酸化され、次のように硫酸になる。[注1]

$$SO_2 + \cdot OH + M \text{[注2]} \longrightarrow HOSO_2 + M$$
$$HOSO_2 + O_2 \longrightarrow HO_2 \text{[注3]} + SO_3$$
$$SO_3 + H_2O \longrightarrow H_2SO_4 \text{[注4]}$$

[注1] SO$_2$ が水に溶けて、亜硫酸（H$_2$SO$_3$）になり、これが大気中の

オゾンなどによって酸化され、硫酸になることもある。
(注2) M は触媒のように働く物質。空気中の窒素などである。
(注3) HO_2 もラジカルである。
(注4) 一般的には、この反応式は SO_3 が水に溶けて、硫酸の水溶液を作る反応を表す。しかし、大気中ではごく小さな水滴に SO_3 が溶けて、濃硫酸の粒（硫酸ミスト）になることもある。

　1950年代から70年代にかけて、日本では、太平洋ベルト地帯にいくつかの石油化学コンビナートが建設された。そこでは毎日大量の石油が燃やされ、排ガスはほとんど無処理のまま放出されていた。この時期、大気汚染物質として特に問題になっていたのが SO_x である。コンビナートの近くでは、多くの住民が慢性気管支炎やゼンソクなどで苦しみ、三重県四日市では大規模な訴訟が起こされた。この裁判は1972年に結審し、原告側の勝訴となった。これをきっかけとして、自治体は企業と公害防止協定を結ぶなどして、排ガス中の SO_x 削減に乗り出した。硫黄分の少ない石油を使うこととか、排ガス中の SO_x を取り除く装置を設置するなどの対策が取られたのである。

　排ガス中の SO_x を除くには、いくつかの方法がある。火力発電所のボイラーのような大型の装置では、石灰・セッコウ法と呼ばれる方法が使われている。これは石灰 $CaCO_3$ に SO_2 を吸収させて、セッコウ $CaSO_4$ として回収するものである。

　こうした対策の結果、1987年には、ピーク時（1968年頃）の $\frac{1}{6}$ に SO_x 濃度が低下したと言われている。このように、現在の日本では、SO_x を大量に排出する企業はなくなった。しかし、中国の工業化が進むとともに、大陸からやって来る SO_x が問題になっている。中国では硫黄分の多い石炭を燃焼しているので、多量の SO_x を発生しているのである。これを削減するため

に、日本の技術を使おうとしても無理がある。中国は経済的事情により、日本の削減技術は使えないのである。現在中国で求められている技術は、より安い価格で SO_x を削減する方法である。この分野での日本の協力が必要であろう。

② NO_x

SO_x は石油や石炭から発生するが、NO_x の主な発生源は空気である。空気を高温に加熱すると、次の反応式のように窒素と酸素が反応して NO を作る。したがって、NO は家庭のガスコンロなどからも生じる。しかし、NO の主要な発生源は、工場の加熱装置（ボイラーなど）や自動車のエンジンである。

$$N_2 + O_2 \longrightarrow 2NO$$

生じた NO はオゾンなどによって酸化されて、NO_2 に変化する。

$$NO + O_3 \longrightarrow NO_2 + O_2$$

そして、·OH ラジカルによって硝酸になる。[注5]

$$NO_2 + \cdot OH \longrightarrow HNO_3$$

[注5] NO_2 が HNO_3 に変わる反応は、一般的には

$$3NO_2 + H_2O \longrightarrow 2HNO_3 + NO$$

である。しかし、NO_2 が水に溶ける反応は遅いので、大気中ではこの反応が起こる。

工場のボイラーなどから発生する NO_x は、おもにアンモニア NH_3 を用いて、チタン Ti やバナジウム V を触媒にして、次のように NO を N_2 にして処理している。

$$4NO + 4NH_3 + O_2 \longrightarrow 4N_2 + 6H_2O$$

自動車から排出される NO_x も、原理的にはアンモニアを使えば処理できる。しかし、アンモニアは危険な物質で、万一、交通事故などで漏れ出すと大きな災害につながるので、自動車に搭載することはできない。

自動車にはガソリン車とディーゼル車がある。ガソリン車の場合、排ガスは三元触媒と呼ばれるものを通すことによって、NO_x 濃度を下げることができる。この触媒はプラチナやパラジウムなどの貴金属を含み、排ガス中の NO_x を還元して N_2 に変え、CO と HC（燃え残りの燃料 C_nH_m）を酸化して、CO_2 と H_2O に変える働きを持っている。

$$NO_x + CO + C_nH_m \longrightarrow N_2 + CO_2 + H_2O$$

ディーゼルエンジンは燃焼室内のピストンで圧縮した高温・高圧の空気に燃料を噴射して燃焼させる。このとき、燃料が完全に燃えても酸素が余る状態なので、CO や HC が排ガスの中に少なく、上式が成り立たないのである。そのため、エンジン内でできた NO_x はそのまま排ガスとして出ていくことになる。

ディーゼル車はガソリン車に比べて、少ない燃料で長い距離を走ることができる。しかし、現在、空気を汚している NO_x の約半分は、ディーゼル自動車から排出されていると言われている。また、ディーゼル車は発がん性を持つ黒煙（粉じん）の排出量も多い。今、これらへの対策が急がれている。

コラム　NO_2 の簡単な検出法

ザルツマン試薬[注6]は、微量の NO_2 と反応して赤く発色し、その色の濃さによって NO_2 濃度を調べることができる薬品で

ある。これを使って、NO_2を検出しよう。

　まず、自動車のマフラーに45Lのポリ袋をあてて、排気ガスを集める。比較のため、ガソリン車とディーゼル車の排ガスを集めるとよい。そして、それぞれのポリ袋にザルツマン試薬を30mL入れ、袋の口をしばってよく振る。ディーゼル排ガスの方がより赤く発色し、NO_2濃度が高いことがわかるであろう。

　次に、空気中にNO_2があるかどうかを試してみよう。台所用のポリ袋に空気を入れ、ザルツマン試薬を2mL入れる。そして口をしばり、よく振ってから10〜15分間静置する。袋の中のザルツマン試薬が発色していれば、空気中にNO_2が含まれていることになる。おそらく、この実験を日本中のどこで行っても、薄く発色するであろう。

　さらに、呼気（吐き出した息）にNO_2が含まれるかどうかを調べてみよう。呼気を台所用ポリ袋に入れ、空気と同様にザルツマン試薬と反応させればよい。これは、ほとんど発色しないだろう。私たちの体にNO_2が吸着されてしまうのである。

　こうした実験結果を聞くと、すぐにでも健康が損なわれてしまうように感じるかも知れない。しかし、空気中に含まれるNO_2の濃度がわからないと、健康に影響があるかどうかは判断できない。この実験ではNO_2の濃度はわからないのである。

(注6) ザルツマン試薬は次のように作る。N-(1-ナフチル)エチレンジアミン二塩酸塩50mg、スルファニル酸5g、リン酸30mLを水に溶かして1Lにする。なお、溶かしている間に空気中の二酸化窒素と反応して赤くなることがあるので、三角フラスコなどを用いて、ゴム栓をして溶かす。

6 酸性雨による被害

　欧米では、酸性雨によって広大な森林が被害を受け、多数の樹木が立ち枯れしている。日本でも、関東平野にスギ枯れが見られるという報告が1985年に行われ、酸性雨の影響が現れたのではないかと思われた。しかし、その後の調査・研究によって次のようなことがわかった。

(1) スギの衰退が激しい地域にも、そうでない地域にも、同程度の酸性雨が降っている。
(2) スギやヒノキにpH3〜4の人工酸性雨をかけて生育させても、被害は見られない。
(3) 被害を受けているスギは1本だけ孤立して生育しているものや、林の中で他の樹木よりも背が高いものに目立つ。酸性雨が原因であれば、同じぐらいの樹高で、まとまって生育しているスギにも被害が出るはずである。
(4) 被害が大きい地域は、夏場にオキシダント（オゾンなど）の濃度が高くなりやすい地域とほぼ一致している。また、この地域は工場や自動車などから排出される粉じんの濃度が高くなりやすい地域でもある。

　以上のようなことから、スギ枯れはオキシダントの影響や、枝や葉に酸性のガスおよび粉じんなどが付着することなど複合的な原因によって起こっているのではないかと考えられている。

　今のところ、日本では、欧米に比べて酸性雨による森林被害は小さいものと思われている。その原因ははっきりしないのだが、生育している樹種の違いや、土壌の中和能力の違いなどが考えられている。

7 空気の酸性化

酸性雨は雨だけの問題ではなく、空気の酸性化として広くとらえる必要があると述べた。NO_x や SO_x などのガスによって、次のような被害がもたらされるからである。

①健康被害

NO_x や SO_x はゼンソクや、慢性気管支炎などを引き起こす物質である。現在、NO_x 濃度が高い地域は交通量の多い幹線道路沿いや、慢性的に渋滞する交差点付近に多い。これらの地域に住む人の中には、呼吸器系の病気に悩んでいる人も多い。

②光化学オキシダントの発生

日差しの強い夏の昼間、外に出ていると目がチカチカするとか、目が痛いなどの被害を受けることがある。これは、空気中にオゾンなどの**酸化力の強い物質（オキシダントという）**が作られるためである。オキシダントは、NO_x を多く含む汚れた空気に紫外線（UV）が作用することによって発生する。

$$NO_2 + UV \longrightarrow NO + O$$
$$O + O_2 \longrightarrow O_3$$

このように、オキシダントは紫外線の働きで生じるので、光化学オキシダントあるいは光化学スモッグと呼ばれている。はるか上空の成層圏に存在するオゾンは、有害な紫外線を吸収する働きを持っている。しかし、私たちの身近なところで生成されるオゾンは、強い酸化力のために、悪影響を及ぼしてしまうのである。

光化学オキシダントの濃度が高いと、手足のしびれや呼吸困

難などを起こす。また、植物や農作物にも被害をもたらす。アサガオの葉に茶色い斑点が現れるのも、オキシダントの影響である。最近では、オキシダントが発生しやすい日には注意報が発令されるようになったので、被害に遭う人は少なくなっている。しかし、NO_xの対策が進んでいないために、オキシダントの発生そのものはおさまっていない。

③文化財への影響

屋外に置いた大理石の彫刻などが、溶け出してしまうのも、酸性化した空気による影響である。大理石の成分は$CaCO_3$であるが、主にSO_xによって表面が硫酸カルシウム（$CaSO_4 \cdot 2H_2O$）に変化してしまう。これは、$CaCO_3$よりも水に溶けやすい物質なので、雨が降ると溶けてしまうのである。

また、空気中の酸性の物質は染料にも影響を与え、文化遺産である美術品や工芸品の色調を変化させてしまうのではないかとも言われている。

コラム　重くなる大理石と軽くなる大理石

酸性化した空気が、大理石にどんな影響を与えるのかを調べた実験がある。大理石を雨の当たる屋外と、雨が当たらない風通しのよい屋内に数ヵ月間放置して、質量を調べたものである。その結果、屋内に置いた大理石はわずかながら重くなり、屋外のものは軽くなることがわかった。その理由を調べるために、大理石の表面がX線分析にかけられた。その結果、屋内の大理石の表面からは$CaSO_4$が検出され、屋外の大理石の表面は$CaCO_3$そのものであることがわかった。これは何を意味しているのであろうか。

屋内では、大理石の表面がSO_xやNO_xに常にさらされている。

特に SO_2 や SO_4^{2-} は $CaCO_3$ と反応しやすいので、これらと空気中の水分がいっしょになって、$CaCO_3$ を $CaSO_4・2H_2O$ に変えたのである。そして、化学式量を計算してみればわかるように、この変化によって大理石は重くなったのである。

屋外でも、表面に $CaSO_4・2H_2O$ が形成される。しかし、これは水に溶けやすいので、雨に溶けてしまう。そのため、大理石の表面は常に $CaCO_3$ そのものになっていたのである。そして、屋外に置いた大理石は、雨に溶けた分だけ軽くなったわけである。

このように、大理石製の文化財が溶け出す被害は、酸性雨というよりも、空気の酸性化によって起こると考えるべきである。

[答え] 問い1／二酸化炭素、問い2／硫酸と硝酸、問い3／③、問い4／大気中の SO_x と NO_x が酸性雨の原因だから

第5章
無機物質

5-1 非金属元素の単体と化合物

> **問い1** 塩素系洗浄剤に混ぜると、必ず危険な塩素ガスが発生するのは次のどれか？
> セッケン水　中性洗剤液　酸性洗浄剤
>
> **問い2** コピー機など高電圧がかかる機器ではオゾンを発生するものがある。このとき発生したオゾンは人の体にいいか悪いか？
>
> **問い3** 家が火事になったら、指輪のダイヤモンドは燃えてしまうか？
> 燃えてしまう　燃えない
>
> **問い4** 同じ体積でいちばん軽い気体は何か？
> 水素　ヘリウム　アンモニア

❶元素の周期表と五大物質

具体的に非金属元素の単体と化合物に入る前に、周期表をもとに大まかに元素の世界の全体像を見ておこう。

①金属元素と非金属元素

元素の周期表でまず注目すべきは、金属元素と非金属元素である。周期表で「アルミニウム階段」を境にして、左側が金属元素、右側が非金属元素である。金属元素は全体の約8割を占める。

金属元素の単体、つまり金属元素の原子が集まった物質が金

5-1 非金属元素の単体と化合物

属である。金属には、**自由電子**のため**金属光沢**（金、銅以外は銀色。みがけば鏡になる）、**展延性**（展性はたたくと広がる性質、延性は引っ張ると延びる性質）、**熱や電気をよく伝える**、という特徴がある。金属は、水銀だけが常温（25℃付近）で液体で、その他は常温で固体である。

また、金属は2種類以上を混ぜ合わせる（**合金**にするという）と、そのベースの金属の性質を改善したり、新しい性質を持たせることができる。

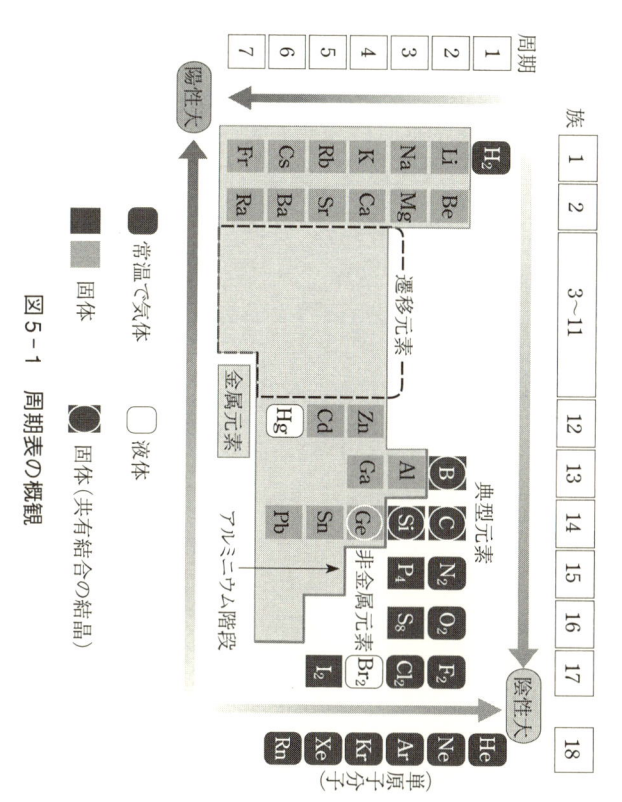

図5-1 周期表の概観

金属元素の単体が共通の性質を持つのに対し、非金属元素の単体にはそのような共通な性質がない。

非金属元素の単体の多くは分子からなり、固体では分子結晶を作る。常温では、水素 H_2、窒素 N_2、酸素 O_2、フッ素 F_2、塩素 Cl_2 などは気体、臭素 Br だけが液体、ヨウ素 I、リン P、硫黄 S などは固体として存在する。

炭素 C やケイ素 Si の単体は、巨大分子からなる結晶（**共有結合の結晶**）であり、高い融点を持つ。

希ガス元素の単体は、常温では気体で単原子分子として存在する。これらは極めて低い温度で分子からなる結晶を作る。ただし、ヘリウムは、1013hPa の大気圧（1atm）下ではいくら冷却しても固体にならない。

②物質を大きく分ける

物質は大きく分けて、**金属**、**イオン性物質**（イオン結合性物質　代表は塩）、**分子性物質**になる。固体（結晶）で言えば、金属結晶、イオン結晶、分子結晶に対応する。イオン性物質は必ず化合物なのでイオン性化合物とも言う。非常に大まかであるが、イオン性物質は金属元素の原子と非金属元素の原子が結びついてできているとしてよい。

周期表において、左下のフランシウム Fr に近いほど陽性（すなわち金属性、陽イオンになりやすさ）が増す。最外殻の電子（**価電子**）が原子核から遠くなり、離れやすくなるからだ。また、右上のフッ素 F_2 に近いほど陰性（すなわち非金属性、陰イオンになりやすさ）が増す。他から電子を受け入れる空き部屋が原子核の近くにあるほど、電子を受け入れやすいからだ。

そこで、お互いに陽イオンと陰イオンになって結びつきやすい。塩化ベリリウム $BeCl_2$（Cl-Be-Cl という構造）のように

金属元素と非金属元素からできていても、分子性物質のものもあるが、ほとんどはイオン性物質と考えてよい。

分子性物質は、非常に大まかにだが、単体も化合物も非金属元素の原子からできていると考えてよい。

つまり、金属、イオン性物質、分子性物質を作る原子は、大まかに次のようになる。

金属……金属元素の原子
イオン性物質……金属元素の原子＋非金属元素の原子
分子性物質……非金属元素の原子

これらの物質を金槌などでたたいてみよう。金属は、砕けないで広がる、曲がる（**展性**）。イオン性物質は粉々に砕ける。分子性物質は粉々になることもあるが、つぶれることが多い。

電流が流れやすいかどうか見てみよう。金属はよく流れる。イオン性物質は固体では流れない。融解したり水に溶かしたりすると流すようになる。分子性物質はまず流さない。すでに学んだように、金属には「**自由電子**」が存在し、その流れが電流となる。

イオン性物質は、固体では電荷を持ったイオンが動けないが、液体や水溶液になるとイオンの流れが電流となる。

もう少しくわしく物質を分けると、金属、イオン性物質、分子性物質に巨大分子からなる**無機高分子**（ダイヤモンドなど）と**有機高分子**（プラスチックなど）を加えて五大物質とする。

❷ハロゲンの単体と化合物

周期表の17族に属するフッ素 F、塩素 Cl、臭素 Br、ヨウ素 I などの元素をハロゲンと呼ぶ。ハロゲンという呼び名は、金属元素と結びついて塩を作りやすいのでギリシア語でハロ（塩

という意味）とゲン（作るという意味）を組み合わせたものからきている。

①ハロゲンの単体

ハロゲンの原子は、最外殻の電子が7個で、結合する相手の原子から1個の電子をもらって1価の陰イオンになりやすい。ハロゲンの単体は2原子分子からなり、反応性に富み、多くの元素の単体と直接反応してハロゲン化物を作る。そのとき、ハロゲンの単体は酸化剤として働く。

ハロゲンの単体の酸化力は、原子番号が小さいほど強い。

$F_2 > Cl_2 > Br_2 > I_2$

これは、原子核（正）に近い電子殻（負）の方が他の原子の電子を引き付ける力が大きいからである。相手を酸化する働きが強いということは、自分自身は還元されやすいことになる。**相手を酸化した＝自分は還元された＝電子を得た**、という関係になる。

例えば臭化カリウム KBr 水溶液に塩素を通じると、臭素を生じる。これは Cl_2 が Br^- を酸化し、自分は還元されたからである。

$2Br^- + Cl_2 \longrightarrow 2Cl^- + Br_2$

ハロゲンの単体はいずれも有毒である。塩素ガスは刺激臭のある黄緑色のガスで、水道水や汚水の殺菌および漂白などに多量に用いられるほか、塩酸、さらし粉など多数の無機塩化物や、有機塩素化合物（農薬、医薬、ポリ塩化ビニルなど）の製造原料として広く用いられている。

塩素は、空気中にわずか 0.003～0.006% でもあると、鼻やの

どの粘膜を冒し、それ以上の濃度になると血を吐いたり、最悪のときには死にいたることにもなる。

②ハロゲンの化合物

ハロゲンはいろいろな化合物を作る。

例えば、ナトリウムと化合すると、NaF、NaCl、NaBr、NaIなどの化合物ができる。酸化力の強いフッ素や塩素は、水素と爆発的に反応して、フッ化水素 HF や塩化水素 HCl を生じる。

虫歯予防で「歯にフッ素を塗る」「フッ素入り歯磨き」のときの「フッ素」は、フッ化ナトリウム NaF である。

[**塩化水素**] 塩化水素は気体であり、H−Cl は共有結合で結びついた分子である。塩化水素の水溶液が塩酸。市販の濃塩酸は、塩化水素を約35%含む。胃液は薄い塩酸である。

[**塩化ナトリウム**] NaCl。食塩の主成分。

[**次亜塩素酸**] 次亜塩素酸 HClO は酸としては弱いが、強い酸化作用を持っているので殺菌剤（消毒液）や漂白剤に用いられる。

塩素ガスを水に吹き込むと、溶けて塩素水となる。塩素水の中では、一部が水と反応して次亜塩素酸 HClO を生じている。このため、塩素は上水道の殺菌に利用されている。

塩素を水酸化ナトリウム NaOH などの強塩基と反応させると、次亜塩素酸ナトリウム NaClO などの次亜塩素酸 HClO の塩ができる。

$$Cl_2 + 2NaOH \longrightarrow NaClO + NaCl + H_2O$$

次亜塩素酸の塩は、水中で、

$$NaClO + H_2O \rightleftharpoons NaOH + HClO$$

という平衡を作るので、消毒剤や漂白剤に用いられる。

次亜塩素酸の塩を含んだ塩素系洗浄剤やカビ取り剤に酸性洗浄剤を加えると塩素が発生する。

塩素系の漂白剤やカビ取り剤は、主成分が次亜塩素酸ナトリウムである。これに過って塩酸やクエン酸、リンゴ酸などを含んだ酸性の洗剤を混ぜると塩素が発生する。とくにトイレの洗浄剤の中には塩酸が主成分のものがあり、要注意である。発生した塩素のせいで、トイレ、浴室の掃除で死者が出ている。

[**有機塩素化合物**] 日常生活ではプラスチックのポリ塩化ビニル（塩ビ）、ポリ塩化ビニリデン（「ラップ」に使用されている）が代表。天然には有機塩素化合物はほとんどないが、現在、夢の物質として開発されながら後で生物体に悪い影響を与えるとわかったPCBや、燃焼の過程などでできてしまうダイオキシン類、源水から水道水にする過程でできてしまうトリハロメタンなどの有機塩素化合物が問題になっている。

コラム　初期の毒ガス兵器——塩素

時は、第一次世界大戦さなかの1915年4月22日、所はベルギーのイープルの地。ドイツ軍とフランス軍のにらみ合いのなか、ドイツ軍の陣地から黄白色の煙が春の微風に乗ってフランス軍の陣地へと流れていった。それが塹壕（ざんごう）の中へ流れ込んだ途端、兵士たちはむせ、胸をかきむしり、叫びながら倒れ……そこは阿鼻叫喚の地獄絵そのものに変わった。

史上初の本格的な毒ガス戦、第二次イープル戦の様子である。この時使われたのが塩素である。ドイツ軍は、170トンの塩

素ガスを放出し、フランス兵5000人が死亡、1万4000人が中毒となった。

この第二次イープル戦の後、イギリス軍は同年9月、フランス軍も翌16年2月には塩素ガスで報復した。ドイツも連合国も優秀な科学者を動員して毒ガス製造に血道をあげたのである。

塩素ガスに対して防毒マスクなどで対策が講じられるようになると、毒性が塩素ガスの10倍という窒息性のホスゲン、無色で、接触するだけで皮膚がやけどし、ひどい肺気腫（はいきしゅ）、肝臓障害を起こすマスタードガス（イペリット）へと進んでいったのである。毒ガス兵器は被害を受けた人があまりにも悲惨であるため、国際条約によって使用禁止になっている。

❸酸素とオゾン、硫黄

①酸素とオゾン

酸素 O_2 は活性に富み、多くの元素と化合して酸化物を作る。地球大気の約21％（体積比）は酸素で、多くの生物は空気中の酸素または水に溶けた酸素を体内に取り入れて生命活動を維持している。また、酸素元素 O は海中では水 H_2O として、岩石中では二酸化ケイ素 SiO_2 などの化合物として存在し、地球表面で最も多く存在する元素である。

工業的には空気を冷やして作った液体空気から、沸点の違いで酸素と窒素を得ている。酸素は、製鉄で鋼を作るときに最も多量に使われている。他には、高温の炎で鋼などを切断したり溶接したりするための酸素アセチレンバーナー用や医療用（酸素吸入）に使われる。

酸化しやすい食べ物やカビがはえやすいお菓子類にはよく脱

酸素剤が入っている。この脱酸素剤は鉄の微粉末で、酸素と結合して袋の中の空気から酸素を除いてしまう。そのため酸化による変質などを防ぐことができる。

オゾン O_3 は、酸素中で放電を行うか、酸素に紫外線を当てると生じる。

$$3O_2 \longrightarrow 2O_3$$

オゾンは独特の臭いのある淡青色の有毒な気体で、酸素よりも酸化作用が強く、殺菌力がある。毒性が強く、吸うと呼吸器が冒される。酸化力、殺菌力を活用して、細菌、ウイルスの除去のための空気の浄化や、上水道の有機物分解に用いる。また、臭い分子を酸化分解するので脱臭に用いる。コピー機を使うと生臭い臭いを感じることがあるが、これは高電圧放電によってオゾンができているからである。

コラム 酸素分子の構造

酸素分子の構造は、

$$:\ddot{O} = \ddot{O}: \qquad (a)$$

のように酸素原子どうしが二重結合で結びつくと考えられる。しかし、このように電子がすべて対を作っている（不対電子がない）ならば、この分子は極めて安定であり、実際の酸素が持つ大きな反応性を説明することができない。さらに、このような構造では、酸素は磁石にくっつくことはない。つまり、酸素分子には対になっていない電子（不対電子）があるはずなのである。

以上のようなことから、酸素原子どうしは1対の共有電子対を作って酸素分子になり、それぞれの酸素原子上に残ったもう

一つの不対電子は、結合には使われずに、不対電子のままでいる、という構造が考えられる。

$$:\overset{..}{\text{O}} - \overset{..}{\text{O}}: \qquad \text{(b)}$$

しかし、この構造だと常磁性は説明できてもO原子どうしの結合の強さは説明できない。したがって以上の2つの式はどちらも完全とは言えず、酸素のある側面を表しているだけである。

実際の酸素分子は、(a) と (b) の中間の状態で存在していることがわかっている。それで酸素は、構造 (a) と (b) から考えられる両方の特徴を備えているのである。

②硫黄の単体と化合物

硫黄Sは、火山の噴気孔付近に、単体として産出する。また、地殻中には硫化物として多量に存在している。

[硫化水素] 硫化水素 H_2S は、硫化鉄(II) FeS に希硫酸 H_2SO_4 を加えて発生させる。

$$\text{FeS} + \text{H}_2\text{SO}_4 \longrightarrow \text{H}_2\text{S} + \text{FeSO}_4$$

硫化水素は水に溶けやすい、空気より重い気体である（空気の平均分子量28.8に対して、$1 \times 2 + 32 = 34$）。無色で特有の悪臭（固ゆで卵の臭い）があり、有毒。火山・温泉地帯で「硫黄の臭い」というのは、硫化水素の臭いである。

銀Agは、硫化水素と出会うと黒色の硫化銀 Ag_2S になる。温泉に銀のアクセサリーをつけていくと黒くなってしまうのはこのためである。

[二酸化硫黄] 二酸化硫黄 SO_2 は、硫黄が燃焼すると発生する。

$$S + O_2 \longrightarrow SO_2$$

二酸化硫黄は、無色で刺激臭のある有毒な気体である。

二酸化硫黄が水に溶けると亜硫酸 H_2SO_3 ができる。

$$SO_2 + H_2O \longrightarrow H_2SO_3$$

[硫酸] 濃硫酸は硫酸 H_2SO_4 を約95%含み、無色のねばりけのある不揮発性の液体で、吸湿性が強く乾燥剤として用いられる。

熱した濃硫酸は強い酸化作用があり、銅や銀を溶かすことができる。また、濃硫酸には脱水作用があり、有機化合物から水素と酸素を水の形で奪う。ビーカーにスクロース(ショ糖) $C_{12}H_{22}O_{11}$ を固く詰めて、少量の濃硫酸を表面全体が濡れるようにかけると、激しく湯気を立てながら炭化する。

$$C_{12}H_{22}O_{11} \longrightarrow 12C + 11H_2O$$

濃硫酸を水で薄めると多量の熱を発生して希硫酸になる。

工業的には、接触法で作られている。二酸化硫黄を三酸化硫黄に酸化し(酸化バナジウム(V) V_2O_5 触媒)、これを水と反応させて硫酸を作る。

$$S \longrightarrow SO_2 \xrightarrow{V_2O_5} SO_3 \xrightarrow{H_2O} H_2SO_4$$

4 窒素とリン

①窒素の単体と化合物

地球大気の約78%を占めるのは窒素の単体である。窒素化合物であるアンモニア NH_3 や硝酸 HNO_3 は、化学工業にとっ

5-1 非金属元素の単体と化合物

て極めて重要な物質である。

［アンモニア］アンモニア NH_3 は、無色で刺激臭を持つ空気より軽い気体で、水に溶けやすい。水溶液は弱いアルカリ性を示す。

図のような装置で、アンモニアを満たしたフラスコ内に、少量の水を入れると噴水が始まる。フラスコ内のアンモニアが水に溶け、フラスコ内が減圧状態になる。そして、大気圧に押された水槽内の水がフラスコ内に噴き上がる。水槽内の水にフェノールフタレイン溶液を加えておくと赤色の噴水となる。

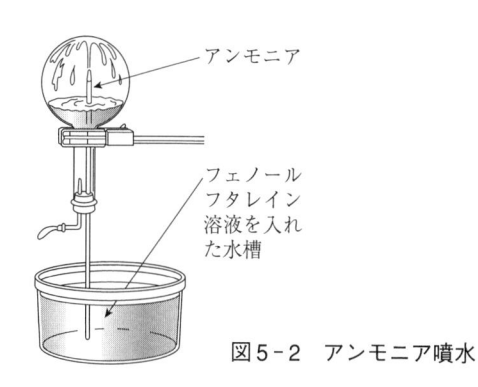

図5-2 アンモニア噴水

工業的には、鉄を主成分とする触媒を用いて窒素と水素から直接合成される。この方法は、**ハーバー法**（または**ハーバー−ボッシュ法**）と呼ばれている。

$$N_2 + 3H_2 \xrightarrow{\text{(触媒)}} 2NH_3$$

［窒素の酸化物］N_2O、NO、N_2O_3、NO_2、N_2O_5 などがある。これらはまとめて NO_x（ノックス）と呼ばれる。NO_x は酸性雨の原因となる。

一酸化窒素 NO は、自動車のエンジン内など空気を高温にすると発生する。一酸化窒素は無色の水に溶けにくい気体である。空気中ですみやかに酸化され、二酸化窒素 NO_2 になる。二酸化窒素は赤褐色の水に溶けやすい気体で、特有の臭気があり、極めて有毒である。劇薬で、皮膚、口、食道、胃などを冒す。

[硝酸] 硝酸 HNO_3 は、強い酸性を示すとともに、酸化力もあるので、銅、水銀、銀などを溶かす。

白金触媒を利用して、アンモニア NH_3 を酸素によって酸化し、水に吸収させて作る（**オストワルト法**）。

$$4NH_3 + 5O_2 \longrightarrow 4NO + 6H_2O$$
$$2NO + O_2 \longrightarrow 2NO_2$$
$$3NO_2 + H_2O \longrightarrow 2HNO_3 + NO$$

硝酸とアンモニアから作られる硝酸アンモニウム（硝安）NH_4NO_3 は、肥料や爆薬に用いられる。硝酸は、ニトログリセリン $C_3H_5(ONO_2)_3$ など火薬の原料、染料などを作るのにも用いられる。

②リンの単体と化合物

リン P の単体には黄リン（白リン）、赤リンなどの**同素体**（1種類の同じ元素からできていながら性質の異なる単体）がある。

黄リンは非常に有毒である。また、空気に触れると室温でもすぐ酸化される。このとき暗所では青緑色のリン光が見られる。また、自然発火することもある。

リンは動植物の体には不可欠の成分で、とくに種子、卵黄、神経、脳髄、骨髄などの中に含まれる。骨は半分以上がリン酸カルシウム $Ca_3(PO_4)_2$ である。骨灰はほとんどリン酸カルシウムである。

今使われているマッチは、安全マッチと呼ばれるものである。箱の赤茶色の部分は赤リン P、三硫化二アンチモン Sb_2S_3 の混合物が塗ってあり、軸木の先端部分は酸化剤（塩素酸カリウム $KClO_3$ など）と可燃剤（硫黄）および摩擦材（ガラス粉）を混ぜたものをつけてある。軸木の頭を箱の赤茶色の部分にこすると摩擦熱で赤リンが酸化して、その反応熱で軸木の可燃剤が酸化剤の助けで炎を出して燃え、軸木に火が移る。

初期のマッチは軸木に黄リン、酸化剤、可燃剤などが全部一緒に塗ってあって、どこでもちょっとこすると火がついてしまって危険であった。また、毒性を持つ黄リンが使われていたため、1912 年に製造禁止になった。

[**十酸化四リン**] リンは、燃焼すると十酸化四リン P_4O_{10} になる。

$$4P + 5O_2 \longrightarrow P_4O_{10}$$

十酸化四リンは白色結晶で、吸湿性が強く、乾燥剤として用いられる。水を加えて加熱すると、徐々に反応してリン酸 H_3PO_4 になる。

5 炭素とケイ素

①炭素の単体と化合物

炭素 C の単体には、ダイヤモンドや黒鉛（グラファイト）などの同素体がある。どちらも巨大分子である。最近は C_{60} などの**フラーレン**と呼ばれる同素体も見つかっている。

ダイヤモンドはあらゆる物質のなかで最も硬く、宝石のほかにガラスの切断や岩石の切削に用いられる。黒鉛は軟らかく、電気をよく通し、電極や鉛筆の芯に用いられる。

もし火事になったら、ダイヤモンドは燃えてしまうのだろうか。いや、ダイヤモンドは火事程度では燃え出さない。空気中

では簡単に燃えないのである。酸素中で熱すると白く輝きながら燃え、どんどん小さくなってしまいにはなくなる。燃焼後の気体を石灰水（水酸化カルシウム $Ca(OH)_2$ の水溶液）に導くと白く濁る。燃えて二酸化炭素になってしまうのである。

[二酸化炭素] 炭素や炭素を含む化合物を空気中で燃焼させると、二酸化炭素 CO_2 を生じる。

$$C + O_2 \longrightarrow CO_2$$

二酸化炭素は無色・無臭の気体で、水に溶けて弱い酸性を示す。また、塩基と反応して塩を作る。石灰水 $Ca(OH)_2$ に通すと、炭酸カルシウム $CaCO_3$ の沈殿を生じて白濁する。

$$CO_2 + Ca(OH)_2 \longrightarrow CaCO_3 + H_2O$$

固体の二酸化炭素は、1013hPa の大気圧（1atm）下では $-79℃$ で昇華して直接気体になるので、ドライアイスと呼ばれ、冷却剤に用いられる。

[一酸化炭素] 炭素や炭素を含む化合物が不完全燃焼すると、一酸化炭素 CO を生じる。

一酸化炭素は、無色・無臭で、血液中のヘモグロビンと強く結びつき、血液が酸素を運ぶ働きを妨げるため、有毒な気体である。

②ケイ素の単体と化合物

ケイ素（シリコン）Si は、地殻中に酸素の次に多く存在する元素である。ケイ素の単体は巨大分子（共有結合の結晶）で、ダイヤモンドと同じ**正四面体構造**を持っている。そのため硬く、融点も高い。単体は自然界には存在せず、酸化物などを還元して作る。ケイ素の結晶は金属光沢があり、電気伝導性は金属と

非金属の中間の大きさである。高純度のケイ素は半導体の材料として用いられている。

[二酸化ケイ素] ケイ素の化合物には、二酸化ケイ素 SiO_2 やケイ酸塩があり、岩石や土壌を構成している。水晶、石英、ケイ砂はほぼ純粋な二酸化ケイ素である。

ガラスは、二酸化ケイ素(ケイ砂)と炭酸ナトリウム Na_2CO_3 などの金属塩とを混合し、加熱融解して作られ、窓などに用いられる。ガラスの主成分はケイ酸ナトリウム(Na_2SiO_3、Na_4SiO_4 など)である。

６水素と希ガス

①水素の単体と化合物

単体は2原子分子 H_2 で、常温で最も軽い気体である。

1族の元素は最外殻に1個の電子を持つが、水素以外は、この1個の電子を失い陽イオンとなる傾向がある。水素は原子核と電子が最も近いから、この電子を失う傾向が非常に少なく、電子対を作り共有結合を形成する。

水素は、理科実験では、アルミニウムや亜鉛などの金属と塩酸を反応させて発生させる。

$$2Al + 6HCl \longrightarrow 2AlCl_3 + 3H_2$$
$$Zn + 2HCl \longrightarrow ZnCl_2 + H_2$$

逆さにした試験管に集めて、口に点火するとキュン! などの音をたてて爆発して水になる。音を立てて爆発するときは、水素と空気とが混ざっている。閉じこめた水素と空気に点火すると、水素の体積割合で4〜75%のときに爆発し、それ以外では爆発しない。この爆発する体積割合はプロパンガスで2.1〜9.5%であるから非常に広い範囲であることがわかる。

理科実験で水素の爆発事故が起こっているのは、この範囲が広いことも原因である。ふつうの発生装置で、水素発生直後は、発生容器内に空気が残っているため、この爆発の割合の範囲内にあり、最も危険な状態だからである。

　なお、水素の爆発では1937年に水素を使ったドイツの飛行船ヒンデンブルク号の爆発事故が有名である。この事故はその後の調べでは水素に引火したことが原因ではなく、燃えやすい表面塗料への引火であると考えられるようになっている。

　水素の理科実験も注意を守れば安全である。今後、水素を使った燃料電池が普及するなど、安全性に注意しながら水素のエネルギーを活用する時代が花開くだろう。

[アルカリ金属などの水素化物]　水素は電子を得るとヘリウムと同じ電子配置になるが、そうなるのは相手が非常に陽性が強い（電気陰性度は非常に低い）金属、つまりアルカリ金属やアルカリ土類金属などの場合である。例えば水素中でナトリウムNaやカルシウムCaを熱すると、それぞれ水素化ナトリウムNaHや水素化カルシウムCaH_2になる。金属は陽イオン、水素は1価の陰イオンH^-（水素化物イオン）のイオン性物質になっている。

[非金属の水素化物]　メタンCH_4、水素化ケイ素（シラン）SiH_4、アンモニアNH_3などは分子であり、水素と炭素、水素とケイ素、水素と窒素などの間の結合は共有結合である。

②希ガス

　周期表の右端の18族に属するヘリウムHe、ネオンNe、アルゴンAr、クリプトンKr、キセノンXe、ラドンRnの6種を希ガス元素という。

　希ガス元素の原子の**電子配置は極めて安定**である。そのため、

5-1 非金属元素の単体と化合物

同種の原子はもとより他の原子ともほとんど結びつかず、常温では**単原子分子の気体**として存在する。このため、不活性気体とも言われる。キセノンはフッ素などと作用してキセノン化合物を作る。クリプトン化合物やラドンの化合物も作られている。アルゴン、ネオン、ヘリウムについてはふつうの意味での化合物は得られていない。

希ガスはおしなべて沸点・融点は低く、原子量の小さいものほど低くなる。

大気中または地殻中の存在量がはなはだ少ないので、希ガスと呼ばれるが、アルゴンは空気中に1%近く含まれていて二酸化炭素よりもずっと多い。

[ヘリウム He] 大気中には体積百万分率で5.24ppm存在する。宇宙では太陽の近くには水素が圧倒的に多く、次いでヘリウムで、これらを合わせると約99%にもなる。

ヘリウムは水素に次いで軽く、かつ不燃性なので気球用ガスとして用いられる。また、沸点が非常に低いことから、液体ヘリウムは超低温を得るのに用いられる。天然ガス中に1%前後含まれることもあり、アメリカでは天然ガスから工業的にヘリウムを得ている。

[ネオン Ne] 空気中に18.2ppm含まれ、希ガスとしてアルゴンに次ぐ。

ネオンガスをガラス管に封入して放電させると鮮やかな赤色を発することから、ネオンサインなどに用いる。

[アルゴン Ar] 赤色の放電管の封入ガスに用いられる。またフィラメントの揮発防止などのために、白熱電球、蛍光灯などの封入ガスに用いられる。

[クリプトン Kr] 放電管の封入ガスとして用いられる。

[キセノン Xe] 放電させて太陽光に似た連続スペクトルを与

えるので、キセノンランプで知られる放電管用の封入ガスとして用いられる。

キセノンは、フッ素などのハロゲンや酸素などとの間で化合物を作る。これは、他の希ガスと比べて、キセノンは最外殻の電子を取られやすいためである。二フッ化キセノン XeF_2、四フッ化キセノン XeF_4、六フッ化キセノン XeF_6 など。

[ラドン Rn] 20種類の同位体（同じ元素だが質量が異なるもの）が知られているが、いずれも放射性。半減期が最も長いのは質量数222のものである。狭義には、質量数222のものをラドンという。

極微量ではあるが空気中や温泉、地下水などに含まれている。

ラドンという名称は、ラジウムの崩壊によって得られることから付けられた。

コラム 「希ガスの発見」

1892年のこと、イギリスの物理学者レイリー（1842〜1919）がおかしな事実を発表した。空気中から酸素を除去して得た窒素1Lの質量と窒素化合物を分解して得た1Lの質量にわずかのずれがあるというのである。

イギリスの化学者ラムゼー（1852〜1916）は、空気からあらかじめ酸素を除去して得た窒素をマグネシウムで窒化マグネシウムにして除去したが、どうしてもマグネシウムと化合しない気体が残った。レイリーも電気火花を飛ばして酸素と窒素を化合させて二酸化窒素を作り、それを水に溶かして残った気体を得た。

この気体こそ、他の物質と化合しないので容易に姿を現すことがなかったアルゴン（**怠け者**という意味）であった。こうして希ガス第1号が発見されたのである。1894年のことであった。

その後、ラムゼーはウラン鉱からヘリウムを発見した。クリプトン、キセノンも、ラムゼーらによって相次いで発見された。液体空気から窒素、アルゴン、酸素を取り除いていき、最後に残った残留物からクリプトンを、次に液化したアルゴンからネオンを、さらに多量の液化空気を処理して得た液化クリプトンからキセノンを発見した。

1904年、レイリーは物理学でラムゼーは化学で、共にノーベル賞を受賞している。

［答え］ 問い1／酸性洗浄剤、問い2／有害、問い3／燃えない、問い4／水素

5-2 金属元素の単体と化合物

問い1 次の水酸化物で、その水溶液が強い塩基性（アルカリ性）を示すものを選びなさい。
水酸化ナトリウム　水酸化カリウム　水酸化マグネシウム　水酸化カルシウム　水酸化アルミニウム

問い2 石灰岩（$CaCO_3$）地帯に鍾乳洞ができるのはどのような反応によるか。
①酸性雨で石灰岩が溶ける。
②二酸化炭素が溶けた水で石灰岩が溶ける。
③海水で石灰岩が溶ける。

問い3 金属の中で最も大量に使われているのは何か。
銅　鉄　アルミニウム

> **問い4** ケーキの装飾に使うアラザンや口中清涼剤「仁丹」（商品名）は、表面が銀色をしているが、これは何か。
> ①金属の銀である。
> ②金属のアルミニウムである。
> ③金属ではない。

1 強い塩基になる元素

①アルカリ金属とアルカリ土類金属の単体

アルカリ金属（1族のリチウム Li 以下）は、**最外殻の電子が1個**で、結合する相手の原子に、その1個の電子を渡して1価の陽イオンになりやすい。アルカリ金属の単体は、密度が小さく、軟らかくて融点が低い。反応性に富み、水と激しく反応して水素を発生し、水酸化物を生じる。その水酸化物は強塩基（アルカリ）である。

リチウムの粒を水に入れると、水と反応して水素を発生しながら水酸化リチウムになる。ナトリウム Na の粒を水に入れると、リチウムより激しく反応して、水素と水酸化ナトリウムを生じる。

$$2Na + 2H_2O \longrightarrow 2NaOH + H_2$$

カリウムの粒は水に入れるとさらに激しく反応する。発火して、紫色の炎をあげて燃える。最外殻の電子が、原子核から遠くなるほどはずれやすくなるので、原子番号が大きいほど1価の陽イオンになりやすく、水との反応性が激しくなる。アルカリ金属は水と酸素をシャットアウトするため灯油中に保存する。

2族の原子は、最外殻の電子が2個で、結合する相手の原子に、その2個の電子を渡して2価の陽イオンになりやすい。2族の

Ca以下はアルカリ土類金属といい、その**単体は水と反応して水酸化物を生じる。その水酸化物はいずれも強塩基である。**

$$Ca + 2H_2O \longrightarrow Ca(OH)_2 + H_2$$

2族でもベリリウムやマグネシウムの水酸化物は弱塩基になる。

②**炎色反応**

白金線の先に試料を付けて炎の中に入れると、それぞれの元素特有の赤や青などのきれいな色が出る。これが炎色反応である。アルカリ金属やアルカリ土類金属の単体や化合物は特有の炎色反応を示す。

私たちの目にとどく光のうち、色を感じるのは、波長が700nm（7000 Å[注1]）から400nmの範囲にあるもので可視光線と呼ばれる。これは波長の長い方から、赤・橙・黄・緑・緑青・青・藍・紫色といった色に分けられる。

[注1] 1 Å（オングストローム 10^{-10}m）は0.1nmに相当。水素原子の大きさは直径約4.8 Å（0.48nm）。

炎の中で気体状になった原子は、炎の熱で電子エネルギーが低い状態から高い状態に高められる。この電子がふたたび低い状態にもどるときに、ちょうど可視光線の波長の光を出す。こ

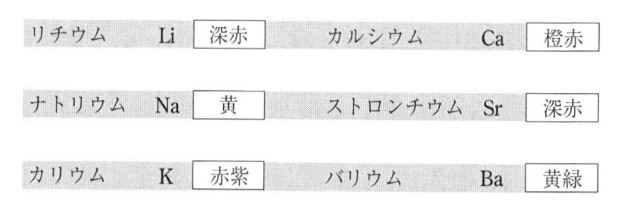

リチウム	Li	深赤		カルシウム	Ca	橙赤
ナトリウム	Na	黄		ストロンチウム	Sr	深赤
カリウム	K	赤紫		バリウム	Ba	黄緑

図5-3　アルカリ金属とアルカリ土類金属の炎色反応

れが炎色反応である。つまり炎からもらったエネルギーを、光のエネルギーとして放出しているのである。

③アルカリ金属の化合物

[水酸化ナトリウム] 水酸化ナトリウム NaOH は、白色の固体で、空気中に放置すると水蒸気を吸収して、その水に溶ける(**潮解**)。水酸化ナトリウムは水に溶けて強いアルカリ性を示す。工業的には、塩化ナトリウム水溶液の電気分解によって作る。苛性ソーダ（皮膚を腐食する＝苛性、ソーダ＝ナトリウム）とも言う。

[**ふくらし粉の成分　炭酸水素ナトリウム**] 炭酸水素ナトリウム $NaHCO_3$ は、水に溶けて弱いアルカリ性を示す。酸を加えても、熱しても、二酸化炭素を発生するので、ふくらし粉や発泡性入浴剤として利用。

[炭酸ナトリウム] 炭酸ナトリウム Na_2CO_3 の無水塩は白色の粉末であり、水に溶けてアルカリ性を示す。

水溶液から析出した結晶は、水和水を持っている十水和物(水和水が10分子含まれている) $Na_2CO_3 \cdot 10H_2O$ である。空気中に放置しておくと水和水の一部を失って白色粉末状になる（風解）。

炭酸ナトリウムはガラスなどの原料に用いられ、工業的には**アンモニアソーダ法**（または**ソルベー法**）で作られる（1863年、ベルギーのソルベー（1838〜1922）が工業化した）。

塩化ナトリウムの飽和水溶液にアンモニアと二酸化炭素を吹きこむと、溶解度の比較的小さい炭酸水素ナトリウム $NaHCO_3$ が沈殿する。

$$NaCl + NH_3 + CO_2 + H_2O \longrightarrow NaHCO_3 + NH_4Cl$$

次にこれを集めて焼き、炭酸ナトリウムとする。

$$2NaHCO_3 \longrightarrow Na_2CO_3 + H_2O + CO_2$$

反応の過程で生じる塩化アンモニウムは水酸化カルシウムと反応させてアンモニアを発生させ、回収して再び利用する。

④アルカリ土類金属の化合物

[**炭酸カルシウム**] 炭酸カルシウム $CaCO_3$ は石灰岩や大理石の主成分である。

炭酸カルシウムは希塩酸と反応して二酸化炭素を発生する。

$$CaCO_3 + 2HCl \longrightarrow CaCl_2 + H_2O + CO_2$$

炭酸カルシウムを加熱すると、分解して二酸化炭素を生じ、酸化カルシウム CaO(生石灰)になる。

[**酸化カルシウム**] 酸化カルシウム CaO は、水と反応して多量の熱を発生し、水酸化カルシウム $Ca(OH)_2$(消石灰)になる。

$$CaO + H_2O \longrightarrow Ca(OH)_2$$

この発熱は、弁当や缶入り酒を温かくするのに利用されている。

[**水酸化カルシウム**] 水酸化カルシウム $Ca(OH)_2$ は水に少し溶け、水溶液は強いアルカリ性を示す。

水酸化カルシウムの飽和水溶液(石灰水)に二酸化炭素を吹きこむと、水に不溶の炭酸カルシウムができ白く濁る。

$$Ca(OH)_2 + CO_2 \longrightarrow CaCO_3 + H_2O$$

生じた炭酸カルシウムは、二酸化炭素が過剰に存在すると、炭酸水素カルシウム $Ca(HCO_3)_2$ となって溶解する。

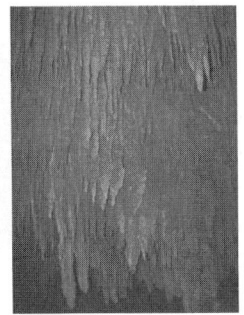

鍾乳石と石筍

$$CaCO_3 + CO_2 + H_2O \longrightarrow Ca(HCO_3)_2$$

この溶液を加熱すると、再び炭酸カルシウムが沈殿する。

$$Ca(HCO_3)_2 \longrightarrow CaCO_3 + CO_2 + H_2O$$

これが鍾乳洞ができる原理である。つまり、石灰岩が二酸化炭素が溶け込んだ水によって溶けて洞穴ができるのである。そしてその中には、炭酸水素カルシウムを溶かした水から炭酸カルシウムが析出して、鍾乳石や石筍ができる。

[**硫酸カルシウム**] 硫酸カルシウム二水和物 $CaSO_4 \cdot 2H_2O$ はセッコウと呼ばれる。これを焼くと、焼きセッコウ $CaSO_4 \cdot \frac{1}{2}H_2O$ になる。焼きセッコウを水と混合して練ると、やや体積を増しながら固まり、再びセッコウになる。

この性質を利用して、焼きセッコウはセッコウ細工や陶磁器の型などに用いられる。整形外科で使われるギプスも、もともとはドイツ語でセッコウのことである。

コラム　花火の色の化学

花火の色は、炎色反応に関係が深い。ただし花火では、元素の単原子気体だけではなく、2原子分子の気体も多くの役割を果たしている。

例えば、ストロンチウム Sr の炎色反応は深赤色であるが、花火の色はピンクから深赤色まである。これは SrCl や SrO が色を出すのに大きな効果を果たしているからである。

赤い色を出すのに、よく使われるのはストロンチウムの化合物やカルシウムの化合物である。

黄色は、炎色反応と同じくナトリウムの化合物を用いる。これはナトリウム元素特有の発光を利用するので、ナトリウム化合物なら何でもよいが、よく使われるのは、シュウ酸ナトリウム $Na_2C_2O_4$ である。塩化ナトリウムは湿気に弱いので使われていない。

緑色は、バリウムの化合物を用いる。通常、硝酸バリウム $Ba(NO_3)_2$ を用いる。塩化バリウム BaCl の緑色は2原子分子による光で、いっしょに塩素化合物を用いる必要がある。

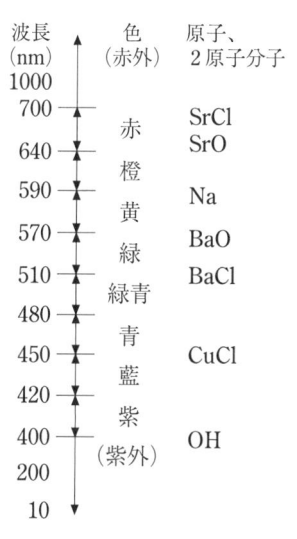

波長(nm)	色	原子、2原子分子
1000	(赤外)	
700	赤	SrCl
640	橙	SrO
590	黄	Na
570	緑	BaO
510	緑青	BaCl
480	青	
450	藍	CuCl
420	紫	
400	(紫外)	OH
200		
10		

可視光を出す原子
または2原子分子

2 アルミニウム、亜鉛

アルミニウム Al は軽くて軟らかい金属で、ボーキサイトから得られる酸化アルミニウム Al_2O_3 を溶融塩電解して製造している。アルミ箔などの家庭用品、窓枠などの建築材料などに用いられている。

アルミニウムは空気中で表面が酸化され、酸化アルミニウム Al_2O_3 の緻密な膜を生じる。この酸化物の膜が内部を保護するので、それ以上は酸化されにくい状態になる（**不動態**）。**アルマイト加工**は、この酸化被膜を人工的に（酸水溶液中で陽極にして電気分解）厚くつけたものである。

合金のジュラルミンは、本来、アルミニウムに銅4%、および少量のマグネシウムとマンガンを加えたものだが、その後これよりも（強さ／重量）比の優れた超ジュラルミンが開発されて、飛行機の機体用などに広く用いられている。

亜鉛 Zn の単体は青みを帯びた銀白色の金属で、乾電池の負極に用いられている。理科実験室では、希塩酸や希硫酸に亜鉛を加えて水素を発生させている。

亜鉛をめっきした薄鉄板をトタンという。これは鉄よりも腐食されやすい亜鉛をめっきすることで、本体の鉄を保護するもので、屋根ふき、とい、塀などに広く利用されている。

真鍮（しんちゅう）は、銅と亜鉛の合金で、色調が美しく、鋳造、加工が容易で、展性、延性などの機械的性質に優れているので、五円硬貨や金管楽器など広く用いられている。ブラスバンドの「ブラス」とは真鍮のことだ。

アルミニウム、亜鉛の単体、酸化物および水酸化物は、**酸にも強塩基（アルカリ）の水溶液にも溶ける**。このような性質を**両性**という。

$$2Al + 6HCl \longrightarrow 2AlCl_3 + 3H_2$$
$$2Al + 2NaOH + 6H_2O \longrightarrow 2Na[Al(OH)_4] + 3H_2$$

両性を示す元素は、周期表で金属元素と非金属元素の境界あたりにある元素で、アルミニウム、亜鉛以外にスズや鉛がある。

アルミニウムの酸化物や水酸化物も両性で、水には溶けないが、酸や強塩基の水溶液とは反応する。

水酸化アルミニウム $Al(OH)_3$ は制酸剤として胃薬に、カリウムミョウバン $KAl(SO_4)_2・12H_2O$ は、ナスの漬物の色を鮮やかにするためなどに用いられる(アルミニウムイオンが媒染剤となる)。

アルミニウムイオンに神経毒性があること、水道水中のアルミニウムイオン濃度が高い地区のアルツハイマー発症者が多いという疫学データの存在から、アルツハイマー病の原因の一つといわれたことがある。しかし、現在ではその疫学データは信頼性が低いこと、動物実験ではアルミニウムは体内で蓄積しないという結果や、多量摂取者の脳にアルツハイマー病特有の症状が見られないなどから、アルミニウムがアルツハイマー病と関係があるという説は過去のものとなっている。

3 鉄と銅

①遷移元素

遷移元素は、3族から11族に属する元素で、すべて金属元素である。価電子は1〜2個である。鉄や銅など日常生活にかかわりが深いものが多い。遷移元素は次のような特徴を持つ。

(1)同じ周期では、族が変化しても性質の違いが少なく、似ている場合が多い。
(2)典型元素の金属と比べて密度が大きく、融点が高い。

(3) 同じ元素でもいろいろな価数のイオンになる。同じ元素でもいろいろな酸化数をとることができるものが多い。

(4) イオンや化合物には有色のものが多い。

②金属の王者　鉄

金属は、金、銀、銅、そして鉄が古くから知られ、続いて鉛、スズ、より下って亜鉛、さらに近世になってアルミニウムが取り出されるようになった。

チタン Ti などの新しい金属の登場により金属材料の世界は多種多様なものとなったが、やはり主役は鉄鋼であり、これに続くのは、多少影は薄くなったとはいえ銅である。また新しいものとしてはアルミニウムがある。

鉄 Fe は、建築材料から日用品にいたるまで、もっとも広く利用されている金属である。とくに炭素の含有率が 0.04～1.7 %のものを**鋼**といい、強じんで鉄骨やレールなどに用いられている。炭素の含有量が多いほど鋼は硬くなる。用途に応じて炭素含有量を調節する。

鉄がすぐれた性質を持つ**合金**（2種類以上の金属を混ぜ合わせたもの）を作ることも、用途の広さの理由の一つである。人間は鉄の中にさまざまな金属を加えることによって鉄の持つ弱点を補強して、鉄の新しい用途を広げていったのである。たとえば鉄にクロム 18%、ニッケル 8% を混ぜた **18-8 ステンレス** という合金は、さびにくく美しい銀白色の表面を持つので、さまざまな材料に用いられている。

③鉄の冶金

鉄の酸化物には、赤褐色の酸化鉄(Ⅲ) Fe_2O_3（赤さび）、四酸化三鉄 Fe_3O_4（黒さび）などがある。

赤鉄鉱（主成分 Fe_2O_3）などの鉄鉱石を溶鉱炉で還元して鉄を作ることを製鉄という。溶鉱炉の中では Fe_2O_3 は一酸化炭素やコークスによって還元されて金属の鉄になる。

$$Fe_2O_3 + 3CO \longrightarrow 2Fe + 3CO_2$$
$$2Fe_2O_3 + 3C \longrightarrow 4Fe + 3CO_2$$

生成した銑鉄(せんてつ)は炉の底にたまり、不純物はその上にスラグとして浮上する。溶鉱炉から得られる銑鉄は、炭素を多く含んでいてもろい。

銑鉄を転炉に移し酸素を吹き込み、炭素を燃焼させると炭素含有率の低い鋼になる。

④ 銅

銅 Cu の単体は赤みを帯びた軟らかい金属で、熱をよく伝え、電気をよく通す。このために、電線などの電気材料に広く用いられている。銅を空気中で熱すると、黒色の酸化銅(Ⅱ) CuO になる。

硫酸銅(Ⅱ)五水和物 $CuSO_4 \cdot 5H_2O$ は青色の結晶である。これを加熱すると**水和水**を失って白色粉末となり、水を吸収すると再び青色となる。

コラム　錯イオン

硫酸銅(Ⅱ) 五水和物 $CuSO_4 \cdot 5H_2O$ の結晶は水和水を失うと結晶が崩れるだけでなく、青色を失い白色になってしまう。ということは、硫酸銅(Ⅱ)の結晶が青いのは Cu^{2+} のせいではなく、Cu^{2+} と水分子が結合していたからである。

硫酸銅(Ⅱ)の水溶液中では、Cu^{2+} という独立のイオンが6個の H_2O を引き連れて複合したイオンになっている。Fe^{2+}、

Co^{2+}、Ni^{2+} も H_2O と結合してそれぞれが特有の色をしている。このように独立のイオンが分子やイオン（配位子）を引き連れて複合したイオンを錯イオンという。

硫酸銅(Ⅱ)水溶液にアンモニア水を加えてみよう。アンモニア水の中には下のイオン式のように

$$NH_3 + H_2O \rightleftharpoons NH_4^+ + OH^-$$

NH_3、H_2O、NH_4^+、OH^- の4つの分子やイオンがある。

硫酸銅(Ⅱ)水溶液にアンモニア水を過剰に加えると、はじめは $[Cu(H_2O)_6]^{2+}$ という錯イオンだったものが、H_2O が NH_3 で置き換えられていって $[Cu(H_2O)_2(NH_3)_4]^{2+}$ という錯イオンになる。これは4個の NH_3 が正方形平面の四隅にあり、2個の H_2O はその面の上下のかなり遠い位置にある。そこで、この錯イオンを $[Cu(NH_3)_4]^{2+}$（テトラアンミン銅(Ⅱ)イオン　テトラは4を表す）としている。

一般に錯イオンができると水に溶けやすくなり、しかも色が変わることがよくある。例えば塩化コバルト $CoCl_2$ の無水塩は青色だが、湿気を吸うと淡赤色の六水和物 $[CoCl_2 \cdot 4H_2O] \cdot 2H_2O$ になる。このことは、水の存在確認に用いられている（塩化コバルト紙）。

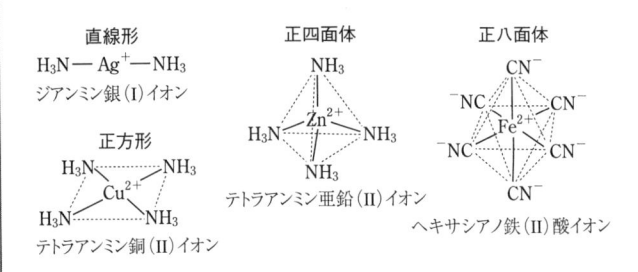

直線形
$H_3N — Ag^+ — NH_3$
ジアンミン銀(Ⅰ)イオン

正方形
$H_3N \diagdown \diagup NH_3$
　　Cu^{2+}
$H_3N \diagup \diagdown NH_3$
テトラアンミン銅(Ⅱ)イオン

正四面体
NH_3
$H_3N — Zn^{2+} — NH_3$
NH_3
テトラアンミン亜鉛(Ⅱ)イオン

正八面体
CN^-
$^-NC \diagdown | \diagup CN^-$
　　Fe^{2+}
$^-NC \diagup | \diagdown CN^-$
CN^-
ヘキサシアノ鉄(Ⅱ)酸イオン

5-2 金属元素の単体と化合物

4 銀、金、白金

銀 Ag の単体は、熱や電気をよく伝える。また、空気中で酸化されにくいので、貴金属として貨幣や装飾品に用いられている。硫黄とは比較的反応しやすく、硫黄とともに加熱したり、硫化水素 H_2S に触れたりすると、黒色の硫化銀 Ag_2S ができる。また、熱濃硫酸や硝酸のような酸化力のある酸には溶ける。

Ag^+ は塩化物イオン Cl^- と反応して塩化銀 AgCl の沈殿を作る。塩化銀など**ハロゲン化銀は光によって分解**し、銀を析出する。塩化銀 AgCl は白色、臭化銀 AgBr は淡黄色、ヨウ化銀 AgI は黄色である。塩化銀、臭化銀、ヨウ化銀の沈殿に光を当てておくと、沈殿はしだいに黒みを帯びてくる。これは、ハロゲン化銀が光によって分解され、銀を遊離するからである。写真はこの原理を応用している。

$$2AgBr \longrightarrow 2Ag + Br_2$$

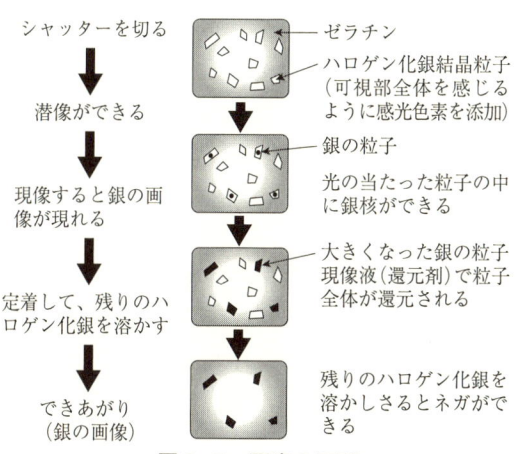

シャッターを切る
↓
潜像ができる
↓
現像すると銀の画像が現れる
↓
定着して、残りのハロゲン化銀を溶かす
↓
できあがり
（銀の画像）

― ゼラチン
― ハロゲン化銀結晶粒子
（可視部全体を感じるように感光色素を添加）

― 銀の粒子
光の当たった粒子の中に銀核ができる

― 大きくなった銀の粒子
現像液（還元剤）で粒子全体が還元される

残りのハロゲン化銀を溶かしさるとネガができる

図5-7 写真の原理

コラム　銀色の丸薬やアラザンの表面は銀？

「仁丹」（商品名）は、銀色をしている。あれは、金属ではないのか。金属光沢をしていたら、金属である可能性は大きい。

そこで、金属の別の特徴である「よく電流を流す」で確かめてみよう。乾電池に豆電球をつなぎ、回路のなかに仁丹を入れる。すると、豆電球はパッとつく。この表面は、金属でできているのである。

それならば、何という金属からできているのか。20個ぐらいの仁丹をお湯の中に入れる。中身が溶け出し、周りを包んでいた銀色物質の薄い殻が残る。この殻を、濃硝酸で溶かす。そこへ塩化ナトリウム水溶液などCl^-（塩化物イオン）を含んでいる水溶液を、ほんのちょっとずつたらす。すると、液が白く濁る。

塩化物イオンによって白色沈殿を生じるのは、Ag^+（銀イオン）、Pb^{2+}（鉛イオン）、Hg_2^{2+}（水銀（Ⅰ）イオン）である。表面の金属は硝酸で溶かされてイオンになっている。この中に、その正体があるはずである。

表面の金属は、簡単にくもらないことからみて鉛ではないだろう。また、固体なので水銀ではないだろう。鉛イオンや水銀（Ⅰ）イオンは体内に入るとよくないということも合わせて考えると、これは銀であろう。

実際、1粒の仁丹の表面には、0.0001gの銀が、数万分の1mmという驚くべき薄さで貼りつけられている。これは、見栄えをよくするためである。仁丹以外にも、銀は小児専門薬、洋菓子のデコレーション用銀粒などに使われる。また、インドでは300年以上も昔から宮廷料理に銀箔が使われている。今でも本格的な宴会には、銀箔にいろどられた料理が出される。

［金］金 Au は、**展性、延性ともに極めて大きく**、通常の金箔で厚さ 0.0001 mm となり、また 1g の金を約 3000m の針金にすることができる。電気、熱の良導体で、銀、銅に次ぐ。空気中、水中で極めて安定で、色調を変えることがなく、また酸化剤によっても酸化されず、酸や塩基にも溶けない。しかし王水には溶けてクロロ金酸になる。

かつては多くの国で貨幣の基準として用いられた特別な金属で、ほかに主として工芸品、装飾品などに、また歯科医療、万年筆のペン先、ガラスや陶磁器の着色剤、電子工業用などに使われる。純金のままでは軟らかすぎるので、普通は銅、銀および白金族元素などとの合金として用いる。合金としての品位は、カラット K で表す。カラットは純金を 24K とし、例えば金貨は 21.6K（金 90%）、装身具 18K（金 75%）、金ペン 14K（金約 58.3%）などである。

［白金］白金 Pt は、プラチナとも言う。空気や水分に対して極めて安定で、高温に熱しても変化せず、酸・アルカリにも強い。ただし王水には徐々に溶ける。細粉状または白金海綿（石綿に白金の微粒子を付着させたもの）として酸化、還元の触媒に用いられる。白金抵抗温度計、実験用るつぼ、電気接点材料、点火プラグ、電極、装飾用など多様の用途がある。

［**貴金属**］化学的にみてイオンになりにくい、酸および酸化剤に侵されない金属を貴金属と言い、金 Au、白金 Pt、ルテニウム Ru、ロジウム Rh、オスミウム Os、イリジウム Ir などがある。通常銀 Ag も含める。

コラム　合金

合金とは、2 種類以上の金属を混ぜ合わせたものの総称。金属のほかにも、炭素、ケイ素、ホウ素などの非金属を混ぜる場

合もある。

　合金にすることで、もとの金属の特性を活かしながら、その特性を改良したり、新しい特性を持った材料を作り出したりすることができる。私たちの身の回りに使われている金属製品は純粋な金属は少なく、ほとんどは合金である。

名称	成分	特徴(利用例)
ステンレス鋼	Fe-Cr-Ni	さびにくく、硬い(台所用品)
黄銅(しんちゅう)	Cu-Zn	じょうぶで美しい(装飾品)
青銅(ブロンズ)	Cu-Sn	硬くてさびにくい(銅像、銅貨)
白銅	Cu-Ni	さびにくい(硬貨、湯わかし器)
ジュラルミン	Al-Cu-Mn-Mg	軽くてじょうぶ(航空機体)
はんだ合金	Sn-Pb	融点が低い(はんだづけ)
ニクロム	Ni-Cr	電気抵抗が大きい(電熱器)
アルニコ磁性体	Al-Ni-Co	磁力が強い(永久磁石)
形状記憶合金	Ni-Ti	変形してももとの形にもどる

5 水俣病とイタイイタイ病——水銀、カドミウム

　[金属水銀]　常温で液体の金属は水銀だけである。銀色の液体で表面張力が大きいので、こぼすと球状になる。いろいろな金属を溶かして水銀の合金(**アマルガム**)を作る性質がある。虫歯の治療で歯に詰めるアマルガムは水銀と銀、水銀とスズなどの合金が使われる。

　古代の金めっきは、金を水銀に溶かしたアマルガムを青銅の仏像などに塗った後、加熱して水銀だけを蒸発させ、後に金を残す方法がとられた。奈良の大仏もかつては金色に燦然と輝いていたという。この方法は大量の水銀蒸気を大気中に放出する

ので、現代であれば典型的な公害問題になったことだろう。なお、現代でも南米・アマゾン川流域では、採掘した金を水銀でアマルガムにして精製していることによる水銀汚染が問題になっている。

金属水銀は蛍光灯、温度計、気圧計などに使われている。

液体の水銀は、空気中に放置すると蒸気としてわずかずつ拡散する。これをわずかずつでも長期間吸入すると、中毒症状を呈する。

[**無機水銀**] 金属水銀および水銀の無機化合物を無機水銀という。無機水銀としては硫化水銀(Ⅱ)HgS（硫化第二水銀）が、昔から赤色顔料として、朱塗りの神社仏閣、漆器、朱墨、朱肉などに使われていた。

塩素と水銀の化合物は、塩化水銀(Ⅰ)Hg_2Cl_2〈甘汞〉と塩化水銀(Ⅱ)$HgCl_2$〈昇汞〉がある。後者は猛毒である。

[**有機水銀**] 水俣病は、熊本県下の水俣湾周辺地域と新潟県下の阿賀野川下流地域とに再度にわたって発生した有機水銀中毒で、わが国の代表的な公害病の一つである。

その原因がチッソ水俣工場や昭和電工鹿瀬工場からのメチル水銀を含んだ廃液だった。無処理で排出されたメチル水銀を含む廃液が プランクトン→小魚→中型魚→大型魚→人間 というように、水中の諸生物間の食物連鎖を経由することによって魚貝類へ高度に濃縮され、その有毒化魚貝を反復大量に摂取した人々のなかから罹患者が出た。

脳の血管には一つの関門がある。この関門は、油に溶けやすい性質を持った物質はよく通すが、水に溶けやすい性質を持った物質、とくにイオンになっているものを通さないという性質がある。メチル水銀はこの関門を通過しやすい性質のため、関門を通過して脳に蓄積された。また胎盤を通過して胎児にも蓄

積し、胎児性水俣病を引き起こした。

[カドミウム] カドミウム Cd は、顔料やニッケル・カドミウム電池などに使われている。カドミウム化合物やカドミウム蒸気は有毒であるから、吸入しないようにしなければならない。しかも微量ずつでも体内に蓄積するので、注意しなければならない。富山県神通川流域および群馬県安中市でのイタイイタイ病は、亜鉛製錬工場などから排出されたカドミウムの汚染によって生じた。

イタイイタイ病とは、カドミウムの慢性中毒により腎臓障害を生じ、次いで骨軟化症をきたして骨折をするものである。背骨などの骨折で身体が小さくなってしまうとともに内臓が圧迫され、わずかの身体の動きでも全身が非常に痛むので、「イタイイタイ」の病名がついた。

わが国の公害の歴史で**四大公害**と言われたのが、水俣病、新潟水俣病（水銀）、イタイイタイ病（カドミウム）、四日市喘息（硫黄酸化物）であった。公害反対運動の高まりの中、政府は公害対策基本法制定（1967年）、環境庁設置（1971年）を行い、1993年には環境基本法を制定した。

[答え] 問い1／水酸化ナトリウム　水酸化カリウム　水酸化カルシウム、問い2／②、問い3／鉄、問い4／①

第6章
有機化合物

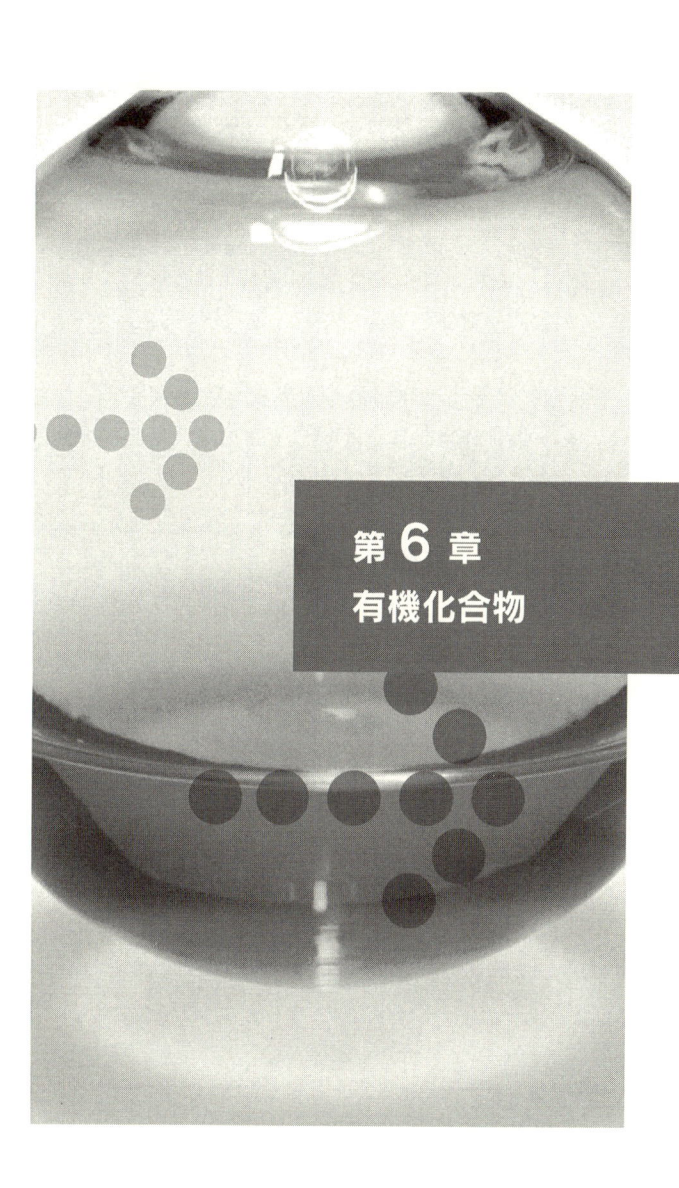

6-1 有機化合物とはどんな化合物だろう

> **問い1** 次の中で有機化合物はどれだろうか?
> 食塩(塩化ナトリウム) 食用油 砂糖(ショ糖)
>
> **問い2** 有機化合物に必ず含まれる元素はどれ?
> 炭素のみ 炭素と水素 炭素、水素、酸素、窒素
>
> **問い3** 一般的に有機化合物が共通に持つ性質は?
> 水に沈む 気体は空気より軽い 加熱するととろける(融解する)、燃える、すすが出る

1 有機化合物(有機物)とは

　私たちの身の回りにはいろいろな物質がある。水に溶けやすいもの、溶けにくいもの。室温で液体のもの、気体のもの。よい香りのするもの、しないものなどなど。

　ここでは、身の回りのものとして、キッチン(台所)にある物質を例として、**燃えやすいもの**と**燃えにくいもの**とに分けて、それらの特徴を比較してみよう。

　まずは、調理器具である鍋、フライパン、ガスコンロなどは、いずれも燃えない。ところが、肉などを焼くときにフライパンにひく「油」は燃えるものだ。また、肉自身も燃やせば燃えてしまう。そのほかに野菜やご飯など、いわゆる食材は、加熱し続けると焦げるし、やはり、燃えてしまう。砂糖も加熱していくと焦げてカラメルシロップができる。また、雑巾や手ぬぐいなどの繊維も可燃性である。キッチン自体も、鉄筋コンクリート造りであれば燃えないが、木造だと燃えてしまう。

6-1 有機化合物とはどんな化合物だろう

いくつか例をあげた中で、燃えやすいものはすべてが焦げるような性質を持っていて、また、基本的に生物が作り出したものである。ちょっと乱暴な言い方かもしれないが、身の回りの物質を**燃えるもの**と**燃えないもの**とに分けることは、化学において、物質を**有機物**（有機化合物）と**無機物**という分け方で分けるときと似ている。

有機化合物の「有機」という言葉には、もともと「生きている、あるいは生活する機能を備えている」という意味がある。事実、19世紀前半までは、生物が作り出した物質（あるいは生命の力を借りて作られた物質）が有機化合物であり、無機物は生物の力がなくても作られる物質と分けられていた。

ところが、19世紀前半に、生命の力を利用しないで無機物から有機化合物を合成できることがわかり、その後、無機物と有機化合物との間に大きな隔たりがないことがわかってきた。しかし、有機化合物と無機物にはそれぞれに共通の特徴があり、今でも分けて考えた方が理解しやすい。

❷有機化合物の定義

生物が作り出す物質といえば、三大栄養素としても知られている、**炭水化物、タンパク質、油脂**（**脂肪**）が最も有名である。これらは、いずれも燃えたり焦げたりする物質で、有機化合物として全く疑う余地はない。

そのほかに燃えやすい物質の代表例として、都市ガスのメタン CH_4 や使い捨てライターの燃料として利用されているブタン C_4H_{10} などがある。また、熱に弱いプラスチック（合成樹脂）も実はよく燃える物質で、有機化合物に分類されている。これらの物質は一見生物とは結びつきにくいように思えるが、いずれも**石油や石炭に由来する物質**である。メタンは天然ガスの主

成分であり、石油（原油）に溶け込んでいる物質だ。また、合成樹脂は石油や石炭（おもに石炭）から作られる。

石油・石炭は生物の死骸が土の中で長年かけて変化してできてきたものと考えられているので、これらも生物由来と言える。しかし、生物に関係しなくても有機化合物を合成できるので、別の観点から「有機化合物」を定義する必要がでてくる。

現在では、その物質を構成する元素に注目し、有機化合物は**分子内に炭素を含んでいる化合物**と定義されている。

ただし、炭素を含んでいても、ダイヤモンドや黒鉛（グラファイト）、二酸化炭素 CO_2、一酸化炭素 CO、シアン化水素（青酸）HCN、炭酸塩（炭酸カルシウム $CaCO_3$ など）は、有機化合物には含めていない。

もう少し具体的にいうと、**炭素骨格に水素原子が結合した炭化水素 C_mH_n** という物質が基本となる化合物で、物質によってはさらに、酸素や窒素、リン、硫黄、ハロゲンなどの元素が結合している。

3 有機化合物の特徴

①構成元素

有機化合物の種類はとても多いが、その構成元素の種類は明らかに少ない。必ず含まれる元素が炭素 C、さらに水素 H、酸素 O、窒素 N を中心に、硫黄 S、リン P、ハロゲン F、Cl、Br、I などが加わることもあるが、全部で十数種程度である。それに対し、無機物（無機化合物）は約 110 種すべての元素が構成要素となる。

ところが、化合物の種類を数えると、元素の種類とは逆に有機化合物の方がはるかに多く優に 1000 万種を超えている。しかし、無機化合物は数十万種程度しか存在しない。構成元素の

6-1 有機化合物とはどんな化合物だろう

少ない有機化合物の方が、化合物の種類が多くなるのは、炭素原子の独特の性質による。

炭素原子には、いわゆる結合の手（価標）が4本あり、いろいろな原子と結合することができる。また、それ以上に重要なことが、多数の炭素原子が連続して結合できるということだ。すなわち、炭素と水素だけからなる炭化水素では、炭素原子が1つだけのメタンCH_4、2つのエタンC_2H_6、3つのプロパンC_3H_8…、炭素原子が10のデカン$C_{10}H_{22}$…と、そして、ポリエチレンなどの高分子化合物には、1万個をはるかに超える数の炭素原子が連続的に結合しているものもある。

また、C_4H_{10}で表されるブタンには、同じ化学式で表されるが、構造や性質が異なる物質であるイソブタン$(CH_3)_3CH$という物質も存在する（図6-7参照）。このような、化学式が同じだが構造が異なる物質を**異性体**という（詳細は6-2）。このような、異性体の存在も考えあわせると、いくらでもいろいろな炭化水素が作れそうに思えてくる。

また、炭素原子間には、二重結合や三重結合も作ることができる。例えば、炭素原子2個からなる炭化水素には、エタン

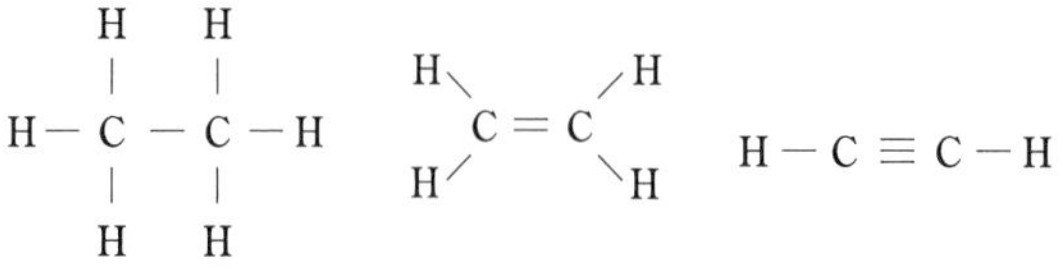

CH_3-CH_3　　　$CH_2=CH_2$　　　$CH\equiv CH$

エタン　　　　　エチレン　　　　アセチレン

図6-1　炭素原子2個の炭化水素

C_2H_6（単結合）の他に、エチレン C_2H_4（二重結合）、アセチレン C_2H_2（三重結合）の3種が存在する。これは、結合の種類の差による。

結合の種類が多かったり、連続で結合できたりと多様な結合を作ることができる炭素原子が基本的な骨格になっているので、多種類の有機化合物が存在するのである。

②有機化合物の一般的な性質

比較的身近な存在の炭化水素として、使い捨てライターの燃料であるブタン（C_4H_{10}、分子量58）がある。また、生きていく上で必要不可欠な物質の一つである食塩（塩化ナトリウム NaCl）は、式量がブタンとほぼ同じ58.5の無機化合物である。両者を比較しながら、有機化合物と無機化合物の性質の違いを考えていくことにしよう。

高圧下で液体になっているブタンが、0℃以上でガスライターから外に出てくると気体になり（沸点はおよそ0℃）、火をつけると燃える。なお、ブタンの融点は約 −140℃であり、かなり温度を下げなければ固体にならない。

つぎに食塩について考えてみよう。食塩をスプーンにとり、ガスバーナーで強熱するとやがて融ける（融点約800℃）。しかし食塩が燃えることはない。このことから、食塩が不燃性であると同時に、融点が高いこともわかる。

ここで、有機化合物と無機化合物の主な二つの特徴の差を述べたことになる。一つ目は**有機化合物は燃焼しやすく、無機化合物は燃焼しにくい**ということだ。このことに関しては■でも述べた。

二つ目の特徴は、融点と沸点の違いである。一般に、固体から液体へ、液体から気体への変化は、有機化合物の方がより低

6-1 有機化合物とはどんな化合物だろう

い温度で起こる。それは、**ほとんどの有機化合物は分子でできていて、分子間力が比較的弱いからである**。

それに対し、無機化合物は多数のイオンが**イオン結合**という強い結合で結びついた巨大分子のような構造をしているものが多い。それらの粒子どうしを引き離すには大量のエネルギーが必要となり、そのため無機化合物の沸点・融点が高くなる。

さらに、ブタンは水に溶けないが、石油、油、エーテルなどにはよく溶ける。反対に食塩は水には大変溶けやすいが、油などにはほとんど溶けない。これらが、三つ目の特徴である。

性質	有機化合物	無機化合物
構成元素	C, H, N, O, P, S など	すべての元素
化合物の種類	1000万種以上	数十万種
熱に対する安定性	不安定、分解しやすい	安定
融点	低い	高い
比重	一般に水より軽い	一般に水より重い
溶解性	有機溶媒に溶けやすい	一般に水に溶けやすい
反応速度	遅い	速い

有機化合物と無機化合物の性質の比較

また、**液体の有機化合物の大半は比重が1より小さく、水に浮く**。水面に油を1滴落としたとき、油が浮いている様子を見たことがあるだろう。それに対し、**ほとんどの無機化合物は水より重いので、水に沈んでしまう**。

その他、有機化合物と無機化合物で起こる化学反応の様子も異なってくる。一般に有機化合物で起こる反応の方が反応速度が遅く、また複雑な機構（メカニズム）を取ることが多くなる。

4 有機化合物の構造と分類

①骨組みを作る炭化水素と性質を決める官能基

　アルコールランプの燃料にも利用されているメタノール（CH_3OH、メチルアルコール）と、エタノール（C_2H_5OH、エチルアルコール）は性質が似ている。メタノールもエタノールも**水より軽い無色の液体であり、共によく燃える**。また、両者とも金属のナトリウムを反応させると水素が発生するし、水にとてもよく溶ける。**名前が似ているのが気になっている人もいるかもしれない。これも意外と重要で、有機化合物は系統的な名称の付け方（命名法）が決められており、似た物質には似た名称が付けられる**（詳細は6-2　283ページのコラムおよび 3 参照）。

　ちょっと唐突だが、プロパノール C_3H_7OH という有機化合物が意外と身近なところで利用されている。さて、プロパノールがどのような性質を持っていて、それがどのような用途で利用されているのだろうか。自分なりに予想（推察）してみてもらいたい。

　有機化学をあまり学習していなくても、直前の文章を読んだだけで、プロパノールも、メタノールやエタノールと似たような性質を持っているのではないだろうかと、考えた人が多いと思う。化学式を比べると、3種とも OH という共通した部分が存在している。

　有機化学をある程度学習した人も、同じように推察する。有機化合物の性質を予想するには、炭素（炭化水素）の並び方（**基本骨格**）と、それに結びついている**官能基**という原子団の種類（例えばアルコールでは OH という官能基）に注目するのが有機化合物の特徴を素早く見抜くコツになる。

有機化合物を学ぶうえで官能基は非常に大切であるから、もう少し詳しく説明しよう。

現在、有機化合物の数は1000万以上と言われるが、その性質（反応の仕方）によっていくつかのグループに分類される。同じグループに属する化合物が示す共通の反応性の原因となる原子団が官能基というわけだ。

そこでこの二つのコツ、すなわち基本骨格と官能基について、少し詳しく学習しよう。

言いそびれてしまったが、プロパノール（正確には 2-プロパノール）はエタノールと同様消毒作用があり、予防注射の際などのアルコール消毒として利用されることがある（コラム参照）。

コラム　消毒用アルコールとは

注射をする時に皮膚を消毒しないでそのまま針を刺すと、その針があけた小さい穴から雑菌が体内に直接入り込み、感染症を起こすことがある。そこで、注射などをする前には、必ず消毒を行う。

消毒用アルコールとして市販されているものは、エタノール C_2H_5OH の濃度が80％の水溶液だ。これを脱脂綿などにとり、皮膚に薄く塗ると、皮膚に付着している細菌の細胞膜や細胞壁が作用を受けて菌が死ぬ。なお、一部のウイルスなどには効果が弱い。また、エタノール濃度が60〜95％でもほぼ同等の殺菌効果を示すことが知られている。

近年、子供などを中心に消毒用アルコールとして、エタノールの代わりに 2-プロパノール C_3H_7OH が用いられることが多くなってきた。というのは、少量のエタノールで酔っぱらったようになったり、あるいは、エタノールを塗った部分がアレル

ギー的な症状を起こすことがあるからである。なお、プロパノールの方がウイルスを殺菌消毒する力が弱いことが知られているが、細菌に対する殺菌力はほぼエタノールと同等である。

②炭化水素の分類

有機化合物は、**炭化水素を基本骨格に、そこに官能基が結合したものと考える**といろいろな特徴がわかってくる。ここでは、炭化水素の分類を解説しよう。図6-3に、炭化水素の分類を示した。

まずは、環状構造を持たない鎖式炭化水素と、炭素原子同士が結びついて環状構造になる環式炭化水素とに分類される。

鎖式炭化水素は、二重結合や三重結合を持たない**飽和炭化水素**と、それらを持つ**不飽和炭化水素**に分類される。飽和と不飽和の違いは、結合している水素の差でも知ることができる。水素がこれ以上結合できない飽和状態の炭化水素（CH_3-CH_3エタンなど）を飽和炭化水素という。それに対し、**二重結合や三重結合（不飽和結合という）を持つ炭化水素を不飽和炭化水素**という。不飽和という名前は、二重結合や三重結合の部分にまだ水素が結合できるという意味である。図6-4にあるように、アセチレンC_2H_2に水素原子が2個結合すればエチレンC_2H_4になり、さらに2個結合すれば飽和炭化水素のエタンC_2H_6になる。

このとき、アセチレンからエチレンへ、エチレンからエタンへと不飽和結合が一つずつ開きながら、あたかも分子が追加（付加）されるような反応が起こっている。このように不飽和結合に分子が結びつく反応を**付加反応**と呼んでいる。

環式炭化水素は、**芳香族炭化水素**と**脂環式炭化水素**に分類される。芳香族炭化水素とは、6つの炭素原子が環状構造を作り、

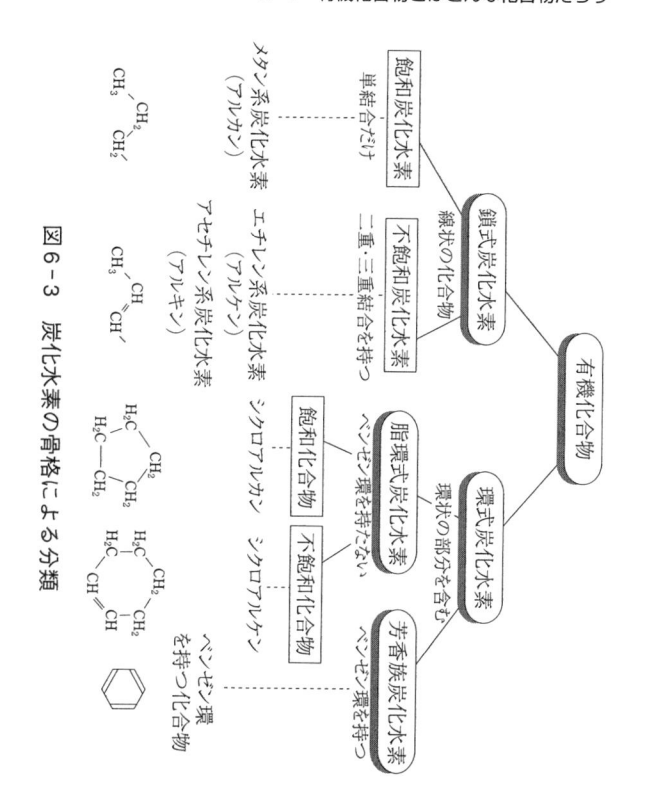

6-1 有機化合物とはどんな化合物だろう

図6-3 炭化水素の骨格による分類

1つおきに二重結合が存在するように書き表す環状構造の**ベンゼン環**（芳香族環）を持っている炭化水素のことを言う。この構造は、他の炭化水素とは異なった特別な性質を持っているため、特別な名称で呼ばれている。化学の象徴的な用語でもある「**亀の甲**」というのは、このベンゼン環のことである（詳細は6-3で解説）。

ベンゼン環を持たない環式炭化水素は脂環式炭化水素と呼ばれている。

273

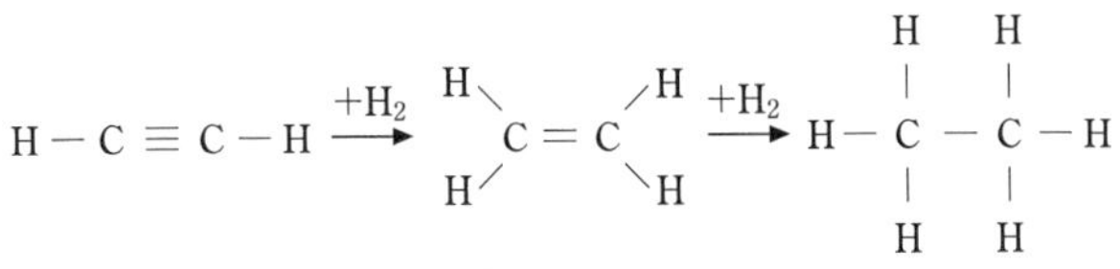

$$H-C\equiv C-H \xrightarrow{+H_2} \begin{array}{c}H\\ \diagdown\end{array}C=C\begin{array}{c}\diagup H\\ \end{array} \xrightarrow{+H_2} H-\underset{\underset{H}{|}}{\overset{\overset{H}{|}}{C}}-\underset{\underset{H}{|}}{\overset{\overset{H}{|}}{C}}-H$$

アセチレン　　　　　　エチレン　　　　　　　エタン

図6-4　付加反応の例

③官能基による分類

4-①に出てきたOHは、アルコールという物質に共通に存在する構造で、**ヒドロキシ基**（以前はヒドロキシル基）と呼ばれている。このヒドロキシ基のように、有機化合物の中で、主に化学的な反応性などを決める原子団（原子の集合体）を**官能基**という。「官能基」という言葉は一見わかりにくい用語だが、その英語名が functional group であり、読んで字のごとく、有機化合物の**機能的な性質（化学反応性）を決める**ような原子団を示している。

有機化合物が多種多様存在するのは、官能基の種類が豊富だからともいえる。例えば、酸性の性質を表す**カルボキシ基**（-COOH：以前はカルボキシル基）、塩基性（アルカリ性）の性質を表す**アミノ基**（$-NH_2$）、中性を示しながらも反応性に富む**カルボニル基**（$>C=O$）などが知られている（図6-5参照）。

なお、例えばカルボン酸（カルボキシ基-COOHを持つ有機化合物）を一般式としてRCOOHと表現することがある。R（**アルキル基**）には H，CH_3，C_2H_5，…，C_nH_{2n+1} などが入る。

具体的に官能基が結合した有機化合物の特徴は、この後詳しく述べる。

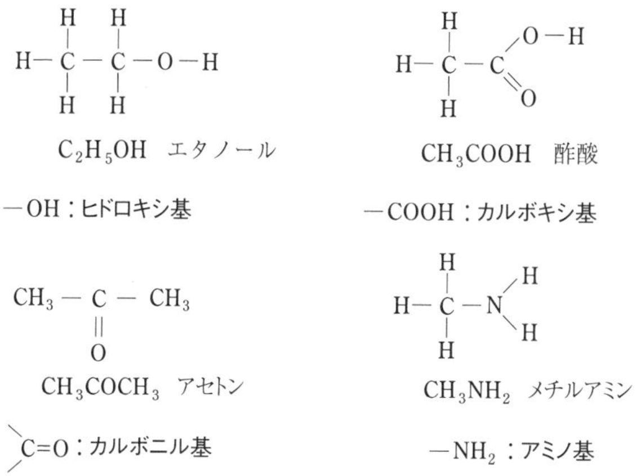

$$H-\underset{\underset{H}{|}}{\overset{\overset{H}{|}}{C}}-\underset{\underset{H}{|}}{\overset{\overset{H}{|}}{C}}-O-H$$

C$_2$H$_5$OH　エタノール

－OH：ヒドロキシ基

$$H-\underset{\underset{H}{|}}{\overset{\overset{H}{|}}{C}}-\overset{\overset{O-H}{\diagup}}{\underset{\underset{O}{\diagdown}}{C}}$$

CH$_3$COOH　酢酸

－COOH：カルボキシ基

$$CH_3-\underset{\underset{O}{\|}}{C}-CH_3$$

CH$_3$COCH$_3$　アセトン

$\diagdown$C=O：カルボニル基

$$H-\underset{\underset{H}{|}}{\overset{\overset{H}{|}}{C}}-N\overset{\diagup H}{\underset{\diagdown H}{}}$$

CH$_3$NH$_2$　メチルアミン

－NH$_2$：アミノ基

図6-5　主な官能基を持つ有機化合物

［答え］　問い1／食用油　砂糖、問い2／炭素のみ、問い3／加熱するととろける、燃える、すすが出る

6-2 脂肪族炭化水素

問い1　家庭で使う都市ガスとプロパンガス、重たいのはどちら？

問い2　次の化合物のうち、脂肪族炭化水素でないのはどれ？
1-ブテン　1,3-ブダジエン　ベンゼン

◼️有機化学の基本——鎖状の飽和炭化水素、メタン系炭化水素（アルカン）

①身近にあるメタン系炭化水素(アルカン)と基本的な特徴

お湯を沸かしたり、調理などに利用する燃料用のガス（都市ガス、プロパンガス）は、私たちの生活に欠かせないものの一つになっている。このガスの主成分は、都市ガスはメタンCH_4、プロパンガスはプロパンC_3H_8である。これらの構造と性質を検討しよう。

メタンは、1つの炭素原子に水素原子が4つ結合した、CH_4で表される常温で気体の物質である。プロパンは炭素原子が3つ結合し、各炭素原子の残りの結合手（**価標**）には合計で8個の水素原子が結合している。

メタンCH_4、エタンC_2H_6、プロパンC_3H_8の3種類が、簡単な飽和炭化水素の**メタン系炭化水素（アルカン）**である（図6-6）。

飽和炭化水素（メタンもプロパンも）は、酸素が存在するときにマッチの火など火種があると点火してよく燃焼する。また、

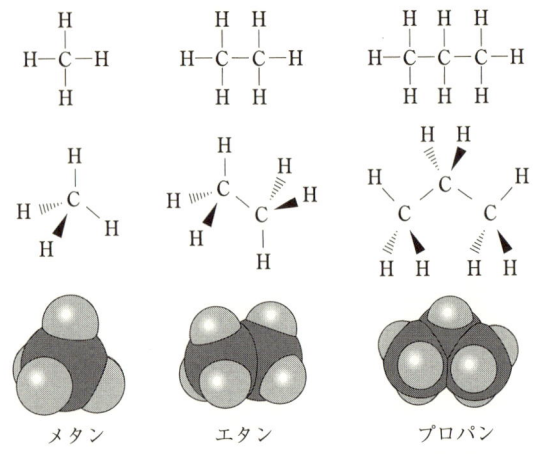

図6-6 メタン、エタン、プロパンの構造式
▲は紙面に対して手前、▲≡は奥を表す

場合によっては爆発を起こすこともある。

　ガス管から燃料ガスが漏れ、静電気などの火花で爆発を招くことがある。そこで、ガス漏れ警報器が設置されることが多い。ガス漏れ警報器の位置から、そこで利用しているガスが都市ガスなのかプロパンガスなのかがわかる。

　というのは、都市ガスの主成分のメタンの分子量は16であり、プロパンの分子量は44である。空気は、窒素と酸素が約4：1で混合したもので、その平均分子量は約28.8となる。だから、空気より軽いメタンが室内で溜まるなら上から溜まり、プロパンなら下から溜まっていくことになる。そこで、ガス漏れ警報器が上の方に設置されているところは都市ガス、下の方に設置されているところはプロパンガスであることがわかる。

②メタン系炭化水素（アルカン）の構造と構造異性体

　メタンの実際の構造は、2章でも述べたように、正四面体構造になっている。

　枝分かれのないメタン系炭化水素（アルカン）は H−$(CH_2)_n$−H のように表すことができる。いわば、直鎖状の炭化水素は n 個の −CH_2− という構造が連続的に結合し、その両端に H が2個結合した構造と考えればよい。すると、メタン系炭化水素（アルカン）の一般の分子式が C_nH_{2n+2} と表される理由がわかってくるであろう（n は炭素の数）。

　次に炭素数が4の飽和炭化水素であるブタン C_4H_{10} の構造について考えてみよう。まず、図6-7の [a] と [b] を比較してみると、4つの炭素原子が直線状に結合したものと、枝分かれして結合したものの2つが考えられる。これらは、共に炭素数が4（$n = 4$）で水素原子が10個であり、分子式は C_4H_{10} と表される。このように、同じ化学式で表されても、分子の構造

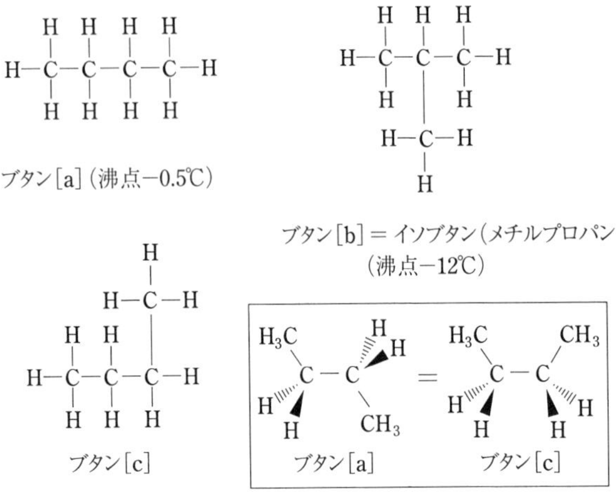

図 6-7 　C₄H₁₀の2種類の化合物

や性質が異なる物質を**異性体**という。ここに示した異性体は、構造式が異なるものなので、**構造異性体**と呼ばれている。

これまでは、C 1個分の Y 字形の枝分かれがあるものについては「イソ」を付けて表すのが慣例だった。イソブタンはブタンと同じ分子式だが、構造に C 1個分の枝分かれがある。

次に、下の構造式［c］はどうだろうか。炭素原子の並び方に注目すると、一見枝分かれしているように見えるが、4つの炭素原子は図では折れ曲がってはいるものの直鎖状に結合していることがわかる。これは、構造式［a］の左から3番目と4番目の炭素原子どうしの結合軸が分子内部で回転しただけであり、構造式［a］と同じ物質である。単に構造式を書き表すときに生じた一つの変形と見なせばよい。

つぎに、炭素数が5のペンタンを考えてみよう。これには3種の異性体がある。水素原子 H を省略して表すと図6-8のよ

うになる。沸点を比較すると、直鎖状のペンタンでは常温で液体であり、ジメチルプロパンは常温で気体になることがわかる。これは、同じ分子式でも、性質が異なる異性体であることを示している。

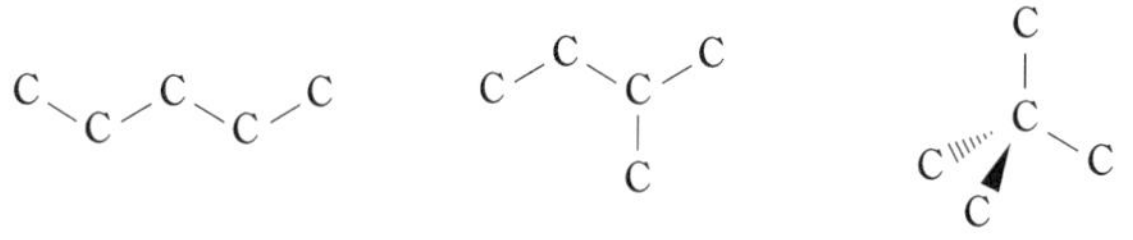

```
C-C-C-C-C          C-C-C-C           C
                       |            C-C-C
                       C              |
                                      C

  ペンタン           イソペンタン        ネオペンタン
                   (メチルブタン)      (ジメチルプロパン)

 (沸点36℃)          (沸点28℃)          (沸点10℃)
```

図6-8　C_5H_{12}の3種類の化合物の骨格

炭素数が多くなるとメタン系炭化水素（アルカン）の異性体の数も増えていく。ヘキサン C_6H_{14} は5種、ヘプタン C_7H_{16} は9種、$C_{10}H_{22}$（デカン）には75種、$C_{20}H_{42}$（イコサン）ではおよそ36万種、$C_{30}H_{62}$（トリアコンタン）ではおよそ41億種と、炭素数が増えるにしたがって急激にその異性体（構造異性体）の数が増えていく。

【練習】ヘキサン C_6H_{14} にはどんな異性体があるか。紙に書き出してみよう。

解答は282ページ

③その他の燃料

一般に、メタン系炭化水素（アルカン）は炭素数が増すにつれて融点・沸点が高くなる（分子が大きくなり重くなるほど引力が大きくなるので）。炭素数5のペンタンから16のヘキサデ

カン（$C_{16}H_{34}$:融点18℃）前後くらいまでが室温で液体であり、17以上炭素を含む直鎖状のメタン系炭化水素は固体になる。

液体のメタン系炭化水素として、最も身近に利用されているものの一つに、自動車などの燃料に使うガソリンがある。

ガソリンの成分としてはオクタン C_8H_{18} が知られている。一般に炭素の結合に枝分かれが多い燃料ほどエンジンのノッキング（低速でガクガクする現象）が起こりにくく、より高性能のガソリンと考えられている。オクタンには18種類の構造異性体があるが、その中でイソオクタン（2, 2, 4-トリメチルペンタン）が、ガソリンの性能を示す「オクタン価=100」の基準ガソリンになっている。

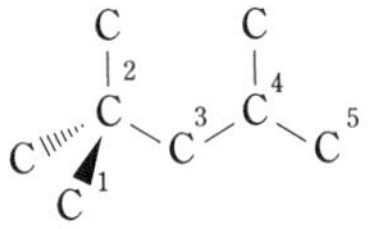

図6-9 イソオクタンの骨格（2, 2, 4-トリメチルペンタン）

ガソリン（イソオクタンとして）の燃焼の反応式を書いてみると次のようになる。

$$2\,C_8H_{18} + 25\,O_2 \longrightarrow 16\,CO_2 + 18\,H_2O$$

1molのイソオクタンからその8倍もの二酸化炭素が生じることがわかる。この反応式から計算すると、ガソリン1L（約700g）を完全燃焼させると、おおよそ2kgの二酸化炭素ができてくることになる。地球環境を守るには二酸化炭素の排出量の削減も重要である。自動車の使用を控えることも、有効な対策法の一つであると考えられる。

長鎖のメタン系炭化水素は**パラフィン**とも呼ばれ、炭素数が

およそ20以上のパラフィンは、パラフィンろうとしてろうそくに使われている。このパラフィン paraffin の語源は、ラテン語の parum（ほとんど〜でない）+ affinis（連結する）から来ており、元々反応性が乏しいことを意味している。これは、メタン系炭化水素（アルカン）が、燃焼以外にはあまり反応を起こさないということを的確に表したものと言える。

コラム　分子間力の大小と融点の上下（もう少し詳しく）

図6-8に示したペンタンの3種の異性体は、同じ種類、同じ数の原子からできた分子なのに、融点・沸点が異なっている。融点・沸点の高低は何で決まるのだろうか？

同じ炭素数のメタン系炭化水素（アルカン）を比較すると、より直鎖に近いものの方が沸点が高くなる傾向にある。C_5H_{12} の3種でも直鎖状のペンタンの方がネオペンタンに比べ沸点がおよそ26℃高くなっている。この差は、分子全体の表面積と関係があると考えられている。

同じ種類の分子であれば、表面積が大きいほど分子間に働く引力（分子間力）が強くなる傾向がある。分子間力が大きくなればなるほど、分子どうしを引き離すためにより大量のエネルギーが必要となる。そのエネルギーは通常、温度を上げることにより得る熱エネルギーから受け取っている。そのため、融点・沸点が高くなるのである。

一般に分子間力が大きい物質の方が、融点・沸点が高くなる。

【練習の解答】ヘキサンの異性体

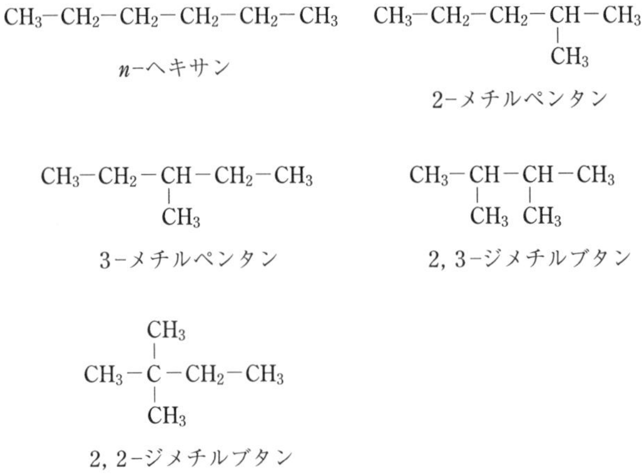

$CH_3-CH_2-CH_2-CH_2-CH_2-CH_3$

n-ヘキサン

$CH_3-CH_2-CH_2-CH-CH_3$
             $|$
             CH_3

2-メチルペンタン

$CH_3-CH_2-CH-CH_2-CH_3$
           $|$
           CH_3

3-メチルペンタン

$CH_3-CH-CH-CH_3$
      $|$ $|$
      CH_3 CH_3

2,3-ジメチルブタン

CH_3
$|$
$CH_3-C-CH_2-CH_3$
$|$
CH_3

2,2-ジメチルブタン

図6-10　ヘキサン（C_6H_{14}）の異性体5種

2 鎖状の不飽和炭化水素、エチレン系炭化水素（アルケン）とアセチレン系炭化水素（アルキン）

①不飽和炭化水素とは

　青いバナナと成熟したリンゴをいっしょの袋に入れて密閉しておくと、リンゴがなかった場合に比べ早くバナナが成熟する。これは、リンゴが放つエチレン $CH_2=CH_2$ の作用であるということが知られている。エチレンは分子としては大変小さいが、果実の成熟促進の他に、落葉を促進させるなど、植物に対して作用を示す植物ホルモンの一つである。

　エチレンは、図6-1で示したように2つの炭素を持ち、分子内に二重結合を持っている。分子内に**二重結合**や**三重結合**といった不飽和結合を持つ炭化水素を**不飽和炭化水素**と言う。

また、エチレンは有機化学工業の製品（中間原料）として最も多く製造されているエチレン系炭化水素（アルケン）で、ポリエチレンなど私たちにもなじみ深い製品に形を変えて利用されている。

分子内に三重結合を持つアセチレン $CH \equiv CH$ もよく知られている。例えば、アセチレンに塩化水素を反応させて合成する塩化ビニルは、水道ホースなどのビニルホースの原料になる。

このように、不飽和炭化水素は飽和炭化水素と異なり、比較的化学反応を起こしやすい物質として知られている。

二重結合を持つものは**エチレン系炭化水素（アルケン）**、**三重結合**を持つものは**アセチレン系炭化水素（アルキン）**と呼ばれている。

コラム　有機化合物の名称

不飽和炭化水素は、二重結合を持つエチレン系炭化水素（アルケン）と、三重結合を持つアセチレン系炭化水素（アルキン）に分類される。アルカン alkane のつづりの最後の -ane を -ene に置き換えたものが二重結合を持つエチレン系炭化水素の名前になり、-yne に置き換えたものが、アセチレン系炭化水素の名前になる。

例えば、炭素が2個の場合は、アルカンの名称がエタン（ethane）なので、二重結合を持つエチレン $CH_2 = CH_2$ はエテン（eth<u>ene</u>）、三重結合を持つアセチレン $CH \equiv CH$ はエチン（eth<u>yne</u>）とも呼ばれる。

なお、アルコールの場合は alkane の最後の -e を -ol に、カルボン酸の場合は、-e を -oic acid に置き換える。

②エチレン系炭化水素（アルケン）の構造と異性体（幾何異性体）

　炭素数が4のエチレン系炭化水素（アルケン）C_4H_8 に何個の異性体があるかを考えてみることにしよう。異性体を考えるときは、まず、炭素鎖に注目してほしい。炭素原子が4つの場合は、直鎖状のものと枝分かれのものの2種類が存在する。次にそれぞれにおいて、二重結合がある場所を考える。

　すると、直鎖状のものには、二重結合が端にあるものと、中央にあるものの2種類が考えられるが、枝分かれ状のものは3本の結合がみな均等であり、1種類のエチレン系炭化水素しか存在しない。

　それらをまとめたものが、図6-11である。

$$\overset{1}{C}H_2=\overset{2}{C}H-\overset{3}{C}H_2-\overset{4}{C}H_3$$

1-ブテン
（沸点　−6℃）

$$\overset{1}{C}H_3-\overset{2}{C}H=\overset{3}{C}H-\overset{4}{C}H_3$$

2-ブテン
（沸点　トランス形1℃，シス形4℃）

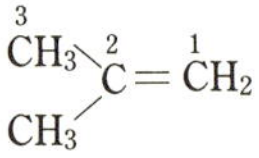

$$\begin{matrix}\overset{3}{C}H_3 \\ CH_3\end{matrix}\!\!\!\!\overset{2}{C}=\overset{1}{C}H_2$$

2-メチルプロペン
（沸点　−7℃）

図6-11　C_4H_8 の構造異性体

　これらの化合物の名称は、炭素鎖が直鎖状のものは、ブテンと呼ばれており、二重結合の位置に対応して、1-ブテン、2-ブテンと分けられている。また、炭素鎖が枝分かれ状になるものは、炭素数が3で二重結合を持ったプロペンにメチル基が結合したという意味でメチルプロペンと言う。

　このように分子式が C_4H_8 のエチレン系炭化水素（アルケン）

の構造異性体はこの3種類なのだが、実は2-ブテンにはさらに沸点が異なる2種類の異性体が存在することが知られている。

単結合は自由に回転できるが、二重結合（C = C）はその結合の構造上、炭素-炭素原子間の回転ができない。これは、1本の串に刺した焼き鳥は回転できるが、2本の串に刺した焼き鳥は回転できないことと同じである。そこで、2つのCH_3が同じ側に位置するものを**シス異性体**（*cis*体）、反対側に位置するものを**トランス異性体**（*trans*体）と呼ぶ。このような立体配置の異なる異性体を**幾何異性体**（または**シス-トランス異性体**）という。幾何異性体まで考慮に入れると、C_4H_8の分子には、4種類のエチレン系炭化水素（アルケン）が存在することになる。

cis-2-ブテン
（沸点　4℃）

trans-2-ブテン
（沸点　1℃）

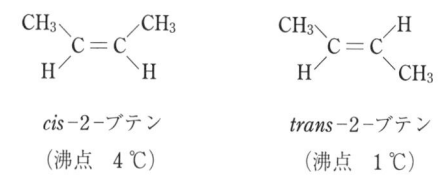

図6-12　2-ブテンの幾何異性体

コラム　不飽和結合に共通の特徴

二重結合や三重結合を化学構造式で表すときは、2本や3本の線を引くだけなのだが、単結合とどのような差があるのだろうか。

二重結合は2本の線を引き、あたかも炭素-炭素原子間に2組の共有電子対（4つの電子）が存在するように書き表す。そこで実際に同等の単結合が2つあるように思ってしまいがちである。しかし、実はこの2組の結合にはかなりの差がある。

簡単に言うと、一つ目の結合と二つ目の結合の電子対の立体構造が異なっており、二つ目の結合の方が反応を起こしやすい構造になっていると考えることができる。

　もう少し詳しく解説してみよう。

　共有結合を作る共有電子対は、通常二つの原子核のそばに存在している。そのため、他の分子やイオンによる影響を受けにくい。しかし、不飽和炭化水素の二重結合の二つ目の電子は、分子の表面に近いところに存在しているため、他の分子などの影響を非常に受けやすい。そのため、付加反応などの化学反応が起こりやすくなる。

　また、この二つ目の電子対は特殊な立体構造をしていて、炭素-炭素間の回転を起こせないようになっている。幾何異性体が生じるのは、このためである。

　不飽和結合は、単結合とは異なり、有機化合物の反応性を変えたり、立体構造を決めたり、縁の下の力持ちみたいに、有機化合物のいろいろな特性に関与している。

③エチレン系炭化水素（アルケン）・アセチレン系炭化水素（アルキン）の反応

　エチレン系炭化水素（アルケン）もメタン系炭化水素（アルカン）と同様、水に不溶である。同じ炭素数のエチレン系炭化水素とメタン系炭化水素は、水素の数が2個異なるだけであり、分子の極性に大きな差はない。そうなると融点・沸点はほぼ同じになる。なお、さらに水素原子が2個少ないアセチレン系炭化水素（アルキン）もほぼ同じ傾向を示す。

　しかしながら、化学的性質（反応性）は大きく異なっている。それは、化学反応を起こしやすい不飽和結合（二重結合、三重

結合）を持つか持たないかの違いによる。下の反応式に示すように、エタン、エチレン、アセチレンに塩素を作用させるときにその反応の差が見られる。

エタンでは光が照射していると、水素原子が塩素原子に置き換わる反応が起こる。このような原子または原子団が置き換わる反応を**置換反応**という。ところが、エチレンやアセチレンは光がなくても反応が起こる。それは、不飽和結合の部分に分子が追加するように結合する**付加反応**である。

$$CH_3CH_3 + Cl_2 \xrightarrow{光} CH_3CH_2Cl + HCl \quad （置換反応）$$
$$CH_2=CH_2 + Cl_2 \longrightarrow ClCH_2CH_2Cl \quad （付加反応）$$
$$CH\equiv CH + 2Cl_2 \longrightarrow ClCH=CHCl + Cl_2$$
$$\longrightarrow Cl_2CHCHCl_2 \quad （付加反応）$$

アセチレンに、塩化水素 HCl を付加させると塩化ビニル $CH_2=CHCl$ が、シアン化水素 HCN を付加させるとアクリロニトリル $CH_2=CHCN$（無色で猛毒の液体）がそれぞれ生成する。これらはいずれも、プラスチックを合成する重要な工業原料として知られている。

また、アセチレンに水を作用させると、アセトアルデヒド CH_3CHO ができてくる。それをさらに酸化させると酢酸 CH_3COOH が作られる。これは一昔前の重要な工業プロセスであった。

$$CH\equiv CH + H_2O \longrightarrow CH_3CHO$$
$$\downarrow 酸化$$
$$CH_3COOH$$

コラム　マルコフニコフの規則

ここで、ちょっとオタク的な反応を紹介しておこう。

プロペン（$CH_2=CH-CH_3$）に臭化水素（HBr）が付加する反応では、Brが中央の炭素に結合する場合［A］と、末端の炭素に結合する場合［B］の2通りが考えられる。しかし、実際には、ほとんど生成物として［A］が得られ、［B］は少量しか得られない。

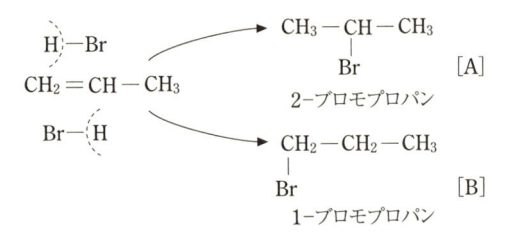

$$
\begin{array}{c}
H-Br \\
CH_2=CH-CH_3 \\
Br-H
\end{array}
\longrightarrow
\begin{array}{c}
CH_3-CH-CH_3 \\
| \\
Br \qquad \text{［A］}\\
\text{2-ブロモプロパン}
\end{array}
\\
\longrightarrow
\begin{array}{c}
CH_2-CH_2-CH_3 \\
| \\
Br \qquad \text{［B］}\\
\text{1-ブロモプロパン}
\end{array}
$$

マルコフニコフの規則

同種の実験を数多く調査・検討したところ、多くの実験結果からの一般則として「電気的に陽性のもの（ここではHBrのH）は、二重結合の2つの炭素のうちの水素原子の多い方に結合する」という規則性が見いだされた。その法則を見つけたロシアの化学者マルコフニコフ（1838～1904）の名にちなんでマルコフニコフの規則といわれる。この規則の仕組みは、反応中間体の安定性の大小で決まると考えられており、有機反応の詳細なメカニズムを研究するときにも役立つ。

❸その他の脂肪族炭化水素

①アルカジエン

ゴムの木に傷を付けて集めてきたゴムの樹液の中には、イソプレンと呼ばれる天然ゴムの原料が含まれている。この分子の構造式を見ると1つの分子内に2つの二重結合が含まれていることがわかる。分子内に2つの二重結合を持つものを**アルカジエン**という。

化合物の名称をつけるときに、同じものが2つあるとき「ジ (di)」という接頭語をつけて表す。すなわち、エチレン系炭化水素（アルケン）（alkene）の二重結合を意味する言葉のエン (ene) の前に、ジ (di) をつけて、アルカジエン (alkadiene) という。

天然に存在するアルカジエンの代表例は、**天然ゴム**の原料のイソプレンである（図6-14）。イソプレンの炭素原子間の結合に注目すると、1番目と3番目の結合に二重結合があり、2番目の炭素に枝分かれのメチル基があるので、その名称は、2-メチル-1,3-ブタジエンと表される。

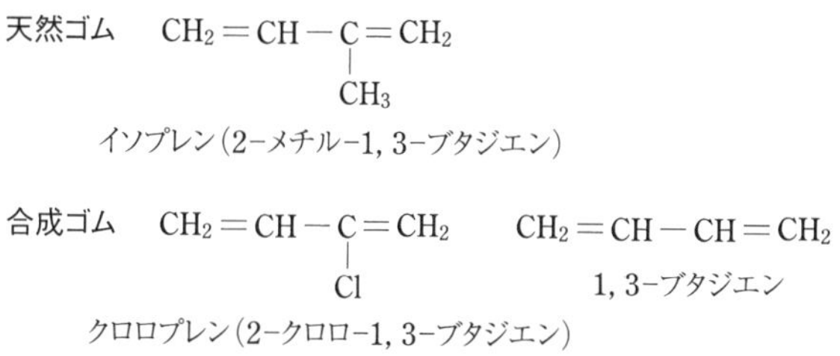

天然ゴム　　$CH_2 = CH - \underset{\underset{CH_3}{|}}{C} = CH_2$

　　　イソプレン（2-メチル-1,3-ブタジエン）

合成ゴム　　$CH_2 = CH - \underset{\underset{Cl}{|}}{C} = CH_2$　　　$CH_2 = CH - CH = CH_2$

　　　クロロプレン（2-クロロ-1,3-ブタジエン）　　1,3-ブタジエン

図6-14　ゴムの原料のジエン化合物

イソプレンを手本として、クロロプレンや1,3-ブタジエンなどの何種類かのゴムの原料が作られた。

天然ゴムでも合成ゴムでも、分子内に2つの二重結合を持っていることが共通の特徴である。

分子内にもっとたくさんの二重結合を持つものもある。2つ二重結合を持つものが「ジエン」であるが、3つならばトリを接頭語にして（トリオのトリと同じ）「トリエン」という。もっと多くの二重結合を持つものに、「多く」を表す「ポリ」を付けた「ポリエン」と呼ばれる仲間がある。視覚に関係するビタミンであるビタミンAはポリエンの代表例である。

4 脂環式炭化水素

「ペンタゴン」という言葉を聞いたことがあるだろうか。米国の国防総省の通称である。もともとペンタゴンとは五角形のことであるが、米国防総省の建物が正五角形になっているため、そのように呼ばれるようになった。炭化水素の中にも、炭素原子が正五角形状（五員環）に並んだ炭化水素がある。例えばシクロペンタンは、5つの炭素原子からなる飽和炭化水素であり、分子式は C_5H_{10} となる。

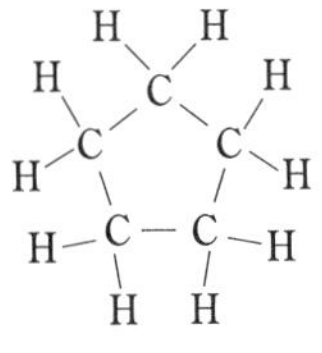

図6-15　シクロペンタン

このような環状構造を持つ炭化水素を**環式炭化水素**という。その名称は、環式という意味の**シクロ**（cyclo）という接頭語をつけて表す。環式炭化水素の最も小さいものは炭素数が3のもので、最大のものは288個の炭素原子によって1つの環状構

造が作られている環式炭化水素（シクロオクタオクタコンタジクタン $C_{288}H_{576}$）である。

6つの炭素からなる環式炭化水素は比較的安定な環状構造（壊れにくい構造）をとり、また、いろいろな化合物を合成するときにも利用される。なお、環式化合物にも二重結合などの不飽和結合を持つものもある。下に6つの炭素原子が環状構造を作る炭化水素をあげた。

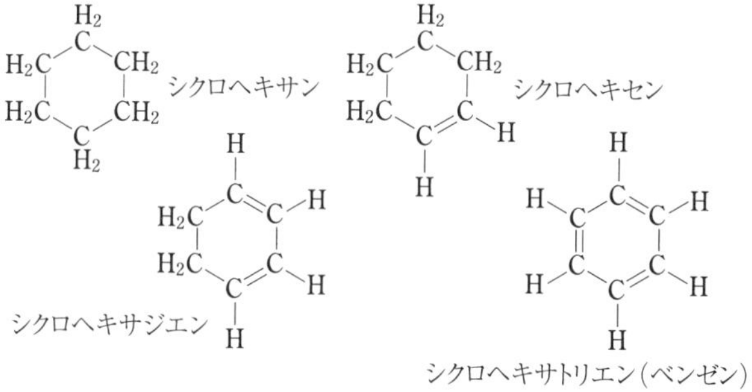

図6-16　環状構造の炭化水素

シクロヘキサンの6つのC-C結合のうち、1つが二重結合に変わったものをシクロヘキセンという。2つの二重結合を持つものは、ヘキサジエンが環状構造を持ったということでシクロヘキサジエンといい、3つ持つものは同様にシクロヘキサトリエンという。

シクロヘキセンは、分子内に二重結合があるので、エチレン系炭化水素（アルケン）と同様に付加反応が起こりやすい。また、酸化させると、合成繊維として有名な**ナイロン66** $\ce{+NH(CH_2)_6NHCO(CH_2)_4CO+}_n$ を石油などから合成するときに重要なアジピン酸 $HOOC(CH_2)_4COOH$ が合成される。なお、シクロヘキサジエンは、アルカジエン型なので、ゴムのような

性質を持つ可能性があると予想できるであろう。

シクロヘキサトリエンは、次の節に出てくるベンゼン環と同じものである。6つの原子が作る六角形の環状構造において、二重結合が1つおきに3つ存在する場合は、臭素などの付加反応は起こりにくい。それは、脂肪族炭化水素の二重結合とは異なった特別な性質を持つことを示している。そこで、脂肪族化合物（脂肪族炭化水素）と芳香族化合物（芳香族炭化水素）は、別扱いにしている。

[答え]　問い1／プロパンガス、問い2／ベンゼン

6-3 芳香族化合物

> **問い1** ベンゼンとエチレン、置換反応を起こしやすいのはどちら？　付加反応を起こしやすいのはどちら？
>
> **問い2** 芳香族化合物に必ずある構造は？
> ベンゼン環　メチル基　ビニル基
>
> **問い3** ベンゼン環上に2つのメチル基が結合した化合物は、何種類あるか？

１ベンゼンの特別な安定性

ベンゼンの仲間には芳香（いい香り）を持つものが多いので、ベンゼン環を持つ化合物を総称して**芳香族化合物**という。例えばバニラの香りをつけるエッセンスのバニリン、リキュール酒の製造や香料に用いられる丁子油の主成分オイゲノールなどがそうだ。

イギリスの科学者で電磁誘導、電気分解の法則の発見者として知られるマイケル・ファラデー（1791～1867）が、実はベンゼンの発見者でもある。19世紀初め頃、イギリスのロンドンなどの大都市では、鯨油を加熱したときに出るガスを燃料にして、ガス灯がともされていた。燃料ガスの容器の底に溜まる液体を丹念に調べ、その中からベンゼンを取り出したのが最初であった（1825年）。

その後、1834年までにはC_6H_6という分子式が決定された。この分子式からは、エチレンやアセチレンのような二重結合、三重結合の存在が示唆されるが、実際のベンゼンの反応はエチレンやアセチレンとは全く異なるものであった。

ベンゼンの構造はどのようになっているのだろうか。

この問題に挑んだ化学者の一人が、ドイツの化学者ケクレ（1829～96）であった。彼は、**亀の甲**のような形の構造をベンゼンの構造式として提唱した。

その後の詳しい研究により、ベンゼンの骨格は完全に平面的であり、正六角形（六員環）をしていることがわかった。正六角形の一辺は C-C と C=C のちょうど中間の長さになっている。ベンゼンの書き方には次のa～dのようにいろいろあるが、すべての炭素間はいわば1.5重とでもいう状態にあるのだ。aやbのような六角形に二重結合を3つ描くのは、実際とは違うのだ。

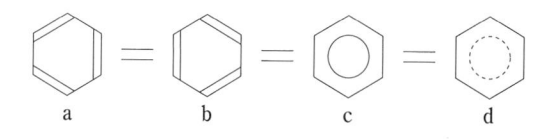

図6-17 ベンゼンの描き方

コラム　ベンゼンの構造はどのように見つかったか？

　ベンゼンの構造の発見者であるケクレは、実はその構造を簡単に見つけ出したわけではなかった。ベンゼンの構造をあれこれ考える日々が続いた。あるとき、ついうとうとと眠りこんでしまったときに見た夢の中で、その構造がひらめいたという。その夢とは、原子が蛇になり、その蛇がしっぽにかみつき1つの環を作ったというものであった。目を覚ましたケクレは、机に向かっていろいろ考えた末、六員環の環状構造の考えにたどりついた。

　「芳香族」という言葉はもともと、実際に芳香があることに由来していたのだが、今日では意味が変化し、ベンゼン環にみられるこのような安定な性質のことを、「芳香族性」と言うようになった。

　ベンゼンと同じような基本構造を持つ芳香族炭化水素の仲間を、図6-19に示す。

　ナフタレンは防虫剤の成分や染料の原料、アントラセン、フ

ェナントレンはコールタールから得られる。ベンゾ[a]ピレンは強力な発がん物質である。アズレンは五角形と七角形が辺を共有した形の珍しい芳香族炭化水素で、水に溶かすと青色になるタイプのうがい薬の骨格になっている。

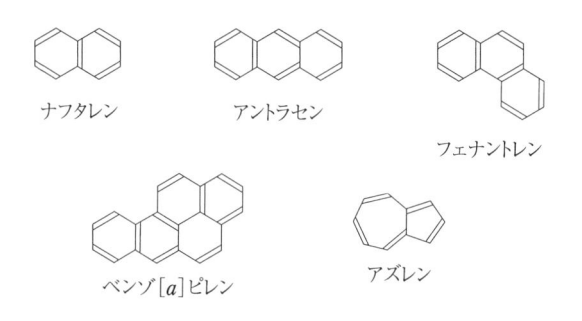

図6-19 芳香族の化合物 I

❷その他の芳香族炭化水素

ベンゼン環を持つ炭化水素、芳香族炭化水素には、上記のほかにベンゼン環に炭化水素基が結合したグループがある。ベンゼ

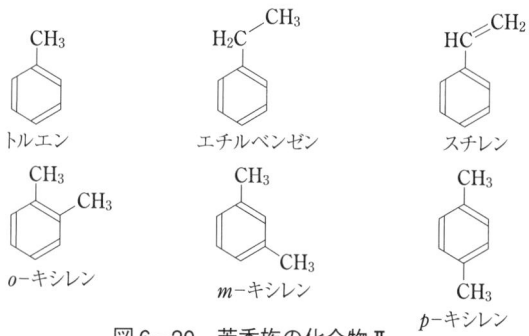

図6-20 芳香族の化合物 II

ン環の水素がメチル基に置換したトルエン、エチル基が置換したエチルベンゼン、発泡スチロールの原料となるスチレンなどが含まれる。ベンゼンの仲間は有機溶媒として使われることが多い。

コラム　芳香族化合物の安全性

ベンゼンやトルエンは代表的な有機溶剤で、塗料を塗るときの薄め液や、接着剤、油性のフェルトペンなどに使われる。

一般に有機溶剤を吸い込むと神経系に影響が出たり、造血作用に支障をきたすことがあるが、ベンゼンは特に有毒である。ベンゼン環にメチル基$-CH_3$を1個つけるとトルエンになるが、トルエンの毒性は低く、ベンゼンの1割程度とみなされている。

トルエンのように側鎖（メチル基など）があると、生体内の酵素の力で容易に酸化され、体外に排出されやすい形（安息香酸）に変わるためである。そのような側鎖を持たないベンゼンでは、酸化を受けにくく、排出するのに長時間かかってしまう。

脂肪組織になじみやすい芳香族化合物が、長時間体内に留まることは、生体にとって非常に有害なのだ。

その他に側鎖を持つ化合物としては、メチル基を2つ持つキシレンがある。

キシレンのように2つの置換基があるときは、2個の基の位置関係によって構造異性体が3種類存在する。一般に、2つの置換基がベンゼン環上で隣り合うものを**オルト**（$o-$）、120°の角度になるものを**メタ**（$m-$）、180°反対側になるものを**パラ**（$p-$）と言い、例えば$p-$キシレンと書いて「パラキシレン」と読む（図6-20）。

コラム　芳香族化合物の位置異性体

オルト（o-）、メタ（m-）、パラ（p-）の3種の異性体を系統的に言うときは、オルト体を1,2-二置換体、メタ体を1,3-二置換体、パラ体を1,4-二置換体と言う。

これら3種は、ベンゼン環上の置換基の位置関係だけが異なる異性体なので、「互いに位置異性体の関係にある」とも言う。位置異性体も構造異性体の一種だ。

2個の塩素が置換したベンゼン（ジクロロベンゼン）の位置異性体を示す。このうちパラ体だけが防虫剤として使われる。

o-ジクロロベンゼン　　　m-ジクロロベンゼン

p-ジクロロベンゼン

3 ベンゼン環上で起こる反応

ベンゼンの6個の炭素原子どうしの結合の長さや結合の性質はすべて等しく、単結合と二重結合の中間を示す。6個の炭素原子の化学的性質は全く同じである。

ベンゼン環では、二重結合を持つエチレンとは違って付加反応は起こりにくく、置換反応が起こりやすい。

ベンゼンに鉄粉を触媒として塩素 Cl_2 を作用させると、クロロベンゼンが生成する。反応の前後を比較すると、ベンゼン環

の水素原子 H が塩素原子 Cl に置き換わっているので、置換反応だ。このように塩素化合物ができる反応を塩素化、一般にハロゲン化合物ができる反応を**ハロゲン化**という。

$$\text{C}_6\text{H}_6 + \text{Cl}_2 \xrightarrow{\text{鉄粉}} \text{C}_6\text{H}_5\text{Cl (クロロベンゼン)} + \text{HCl}$$

ベンゼンの置換反応（ハロゲン化）

濃硝酸と濃硫酸を 1：1 の割合で混合したものを、混酸という。ベンゼンに混酸を加え、おだやかに加熱すると、ニトロベンゼンが得られる。ベンゼン環の H がニトロ基 $-\text{NO}_2$ によって置換される反応だ。この反応を**ニトロ化**という。

$$\text{C}_6\text{H}_6 + \text{HO}-\text{NO}_2 \xrightarrow{\text{濃硫酸}} \text{C}_6\text{H}_5\text{NO}_2 \text{ (ニトロベンゼン)} + \text{H}_2\text{O}$$

ベンゼンの置換反応（ニトロ化）

一般に、ニトロ化合物を還元すれば、ニトロ基をアミノ基 $-\text{NH}_2$ に変えられるので、アミンが得られる。**芳香族アミン**は染料や医薬の合成原料として重要だ。

$$\text{C}_6\text{H}_5\text{NO}_2 \xrightarrow[\text{Sn}]{\text{HCl}} \text{C}_6\text{H}_5\text{NH}_3^+\text{Cl}^- \text{ (アニリン塩酸塩)} \xrightarrow{\text{NaOH}} \text{C}_6\text{H}_5\text{NH}_2 \text{ (アニリン)}$$

アニリン（芳香族アミン）の合成

6-3 芳香族化合物

　ベンゼンを濃硫酸とともに強熱すると、ベンゼンスルホン酸が得られる。濃硫酸の代わりに発煙硫酸という三酸化硫黄を含む硫酸を用いると、おだやかな条件で反応を起こすことができる。ベンゼン環のHがスルホ基-SO_3Hで置換される反応で、**スルホン化**という。

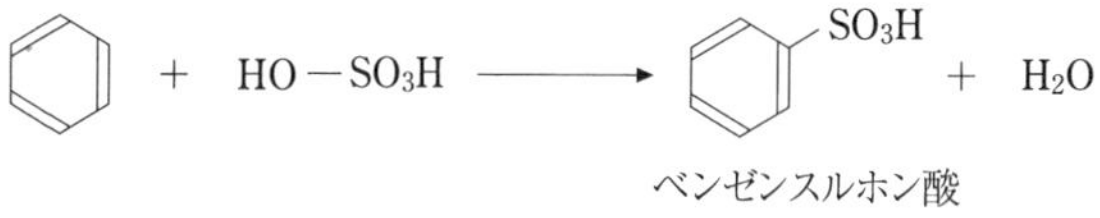

$$\text{C}_6\text{H}_6 + \text{HO}-\text{SO}_3\text{H} \longrightarrow \text{C}_6\text{H}_5-\text{SO}_3\text{H} + \text{H}_2\text{O}$$
ベンゼンスルホン酸

ベンゼンのスルホン化

　ベンゼン環に結合したスルホ基は、続いて他の基と置換しやすく、いろいろな化合物を合成する上で重要である。例えば、ベンゼンスルホン酸を水酸化ナトリウム水溶液で中和した後、固体の水酸化ナトリウムとともに加熱すると、ナトリウムフェノキシドを経てフェノールを合成することができる。

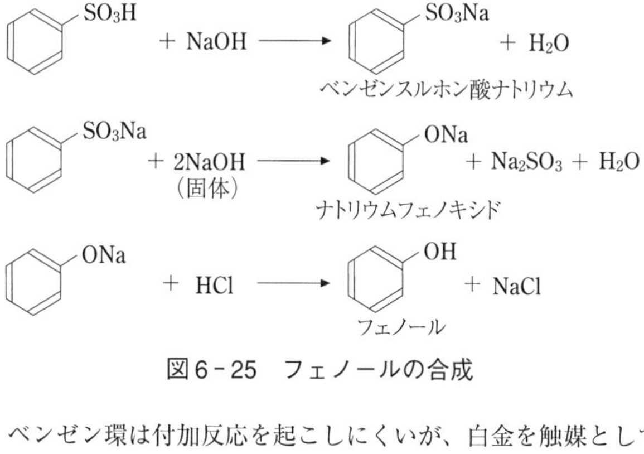

$$\text{C}_6\text{H}_5\text{SO}_3\text{H} + \text{NaOH} \longrightarrow \text{C}_6\text{H}_5\text{SO}_3\text{Na} + \text{H}_2\text{O}$$
ベンゼンスルホン酸ナトリウム

$$\text{C}_6\text{H}_5\text{SO}_3\text{Na} + 2\text{NaOH}(\text{固体}) \longrightarrow \text{C}_6\text{H}_5\text{ONa} + \text{Na}_2\text{SO}_3 + \text{H}_2\text{O}$$
ナトリウムフェノキシド

$$\text{C}_6\text{H}_5\text{ONa} + \text{HCl} \longrightarrow \text{C}_6\text{H}_5\text{OH} + \text{NaCl}$$
フェノール

図6-25　フェノールの合成

　ベンゼン環は付加反応を起こしにくいが、白金を触媒として水素を付加すると、シクロヘキサンC_6H_{12}を生じる。

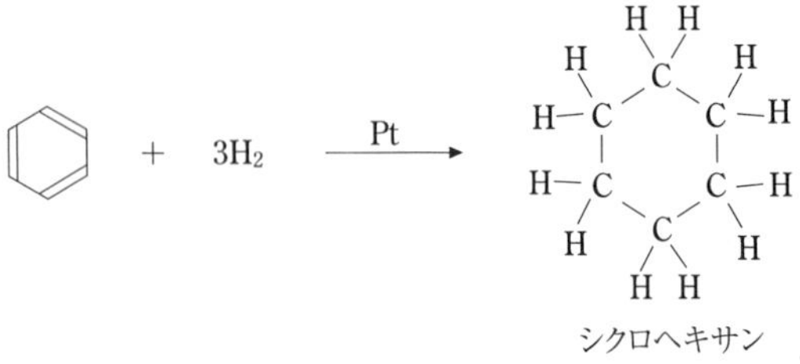

図 6-26　ベンゼンの付加反応

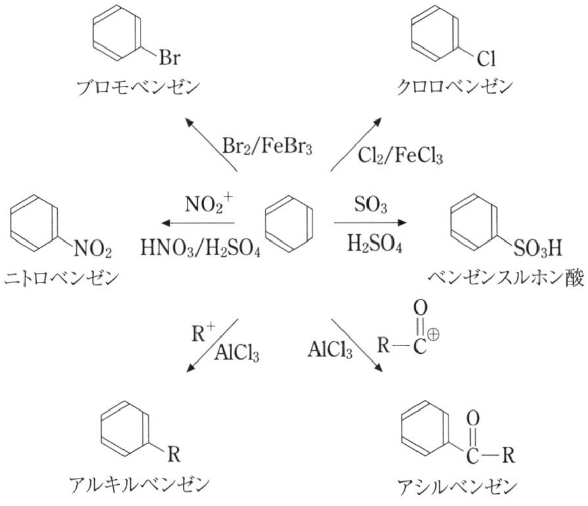

図 6-27　ベンゼンの主な置換反応

◢芳香族化合物の側鎖で起こる反応

　ベンゼン環自体は安定であるが、側鎖は一般に反応性に富んでいる。特にベンゼン環に直接結合した原子上で反応を受けや

6-4 アルコール、アルデヒド、ケトンなどの有機化合物

すい。

側鎖上の酸化、還元、ハロゲン化などの反応は、ある官能基を別の官能基へと変換する手段として、重要性が高い。スルホ基の置換や、ニトロ基の還元はすでに示した。

なお、ナフタレンも一方のベンゼン環を他方のベンゼン環の側鎖と見なすと、酸化を受けフタル酸に変わる反応を理解することができる。

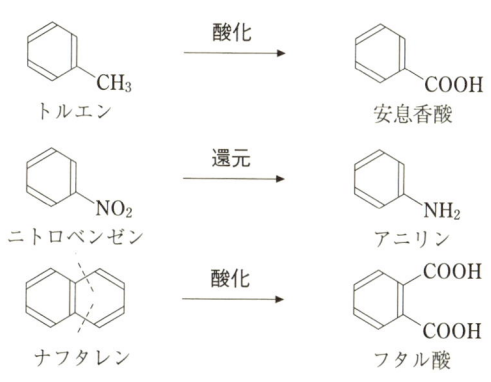

トルエン　─酸化→　安息香酸

ニトロベンゼン　─還元→　アニリン

ナフタレン　─酸化→　フタル酸

ベンゼン環側鎖の反応

［答え］　問い1／置換反応－ベンゼン　付加反応－エチレン、問い2／ベンゼン環、問い3／3種類

6-4 アルコール、アルデヒド、ケトンなどの有機化合物

問い1 消毒用に適さないアルコールはどれか？
メタノール　エタノール　2-プロパノール

問い2 アルデヒドとケトン、どこが似ているか？　ま

301

た、どこが違う?

問い3 果物の香気成分には、どれが多いか?
エステル　アミン　フェノール

1 アルコール、フェノール、エーテルの仲間

お酒の成分表示で、「アルコール分15度以上」といった場合のアルコールは、「エタノール C_2H_5OH」を指す。ところが化学物質として**アルコール**と言うときは、一般に「**OH、すなわちヒドロキシ基を持つ有機化合物**」を表す名称として用いられることが普通だ。この意味ではアルコールの種類は非常に多い。炭素数10個の飽和アルコールは507種類、炭素数20個になると560万種類以上にもなる。

ヒドロキシ基を持つ仲間にはもう一つ、ベンゼンのHをOHに置き換えた**フェノール**がある。

　　アルキル基（R）＋ -OH ⟶ **アルコール**
　　ベンゼン環＋ -OH ⟶ **フェノール**

構造的には、逆に水分子（H-O-H）中の1つのHを脂肪族や芳香族の炭化水素グループで置き換えたと見てもいい。実際、アルコールの性質には、水と似たところが多い。金属のナトリウムやカリウムと激しく反応して、水素を出すなどである。これはヒドロキシ基の特性によるところが大きい。O-H間の結合は切れやすく、ナトリウムなどの金属の還元作用で、たやすくHが金属と置き換わってしまうのである。

さらに、水分子のHを2つとも、炭化水素グループに置き換えてしまうとどうなるだろうか。この化合物は、**エーテル**

6-4 アルコール、アルデヒド、ケトンなどの有機化合物

(R−O−R′)である。エーテルにはもう OH はないから、金属ナトリウムとは反応しなくなる。

$$2CH_3OH + 2Na \longrightarrow 2NaOCH_3 + H_2 \uparrow$$

$$2\:\text{C}_6\text{H}_5\text{OH} + 2Na \longrightarrow 2\:\text{C}_6\text{H}_5\text{ONa} + H_2 \uparrow$$

図6-28　金属ナトリウムとの反応

コラム　医療とアルコール、フェノール、エーテル

19世紀中頃、フランスの細菌学者・化学者パスツール（1822〜1895）は、伝染病や食物の腐敗などが、細菌が原因で引き起こされるという「細菌説」を提唱した。その当時ヨーロッパでは、外科手術を受けた患者の約半数が化膿のために死亡していた。

この考えを受けて医療現場では、種々の化学薬品の殺菌作用が試された。その中でフェノールは最も効果のあった殺菌剤の一つだった。フェノールそのものは皮膚を冒す性質があり、毒性が強すぎて使えないが、水溶液にして用いると殺菌作用だけを利用でき、手足の外科手術の際の死亡率を、50%から15%まで大幅に引き下げるなど、大いに役立った。

現在ではさらに各種殺菌法が発達しており、外科手術の際の細菌感染はほとんどなくなったと言ってよい。クレゾール、ヘキサクロロフェン（塩素を持ったフェノールの仲間）、エタノール、2-プロパノールなどが、衛生消毒剤として利用されている。

一方、19世紀にはもう一つ、重要な発見があった。エーテル麻酔である。エーテルは燃えやすいので、現在では麻酔薬と

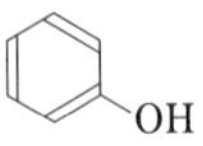

フェノール（1〜5%水溶液）

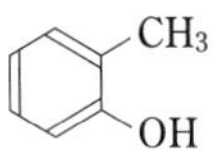

o-クレゾール（0.1〜1%水溶液）

CH_3-CH_2-OH
エタノール（76〜80%水溶液）

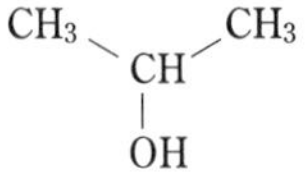

2-プロパノール（50〜70%水溶液）

図6-29　衛生消毒剤

して用いられていないが、外科手術の際の麻酔法の確立によって、多くの人々が手術の際の猛烈な痛みから解放されたのである。

アルコールやフェノールのO-Hは活性が高く、Hが容易に他のものと置き換わるもう一つの例として、**エステル化**がある。

硫酸 H_2SO_4、硝酸 HNO_3、カルボン酸 $RCOOH$ などOH基を持った酸とアルコールから水が取れ、つながる反応だ。硫酸と硝酸を、それぞれ $(HO)_2SO_2$、$HO-NO_2$ と書くとよくわかるだろう。その際、水が取れた分だけ分子が縮んで結合するので、この反応を**脱水縮合**という。

バナナや柑橘系の果物の**香り成分**として、**カルボン酸のエステル**が数多く知られている。

また無機の強酸である硝酸のエステルとしては、ニトログリセリン $C_3H_5(ONO_2)_3$（ダイナマイトの原料、狭心症の特効薬）や、ニトロセルロース（無煙火薬、セルロイドの原料）があげられる。

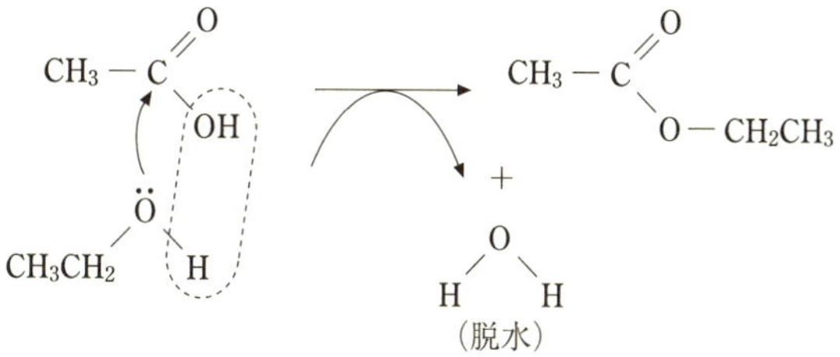

6-4 アルコール、アルデヒド、ケトンなどの有機化合物

図6-30 エステル化（脱水縮合）

コラム　ポリフェノールってどんなフェノール？

ポリフェノールは赤ワインに大量に含まれ、脂肪の多い食事を摂っていても、赤ワインを飲んでいると血液中の脂肪量がそれほど多くならないということで注目されている物質である。

リンゴの皮をむくと、リンゴの実の部分がやがて茶色になってくる。ジャガイモやレタスなどの切り口も茶色になる。この変色はポリフェノールによるものである。果物や野菜を切ると、その切り口付近の壊れた細胞からしみ出たポリフェノールが空

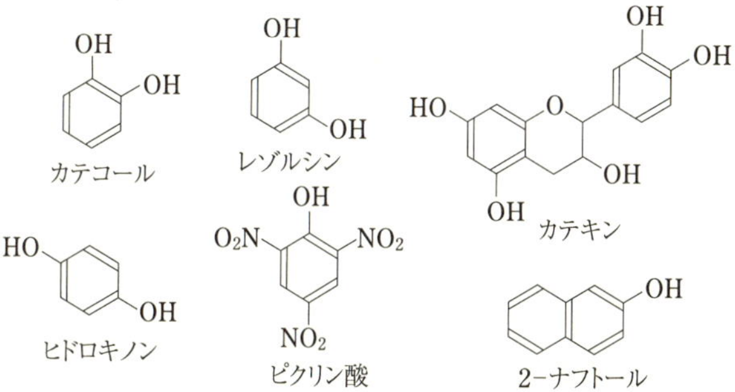

ポリフェノールとその他のフェノール類

カテコール　レゾルシン　カテキン
ヒドロキノン　ピクリン酸　2-ナフトール

気中の酸素によって酸化され茶色になる。

ポリフェノールはいろいろな植物に存在し、その種類も数千種類に及ぶが、いずれもベンゼン環に2個以上のヒドロキシ基-OHが結合している多価フェノール構造を持っている。

エーテルにはまた、環状のものもある。三員環のエチレンオキシドでは、環が開いて多彩な化合物を生成するので重要な工業原料となっている。身近なところでは、エポキシ系の接着剤（2液混合タイプ）の主剤がこのタイプである。ここでいうエポキシ系化合物とは、エチレンオキシドの三員環（三角形）を持った、という意味である。

エチレンオキシド　　　テトラヒドロフラン　　　1,4-ジオキサン
（エポキシ化合物）

環状エーテルは
水に溶けやすい！

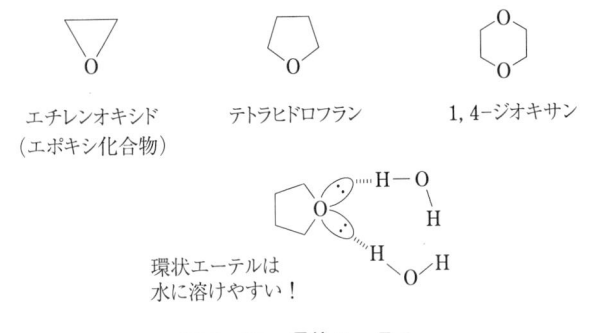

図6-32　環状エーテル

五員環のテトラヒドロフランや六員環の1,4-ジオキサンは、水にも有機物にも溶けやすいので、溶剤として重要だ。なお、いま話題のダイオキシン類（8章）も、環状エーテルの基本構造を持った化合物である。

❷光学異性体

細菌の研究で有名なパスツールはまた、それまで知られてい

6-4 アルコール、アルデヒド、ケトンなどの有機化合物

なかった酒石酸の異性体についても新発見をした。ある条件で析出させた酒石酸の結晶には2種類あり、パスツールは自作の顕微鏡を見ながら、ていねいにそれらをより分けたのである。

19世紀初め、イギリスの物理学者ニコル（1768～1851）は方解石でできたプリズム（ニコル・プリズム）を2枚組み合わせると、平面偏光という現象が現れることを見いだしていた。

パスツールがより分けた2種類の酒石酸を、それぞれ水溶液にし、2枚のプリズムの間に置くと、一方の酒石酸は右回りに、もう一方の酒石酸は左回りに、偏光面を回転させたのである。このように光に対する性質が異なる異性体であったので、これを**光学異性体**と呼んだ。光学異性体は、アミノ酸や糖類など、天然物に多く見られることがわかった。

構造が単純な乳酸（図6-33）を例に、説明しよう。

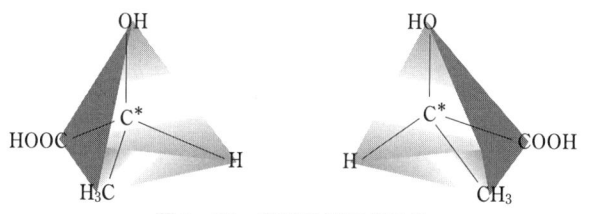

図6-33　乳酸の光学異性体

図6-33の中心にある炭素原子（＊印）のように、**結合する4個の基（原子または原子団）がすべて異なる**とき、そのような炭素原子を**不斉炭素原子**という。不斉炭素原子に4つの基が結合するには、空間的な位置関係が異なる2通りのつながり方がある。この2つの構造は、右手と左手のように互いに鏡像の関係にあり、互いに重ね合わせることができないのである。したがって両者は別物質であることがわかる。

3 アルデヒド、ケトン、カルボン酸

アルコールの-OH基が結合したCに何個のHが結合しているかで、アルコールを第一級アルコール（Hが2～3個）、第二級アルコール（1個）、第三級アルコール（0個）と分けることがある。

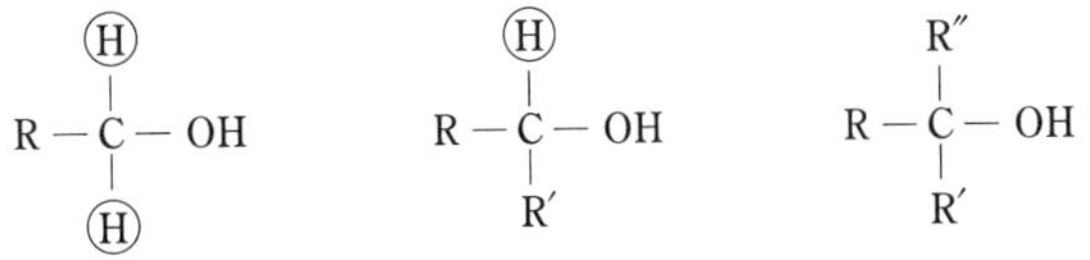

$$\begin{array}{ccc} \text{H} & \text{H} & \text{R}'' \\ | & | & | \\ \text{R}-\text{C}-\text{OH} & \text{R}-\text{C}-\text{OH} & \text{R}-\text{C}-\text{OH} \\ | & | & | \\ \text{H} & \text{R}' & \text{R}' \end{array}$$

　　第一級アルコール　　　　第二級アルコール　　　　第三級アルコール

図6-34　アルコールの級

アルコールにみられるもう一つの重要な反応は、アルコール自身の酸化反応である。この反応では、図6-35のようにアルコールのちょっとした違いで、それぞれ特有の生成物が得られる。また、アルコールの種類によっては、この種の酸化に対しては、強力に抵抗するもの（第三級アルコール）もある。

酸化によって**アルデヒド（アルデヒド基-CHO）**が生じるものを第一級アルコール、**ケトン（カルボニル基>COを持つ炭化水素）**が生じるものを第二級アルコールという。アルデヒドとケトンには、構造的な類似点がある。どちらも骨格中にカルボニル基（>C=O）を持つことである。ケトンではカルボニル基に2つの炭化水素基が結合しているが、アルデヒドはカルボニル基に1つ（ホルムアルデヒドHCHOは例外で2つ）のHが結合したもので、示性式で-CHOのように表すのが慣例となっている。このカルボニル基に付いたHは酸化されやすく、容易にOHになってしまう。

6-4 アルコール、アルデヒド、ケトンなどの有機化合物

アルデヒドの酸化反応で得られる物質は、**カルボン酸** RCOOH だ。カルボン酸ではカルボニル基に OH がつながった形になっていて、これを**カルボキシ基**–COOH という。

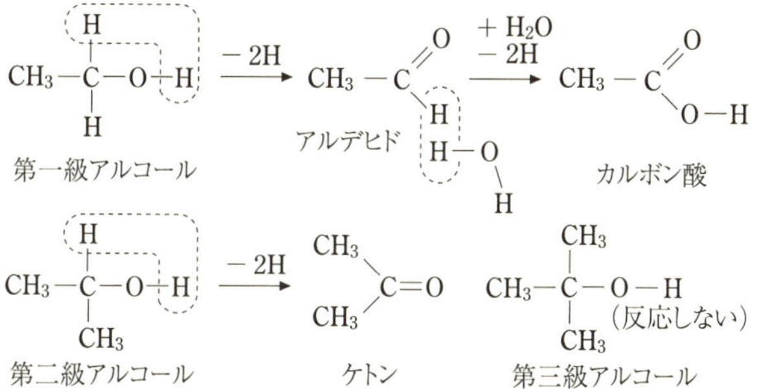

$$CH_3-\underset{H}{\underset{|}{\overset{H}{\overset{|}{C}}}}-O-H \xrightarrow{-2H} CH_3-\overset{O}{\overset{\|}{C}}-H \xrightarrow[-2H]{+H_2O} CH_3-\overset{O}{\overset{\|}{C}}-O-H$$

第一級アルコール　　　　アルデヒド　　　　　　カルボン酸

$$CH_3-\underset{CH_3}{\underset{|}{\overset{H}{\overset{|}{C}}}}-O-H \xrightarrow{-2H} \underset{CH_3}{\overset{CH_3}{C}}=O \qquad CH_3-\underset{CH_3}{\underset{|}{\overset{CH_3}{\overset{|}{C}}}}-O-H$$

第二級アルコール　　　　ケトン　　　　第三級アルコール（反応しない）

図 6-35　アルコール自身の酸化反応

コラム　飲酒運転の取り締まり

お酒の成分のエタノールは体に吸収されやすく、血管の壁をすばやく通りぬけ、全身にゆきわたる。体の組織中の濃度は、すぐに血液中の濃度と等しくなる。

血液中のエタノールの濃度が 0.1％以上になると、特に脳は血流がよいので、脳の中の神経を軽く麻痺させる。すると、大脳の抑制作用が外れて愉快になり、血管が拡張して皮膚が赤くなる。もちろんこれは、車を運転してはいけない状態だ！

お酒を飲んだ人は、呼気、つまり吐息の中や尿中にも、すぐにエタノールが出てくる。それで呼気試験という方法で、酒酔いの疑いのある運転者を調べることがある。この試験は手軽で、中にシリカゲルの粉末と、橙色をした化合物（$K_2Cr_2O_7$）、それに少量の硫酸が詰められたチューブを用意し、運転者に息を吹き込んでもらう。もしお酒を飲んでいると、吐息のなかのアル

コールの作用によって、チューブに沿ってしだいに橙色から緑色へ変わっていく。エタノール C_2H_5OH がアセトアルデヒド CH_3CHO から酢酸 CH_3COOH へと酸化されていくときに、6価のクロム（橙色）が還元されて3価のクロム（緑色）に変わっていくのだ。

$$2K_2Cr_2O_7 + 8H_2SO_4 + 3CH_3CH_2OH$$
（橙色）
$$\longrightarrow 2Cr_2(SO_4)_3 + 2K_2SO_4 + 3CH_3COOH + 11H_2O$$
（緑色）

コラム　ホルムアルデヒドの毒性

　戦争中などエタノール C_2H_5OH が不足したときは、メタノール CH_3OH が飲まれたこともあったようだ。メタノールもエタノールと同様に体内に取り込まれると、酸化反応が起こり、ホルムアルデヒド $HCHO$ を経てギ酸 $HCOOH$ が生じ、さらに二酸化炭素と水になる。

$$CH_3OH \xrightarrow{\text{酸化}} HCHO \xrightarrow{\text{酸化}} HCOOH \xrightarrow{\text{酸化}} CO_2 + H_2O$$

　メタノールも酔うには酔えるが、その後視覚に障害が出てくることがある。それは、ホルムアルデヒドの毒性が高いためである。ホルムアルデヒドの水溶液はホルマリンと呼ばれ、生物の標本を作るときなどに利用される生物を腐らせないようにする物質（劇薬）である。生物の組織をいわば無生物化（固定）するために腐敗しないのである。そのホルムアルデヒドの影響を受けやすい器官の一つが眼なのである。

6-4 アルコール、アルデヒド、ケトンなどの有機化合物

アルデヒド、ケトンにみられる C=O 二重結合は、エチレンの C=C 結合とどう違うのだろうか。

ここでも先に述べた**電気陰性度**の違いから考えると、電気陰性度の大きい酸素原子の影響で、C=O 結合の電子は酸素の方に偏って分布している。そのため、炭素は部分的に正電荷（δ+）、酸素は部分的に負電荷（δ−）を帯びることになる。

そこでカルボニル化合物にアタックする物質の分子も分極している場合、負電荷を帯びたものは炭素へ、正電荷を帯びたものは酸素へと、ちょうど極性の異なる極どうしが引き合う磁石のように、正負の符号が反対のものどうしが近づくように反応する。

一般に、**アルデヒドの方がケトンよりも反応性は大きく**、ホ

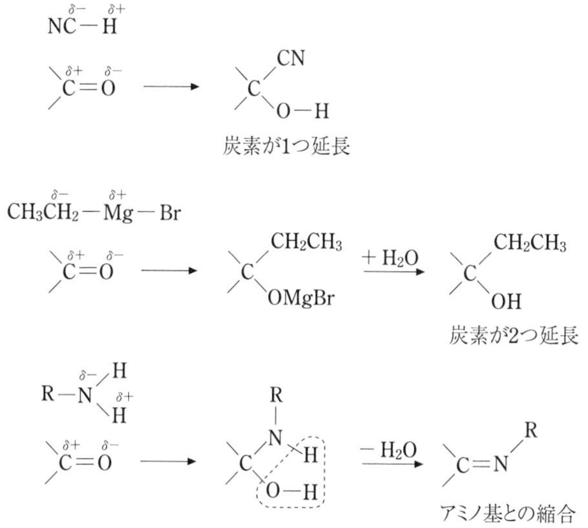

図6-36 カルボニル化合物への付加反応

ルムアルデヒドが最も反応しやすい。

カルボニル基 $>C=O$ に付加する物質は各種あり、図6-36のようにまとめられる。

カルボン酸 RCOOH は電離して中和反応を起こし、相当する塩を作る。また、カルボキシ基中の OH を他の原子または官能基で置き換える反応は、重要性が高い。

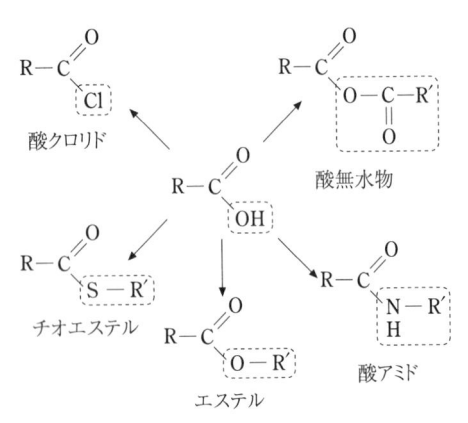

図6-37　カルボン酸の主な誘導体

カルボン酸の主な誘導体(化学変化によって生成する化合物)を最も反応性の高い順に並べると、

酸クロリド＞チオエステル＞酸無水物＞エステル＞酸アミド

のようになる。

❹アミン、アゾ化合物、カップリング

窒素の最も簡単な化合物はアンモニア NH_3 であるが、この**アンモニアの H を脂肪族や芳香族の置換基で置き換えたもの**

6-4 アルコール、アルデヒド、ケトンなどの有機化合物

が、**アミン**（RNH_2、R_2NH、R_3N）である。このアミン類は一般に生体にとって好ましくない物質で、アンモニアと同じように有毒のものが多いが、中には薬として有用なもの（8章）や、染料の合成原料としてなくてはならないものもある。

図6-38に示すように、氷冷下、芳香族アミンに亜硝酸塩を作用させると、中間に芳香族ジアゾニウム塩（**ジアゾ基**＝N_2）が生じる。これを他のベンゼン環やナフタレン環をもつ化合物と結びつける、いわゆる「カップリング」を行わせることができる。図6-38は、指示薬としてよく使われるメチルオレンジの合成例である。

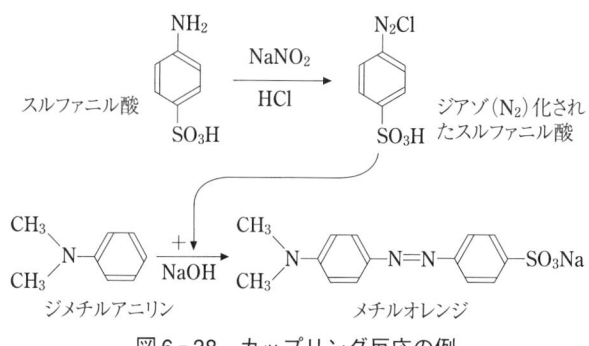

図6-38 カップリング反応の例

ここでは「各種有機化合物の世界」を、OH基などの官能基を手がかりとして少しだけ探検してみた。ここはまだ入り口にすぎない。以降の章では、繊維やプラスチック、洗剤、天然物・生命の化学など、より密接に私たちの暮らしに結びついた有機化合物の世界をご案内しよう。

［答え］ 問い1／メタノール、問い2／似ている点－骨格中にカルボニル基を持つ　違う点－アルデヒドは炭化水素基が0または1個、ケトンは2個持つ、問い3／エステル

第7章
高分子化合物

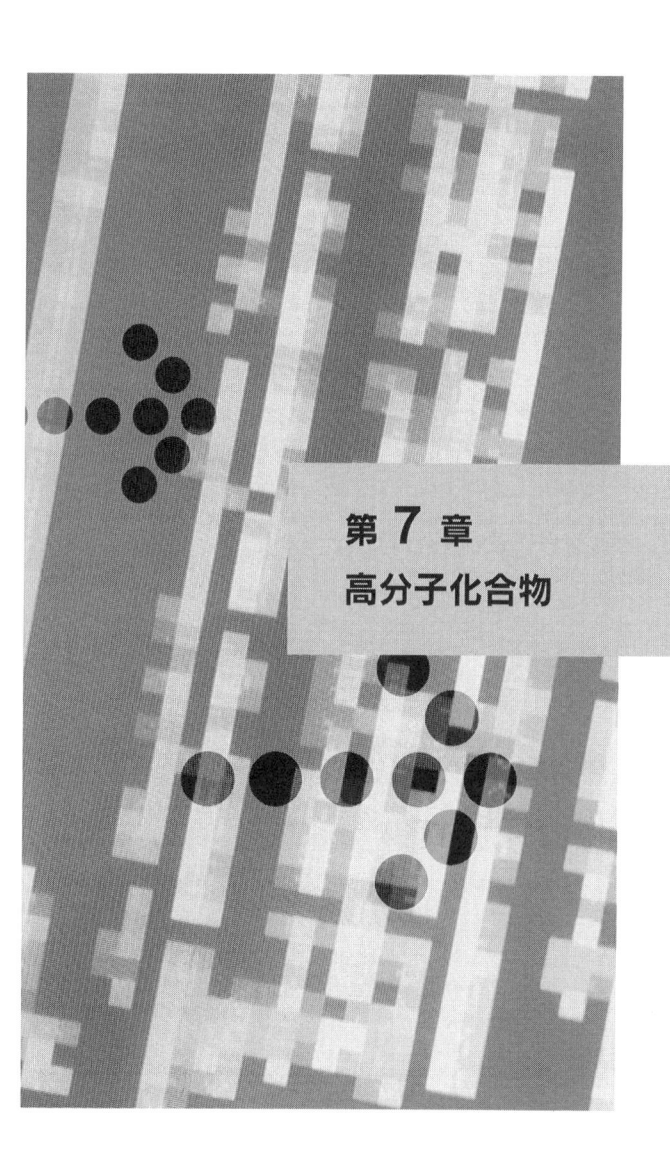

7-1 天然高分子化合物

> **問い1** 次の中で高分子化合物はどれだろうか？
> 油脂　砂糖　デンプン
>
> **問い2** 植物性繊維（セルロース）を消化できるのはどれか？
> 草食動物　肉食動物　両方とも
>
> **問い3** 動物性の天然繊維はどれか？
> 麻　絹（シルク）　綿（コットン）

1 高分子化合物とは

①ポリマーとモノマー

高分子化合物は、「**ポリマー** polymer」とも呼ばれている。ポリマーの「ポリ poly」は、英語で「多くの」という意味である。

ゼム・クリップを1つの分子に例えよう。あるクリップを他のクリップに引っかけて、つなげることができる。2個のクリップがつながったら、もう1つ、さらにもう1つ、次々につなげていくと、クリップの鎖ができる。このクリップに例えた分子の鎖が、何千、何万、あるいはもっともっとたくさんつながると、ポリマーができあがる（図7-1）。

1個1個の分子は小さくても、何万個もつながるのだから、全体ではポリマーはとてつもなく大きい分子だ。分子量にすると数万から数百万くらいの大きさになる。

それでは、炭素の単体であるダイヤモンドはどうだろうか。

7-1 天然高分子化合物

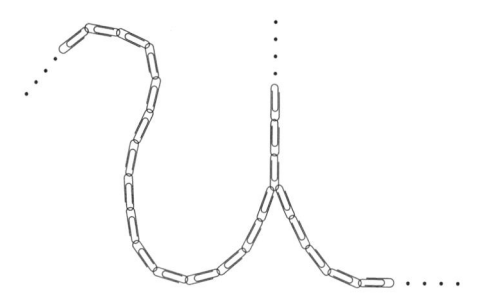

図7-1 ゼム・クリップをつなげたイメージ

前に学んだように、ダイヤモンドは氷の構造のように立体的に、極めて多くの炭素原子が結合し合い、全体で巨大な分子（巨大分子結晶）になっている。しかしダイヤモンドをいくら小さく分解していっても、クリップ1つに例えられるような基本になる分子はなく、最後は炭素原子1個1個に分かれてしまう。

ここで考える高分子化合物はこういう物質ではなく、基本になる1個の分子があって、それがいくつもつながることで、長くて分子量の大きい鎖状、または網目状の構造になる化合物である。

クリップ1個1個のように、基本になる分子のことを**モノマー**（単量体）、2個のモノマーがつながったものを**ダイマー**（二量体）、それよりもう少し長く8個くらいまでのつながりを**オリゴマー**と言う。例えば、**グルコース（ブドウ糖）**はモノマー、**スクロース（ショ糖　砂糖の化学名）**はグルコースとその仲間（**フルクトース**という糖）がつながったダイマー、このごろ名前を聞くようになったオリゴ糖はさらにいくつかの糖がつながったオリゴマーということになる（図7-2）。グルコースが数万以上重合した**高分子化合物**をデンプンと言う。

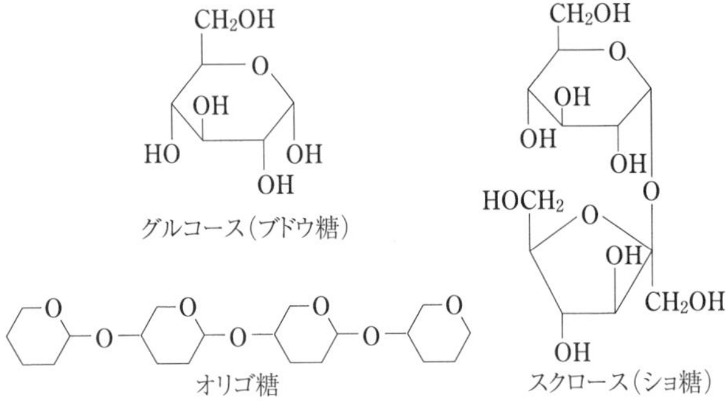

図7-2 ブドウ糖、ショ糖、オリゴ糖

②付加重合と縮合重合

モノマーを次々につなげて、ポリマーとすることを**重合**という。エチレン系炭化水素(アルケン)の多くは、重合に都合のよいモノマーである。

適当な触媒があると、エチレン $CH_2=CH_2$ の二重結合のうちの一つが開き、隣のエチレン分子との間に新しい結合を作る。そうすると、また二重結合が開き、次のエチレン分子に結合の手を伸ばす。これは隣のエチレン分子に次々と付加反応していくと考えることができる(図7-3)ので、付加重合といい、この反応でポリエチレンができる。天然ゴムも付加重合で作られ

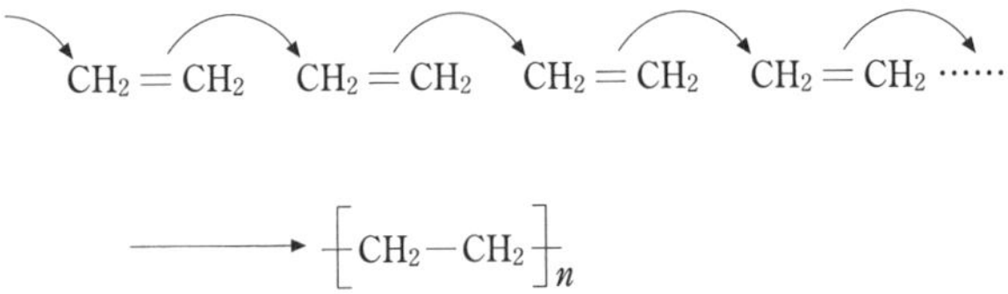

$$CH_2=CH_2 \quad CH_2=CH_2 \quad CH_2=CH_2 \quad CH_2=CH_2 \cdots\cdots$$

$$\longrightarrow \left[CH_2-CH_2\right]_n$$

図7-3 付加重合の例(ポリエチレン)
nは繰り返しの回数で、非常に大きな数

ると考えてよい。

一方、たくさんの糖が結びついて高分子化合物であるデンプンができるときは、重合の仕方がポリエチレンの場合とは大きく違っている。

このときは、隣り合った2つの分子の間で水分子が1個取れることで、お互いに手を結ぶ。**脱水縮合**だ。同じように分子の両側で、この脱水縮合が何回も何回も繰り返される。その結果、高分子にまで鎖が伸びていく。図7-4には、ナイロン66がアジピン酸 $HOOC(CH_2)_4COOH$ とヘキサメチレンジアミン $NH_2(CH_2)_6H_2N$ から合成される反応を例として示した。このように、縮合が何回も繰り返されてポリマーができるタイプの重合を**縮合重合**、あるいは**重縮合**という。

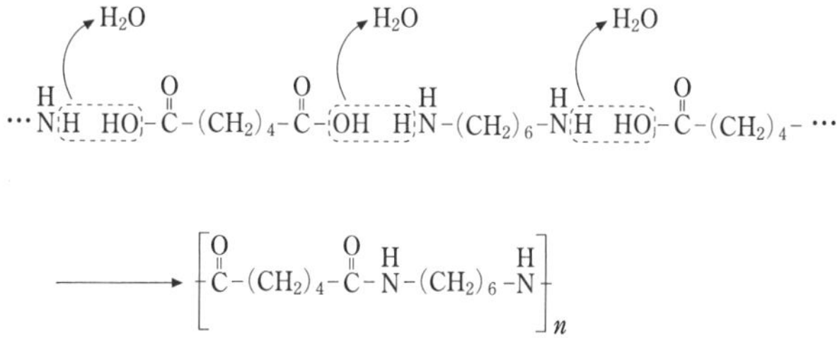

$$\cdots N\underset{\underset{H_2O}{\Big\uparrow}}{H\ HO}-\overset{O}{\overset{\|}{C}}-(CH_2)_4-\underset{\underset{H_2O}{\Big\uparrow}}{\underline{OH}\ \underline{H}}N-(CH_2)_6-N\underset{\underset{H_2O}{\Big\uparrow}}{\underline{H}\ \underline{HO}}-\overset{O}{\overset{\|}{C}}-(CH_2)_4-\cdots$$

$$\longrightarrow \left[\overset{O}{\overset{\|}{C}}-(CH_2)_4-\overset{O}{\overset{\|}{C}}-\overset{H}{N}-(CH_2)_6-\overset{H}{N} \right]_n$$

図7-4 縮合重合の例（ナイロン66）

❷糖・デンプン・セルロース

①単糖類から二糖類へ

糖の特徴は、なんといってもその「甘さ」だ。有機化合物の中ではアルコールと同じように、OH基（**ヒドロキシ基**）を持つ仲間に分類されるが、このOH基の数が多くなると、人間の味覚には甘さとして感じられるようになる。糖にはたくさんの

OH基があるので、多価アルコールということができる。

エタノール C_2H_5OH を硫酸 H_2SO_4 とともにおだやかに熱すると、2分子のエタノールから水が取れて、ジエチルエーテル $(C_2H_5)_2O$ ができる。このように OH 基を持つアルコールは、2分子の間で水を失って結びつくと、エーテルになる性質がある。糖だって同じだ。

グルコースの OH 基ともう一つのグルコースの OH 基が水分子を失って結びつくと、エーテルができるはずだ。このエーテル構造の物質は、グルコースが2個結びついたことになるので、ダイマー（**二糖類**）だ。名前をマルトース（麦芽糖）という。このような二糖類には、先ほどでてきたスクロースや、母乳に含まれるラクトース（乳糖）などがある。

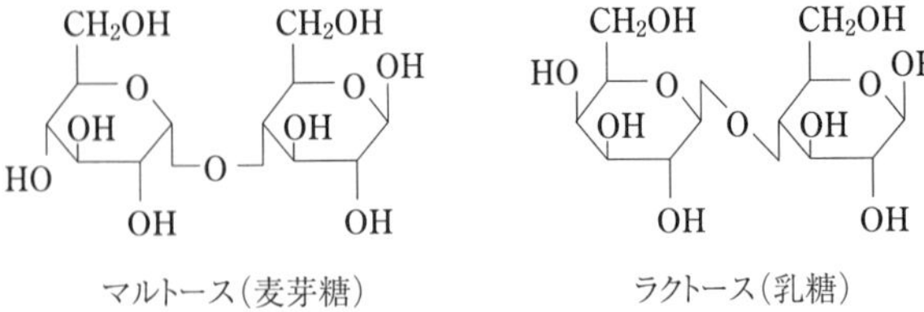

マルトース（麦芽糖）　　　　　ラクトース（乳糖）

図7-5　麦芽糖と乳糖

②ポリエーテル

エタノールにもう一つ OH 基がついた化合物に 1, 2-エタンジオール $HOCH_2CH_2OH$（「**オール**」はヒドロキシ基-OH を表す接尾語。ジオールで-OH が2つあることを示す。慣用名：エチレングリコール）がある。自動車の不凍液などに使われる物質だ。この 1, 2-エタンジオールを先ほどと同じようにエーテル化すると、どうなるだろうか。

7-1 天然高分子化合物

```
        ┌─脱水縮合
     H H │      H H              H H   H H
     | | ↓      | |              | |   | |
HO-C-C-OH  HO-C-C-OH    ──→   HO-C-C-O-C-C-OH
     | |         | |              | |   | |
     H H         H H              H H   H H
```

1,2-エタンジオール
（エチレングリコール）

図 7-6　1,2-エタンジオールの脱水縮合

　まず、2分子の1,2-エタンジオールから水が取れてエーテルができるだろう。ここまではエタノールのときと同じだ。ところが、できたエーテル・ダイマーの分子の両端には、まだOH基が残っている（図7-6）ではないか！　そう、このOH基が別の1,2-エタンジオールのOH基と反応して、また水分子が取れ、つながる反応が起こる。2つつながったクリップに3個目のクリップをつなげるわけだ。後は順次、それを繰り返していけば、ポリマーができあがる。これをポリエチレングリコールという。

　このように、OH基を2つ以上持ったモノマー分子は、両側で脱水縮合することができるから、ポリマーになる。2つのクリップのつなぎ目が**エーテル結合のポリマー**である。

```
       ↑H₂O       ↑H₂O       ↑H₂O       ↑H₂O
··· OH  HO-CH₂CH₂OH  HO-CH₂CH₂OH  HO-CH₂CH₂OH  HO-···

        ──→   HO─[CH₂CH₂O]ₙ─H
```

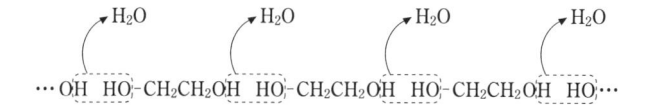

図 7-7　ポリエチレングリコール

③アミロースとセルロース

グルコースからは図7-8のようにデンプンの主成分であるアミロース $(C_6H_{10}O_5)_n$ ができる場合と、紙などの繊維であるセルロース $(C_6H_{10}O_5)_n$ ができる場合がある。どちらもポリマーには違いなく、糖類のポリマーだから**多糖類**という。両者は、**エーテル結合**しているつなぎ目の OH 基の向きがちょっと違うだけだ。

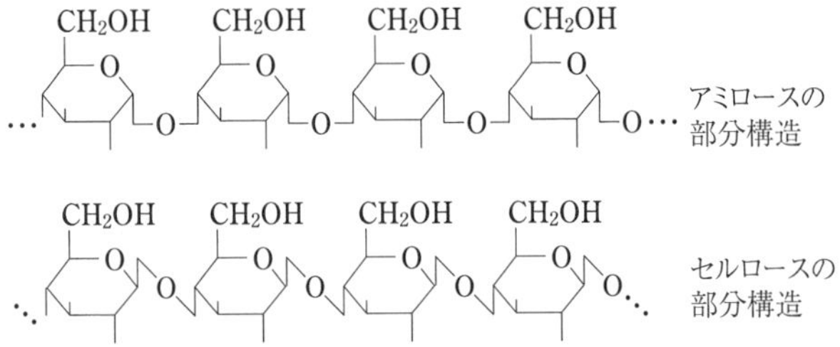

図7-8 アミロース(デンプン)とセルロース

私たち人間はデンプンを消化できるけれど、セルロース(繊維)は消化できない。これはデンプン(アミロース)のつなぎ目を切る消化酵素は持っているけれど、この酵素ではつなぎ目の向きが異なるセルロースを分解できないからだ。ところが、羊や山羊などの草食動物は、腸内細菌が持っているセルラーゼというスーパー酵素の力を借りて、セルロースの結合を切っている。だから草食動物は、繊維質の多い植物の葉や茎を食べても、自分の栄養分として利用していけるのだ。

コラム　ヨウ素デンプン反応の仕組み

ヨウ素-ヨウ化カリウム水溶液をジャガイモの切り口に垂らすと、青紫色に変色する。ヨウ素デンプン反応だ。デンプンの成分のアミロースは、図のようにらせん状になっている。そこ

にヨウ素が加えられると、らせんの中心にヨウ素分子（I-I）が取り込まれる。ヨウ素分子は、らせん構造のトンネルにちょうどよくはまるサイズなので、安定な組み合わせとなる。このように空間を提供する分子（ホスト）が、ゲストとして他の分子などを取り込むことを「包接」といい、全体を「包接化合物」と呼ぶ。

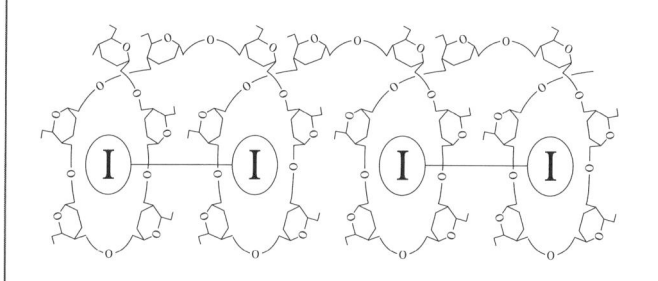

図7-9 ヨウ素デンプン反応の図

3 アミノ酸・タンパク質

①アミノ酸からタンパク質へ

アミノ酸はその名のとおり、分子の中に**アミノ基**（-NH$_2$）と**カルボン酸**（-COOH **カルボキシ基**を持つ有機化合物）を持つ化合物で、アミンの一種でもあるカルボン酸だ。

私たち生物の体の中では、あるアミノ酸の-COOH基と、もう1分子のアミノ酸の-NH$_2$基との間で水が取れ、**脱水縮合**が起こる。そのとき分子の終端にはまだ反応していない-COOHがあるので、さらに別のアミノ酸をつなぐことができる。これを繰り返していくと、**アミノ酸のポリマー**ができるだろう。こ

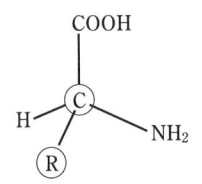

図7-10 アミノ酸の立体的な構造式

図7-11 アミド結合のポリマーがタンパク質だ

れが**タンパク質**だ。

　一般に、カルボン酸とアミンとの間で水が取れ、縮合した化合物を**アミド**と言うので、つなぎ目になっている-CO-NH-結合のことを**アミド結合**と言う。また、特にタンパク質のアミド結合は**ペプチド結合**と呼ばれることも多い。いくつかのアミノ酸がつながったオリゴマーはオリゴペプチド、高分子のタンパク質になったものは**ポリペプチド**と言う。

②アミノ酸の光学異性体

　306ページで触れたように、一般に**アミノ酸**には**光学異性体**

がある。そのうち一方をD-体、もう一方をL-体と呼ぶことにしよう。おもしろいことに、ほとんどの動物の体を作っているタンパク質は、すべてL-体のアミノ酸だけが原料となって、脱水縮合したものだ。これは私たちの体が、巧みにアミノ酸のD-体とL-体を見分けていて、L-体のアミノ酸だけを材料としてタンパク質の鎖を作っているからだ。

　立体パズルを考えてみよう。その中に1ピースでも逆向きのピースがあったら、正しく立体を完成することができないであろう。だから、同じ分子からできているタンパク質でも、光学異性体は厳密にチェックされている。例えば私たちはL-体のアミノ酸だけをうまみ成分として感じるので、化学調味料にはL-グルタミン酸ナトリウムというアミノ酸のナトリウム塩を用いている。D-グルタミン酸ナトリウムでは何の味覚も感じないのである。

③タンパク質の構造を調べる

　タンパク質のポリペプチド鎖の構造を調べるには、鎖状に連なるアミノ酸の並び方を端から順に調べていく作業を行う。1955年にホルモンの一種であるインスリンのアミノ酸配列が初めて決定されて以来、すでに数千種類のタンパク質について、アミノ酸の配列が決められている。といっても、この作業は容易ではない。いちばん端のアミノ酸を1つだけ切り離し、分析によってアミノ酸の種類を特定する。次はその隣、さらにその隣、……というように手間と根気のいる作業であった。近年では、コンピュータにより一連の作業を自動化する装置を使うこともできるようになっている。

　タンパク質のポリペプチド鎖は、鎖状といっても直線的に並んでいるわけではなく、多くの場合、図7-12に示すようにら

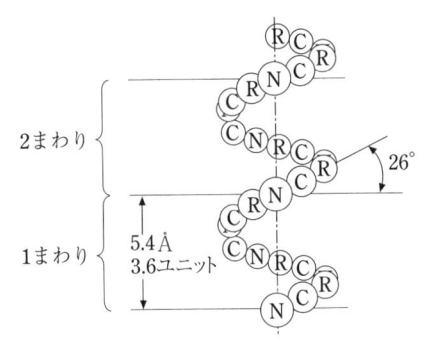

図7-12　α-ヘリックス構造の模式図

せん形（α-ヘリックス構造）をしている。

インスリンや食べ物の消化酵素など、体の中で起こるさまざまな化学反応を助ける酵素は、みなタンパク質でできているが、それぞれのタンパク質は立体的な構造のおかげで働きかける相手（基質）を見分けることができ、例えば、アミラーゼはデンプンに、リパーゼは油脂にというように、特異的に作用する。

④タンパク質の反応

タンパク質のタンパク（蛋白）とは、もともと卵の白身のことであった。ゆで卵のように、タンパク質を熱すると固まり、冷ましても元に戻ることはない。これを熱変性という。

また、皮膚に過って硝酸をつけると、すぐに黄色く変色してしまう。これは**キサントプロテイン反応**によるもので、一般にタンパク質に硝酸を作用させると、タンパク質中のベンゼン環に$-NO_2$基がつくニトロ化を受けるために、黄色になる。**ニトロ化合物は一般に黄色い**。

水溶液の中からペプチドを検出するには、**ビウレット反応**や**ニンヒドリン反応**が用いられる。

ビウレット反応は、水酸化ナトリウム水溶液で塩基性にした後、少量の硫酸銅(Ⅱ) $CuSO_4$ 水溶液を加える。溶液中にペプチドがあれば、Cu^{2+} イオンと結びついて赤紫色になる。

ニンヒドリン反応は中性水溶液で調べられる。溶液に少量のニンヒドリンを加え、煮沸してから冷ます。タンパク質やアミノ酸があれば、青紫から赤紫色になる。

4 天然繊維

①動物性繊維

天然の動物性繊維の代表は絹（シルク）と羊毛（ウール）である。

絹は蚕が作る繭から巻き取った生糸を、セッケン水で煮てきれいにすると得られる。絹はフィブロインというタンパク質（主にグリシンとアラニンからなるポリペプチド）で、光沢があり、手触りがよいので古くから高級織物用に用いられている。

羊毛は毛髪と同様、**ケラチン**というタンパク質（爪、毛髪、皮膚の角質層などの硬いタンパク質）を主成分とする動物性繊維で、高い吸湿性と保温性を持つ。紡績によって縮れていた繊維が引き伸ばされ、弾力性を示すようになる。羊毛を燃やすと特有の臭気が出るので、絹や植物性繊維と区別できる。

②植物性繊維

植物性繊維としては、綿や麻のような織物用の繊維と、木材から得られるパルプ（紙の原料）がある。どちらも**セルロース**が主成分である。セルロース繊維は分子が一定の配列をした結晶部分と、乱雑に集合した非結晶部分とからなり、両者の適当な配合によって繊維に強度、たわみやすさ、弾力性、染色性、吸湿性などが生まれるものと考えられている。

③再生繊維と半合成繊維

　セルロース繊維は木綿の場合で、約1万個までのグルコース（ブドウ糖）が結合しているが、それでも顕微鏡でやっと見えるくらいの短い繊維である。一般に、繊維としては細くて長いもののほうが品質が良いので、19世紀の終わり頃からセルロースをもとに、より長い繊維を作る研究が進められてきた。その手段は一度なんらかの手段で溶液とし、それを引き伸ばすことで長い繊維として再生するものと言える。この再生繊維を**レーヨン**と呼ぶ。

　レーヨンには、セルロースを水酸化ナトリウムで溶かしてから作るビスコースレーヨン、セルロースの銅アンモニア塩溶液から得られるベンベルグレーヨン（銅アンモニアレーヨン、キュプラともいう）、酢酸セルロースの形にしてから作るアセテートレーヨン（単にアセテートともいう）がある。このうち、アセテートレーヨンは、セルロースのOH基を無水酢酸で部分的にアセチル化（水素原子をアセチル基$-COCH_3$で置換する）して、合成した酢酸セルロースを溶媒に溶かして糸に成型するので、半合成繊維と呼ばれる。レーヨンは、種々の形態の繊維として広く用いられている。

［答え］　問い1／デンプン、問い2／草食動物、問い3／絹

7-2　合成高分子化合物

問い1　プラスチックを加温するとどうなるか？

問い2　プラスチックを軟らかく保つには？

> **問い3** ゴムはどうして伸びるのだろうか？

◼付加重合で作られるポリマー

①プラスチックの化学

プラスチックはいったい、何からできているだろうか。

実は、石油だ。あの、油田から噴き出す黒いどろどろした石油が、プラスチックの原料である。石油というとすぐに思い浮かぶのは、石油ストーブに使う灯油や、自動車のガソリンや軽油だけれど、その他にも様々な製品が石油から生まれている。原油の蒸留によって得られる粗製ガソリン（ナフサ）を、触媒といっしょに熱すると、精製ガソリンとともに熱分解によってエチレン $CH_2=CH_2$、プロピレン $CH_3CH=CH_2$、ブタジエン $CH_2=CHCH=CH_2$ などのエチレン系炭化水素（アルケン）や、芳香族炭化水素が得られる。これらは重要な化学工業の原料だ。このような中間原料から、多くの化成品が作られる合成高分子の世界をのぞいてみよう。

②ポリエチレンの仲間たち

エチレン系炭化水素（アルケン）の重合により作られるポリエチレンの仲間たちは、耐久性、種々の化学薬品に対する耐性、弾力性、透明性、電気に対する絶縁性、耐熱性などの面で優れた特性を持つプラスチックだ。ポリバケツや水道管などの成型品の他にも、合成繊維、フィルム、塗料、医用材料などに幅広い用途がある。ポリエチレン、テフロン、発泡スチロール（ポリスチレン）、塩ビ（ポリ塩化ビニル）、サランなどの名称は、日常でも耳にするようになった。

図7-13には、エチレン系炭化水素（アルケン）をモノマー

とする各種ポリマーの構造と用途を示した。現在よく使われている製品が、エチレン系炭化水素の重合反応によって作られていることがわかる。

モノマー	ポリマー	名称(略号)	用途
$H_2C=CH_2$	$-(CH_2CH_2)_n-$	ポリエチレン(PE)	容器・袋
$H_2C=CH$ | Cl	$-(CH_2CH)_n-$ | Cl	ポリ塩化ビニル(PVC, V)	パイプ・ホース
$H_2C=CH$ | CH_3	$-(CH_2CH)_n-$ | CH_3	ポリプロピレン(PP)	容器・フィルム
$C_6H_5-CH=CH_2$	$-(CH_2CH)_n-$ | C_6H_5	ポリスチレン(PS)	発泡スチロール
$F_2C=CF_2$	$-(CF_2CF_2)_n-$	テフロン	テフロン加工品
$H_2C=CCl_2$	$-(CH_2CCl_2)_n-$	ポリ塩化ビニリデン(サラン)	食品ラップ
$H_2C=CH$ | CN	$-(CH_2CH)_n-$ | CN	ポリアクリロニトリル(オーロン)	アクリル繊維
$CH_3COOCH=CH_2$	$-(CH_2CH)_n-$ | CH_3COO	ポリ酢酸ビニル	接着剤

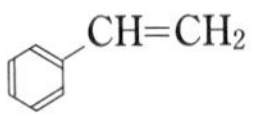

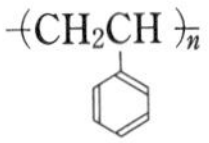

図7-13 日常生活で使われている代表的なプラスチック

③付加重合のメカニズム

エチレン系炭化水素(アルケン)同士を反応させるには、例えば酸や塩基、過酸化物、アルミニウムとチタンなどの適当な触媒が必要である。これらの触媒の作用でエチレン系炭化水素の二重結合が開き、隣のエチレン系炭化水素分子との間に新し

い結合を作る。そうなると、また二重結合が開き、次のエチレン系炭化水素分子に結合の手を伸ばす。このようにして連続的に結合を形成していき鎖状につながる反応を、**付加重合反応**、または単に付加重合という。一例として、有機過酸化物によるエチレンの重合反応を図7-14に示す。

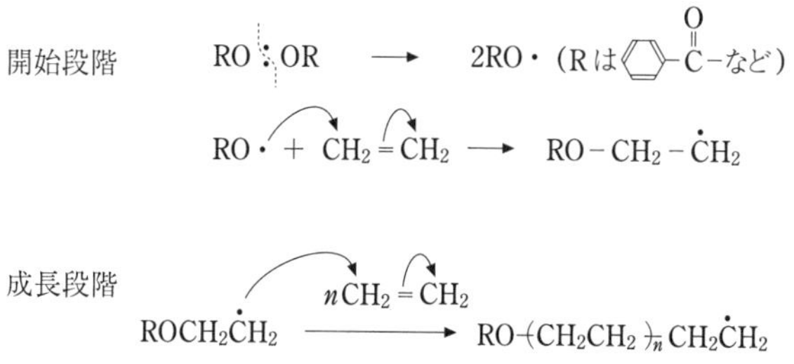

開始段階
$$RO:OR \longrightarrow 2RO\cdot \quad (R は \bigcirc\!\!-\!\!\overset{\overset{O}{\|}}{C}- など)$$

$$RO\cdot + CH_2=CH_2 \longrightarrow RO-CH_2-\dot{C}H_2$$

成長段階
$$ROCH_2\dot{C}H_2 \xrightarrow{nCH_2=CH_2} RO{\small -}(CH_2CH_2{\small)}_{\!n}CH_2\dot{C}H_2$$

図7-14 エチレンの付加重合反応によるポリエチレンの生成

コラム　高密度ポリエチレンと低密度ポリエチレン

ポリエチレンの重合法には、有機過酸化物による方法と、ドイツのチーグラー（1898～1973）およびイタリアのナッタ（1903～1979）によって開発された有機アルミニウムと四塩化チタンを触媒として用いる方法がある。チーグラー–ナッタの触媒を使う方法では、比較的低圧下で非常に簡単に、しかも効率よくエチレンを重合させることができる。生成するポリマーは直線性がよく、本文で述べた有機過酸化物による方法で得られるポリマーよりも、高密度でずっと強い。これを「高密度ポリエチレン」と言い、鋳型に入れて成型し、容器として使用される。

有機過酸化物による重合で得られるポリエチレンの方は、図

7-14に示した単純な直線構造のポリエチレンではなく、実際には多くの「枝分かれ」を持っているので、低密度になる。この「低密度ポリエチレン」は、しなやかで透明性がよいので、食品を貯蔵する袋などに使用される。

④ポリ塩化ビニル（PVC）

塩化ビニルも付加重合して、ポリ塩化ビニルが得られる。面白いことに塩化ビニルの重合のしかたは「向き」がそろっていて、ポリ塩化ビニルは非常に規則正しい**頭－尾構造**を持っている。また、平均分子量は150万を超えている。

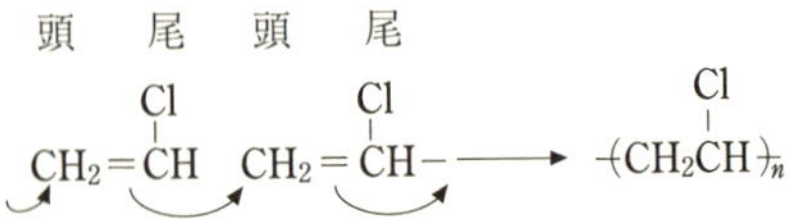

$$\underset{頭}{CH_2=CH}\underset{尾}{-}\underset{頭}{CH_2=CH}\underset{尾}{-} \longrightarrow -(CH_2CH)_n-$$
$$\quad\quad Cl \quad\quad\quad Cl \quad\quad\quad\quad\quad Cl$$

図7-15　ポリ塩化ビニルの構造

コラム　プラスチックを軟らかくする添加物、可塑剤

ポリ塩化ビニルは、そのままでは硬い高分子化合物であるが、製造過程でフタル酸エステルを配合すると、軟質のポリ塩化ビニル樹脂を作ることができる。こうして作られた弾力性のあるものは、園芸用ホースやビニル・レザーなどに使用されている。一般に、このように硬い高分子物質に添加して柔軟性、加工性を高める添加剤を**可塑剤（かそ）**と言う。

可塑剤は、高分子鎖の間に入り込み、高分子鎖どうしが凝集しようとする作用を弱めるので、プラスチックを柔軟にし、加

工性や耐寒性を向上させる。

　工業的に多用されるプラスチックへの添加物には、フタル酸ジエチルヘキシル（フタル酸オクチルとも言う）やビスフェノールAなどがある。これらがわずかながら溶けだし、ヒトの脂肪組織に蓄積し、内分泌を攪乱することを心配する報告もある。

⑤ポリビニルアルコールとその仲間たち

　アセチレンに酢酸を付加させてできる酢酸ビニルも、ビニル基 $CH_2=CH-$ の部分で容易に重合し、ポリ酢酸ビニルとなる。「ボンド木工用」(商品名)として知られている白い接着剤の主成分で、固まると透明になり水には溶けないポリマーができる。

　ポリ酢酸ビニルから酢酸エステルの部分を加水分解（水分子と反応して起こる分解反応）して取り去ると、ポリビニルアルコールになる。これは多数のOH基があるので水に溶けやすい性質に変わる。ポリビニルアルコールは、それ自身ではこの水溶性を生かして「洗濯糊（合成糊）」として用いられる。

　ポリビニルアルコールをホルムアルデヒド HCHO で処理すると、2つの OH 基の間で架橋され（図7-16）、再び水に溶け

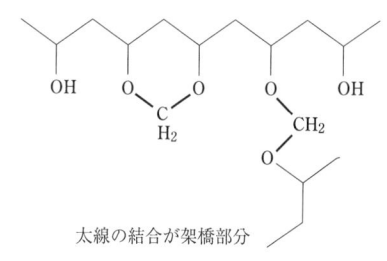

太線の結合が架橋部分

図7-16　ポリビニルアルコールの架橋ポリマー

なくなる。だが、まだ多くの OH 基が残っているので、多量の水を吸収する性質があり、近年、高吸水性ポリマーとして紙おむつや生理用品の素材に使用されている。

この架橋ポリマーを繊維状にしたものを「ビニロン」といい、吸湿性の優れた繊維である。ビニロンは京都大学の桜田一郎が発明した繊維で、日本が技術開発に先導的な役割を果たした。

❷縮合重合で作られるポリマー

①ナイロン

絹（シルク）は蚕の繭からとれる高級感のある天然繊維であるが、生産量が限られており価格も高い。そこで、人工的にいくつものペプチド結合をつなげて、絹に似た風合いの新しい繊

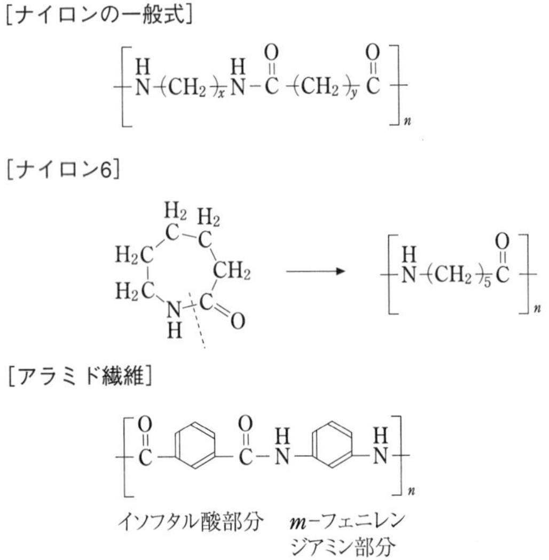

[ナイロンの一般式]

$$\left[\begin{array}{c} H \\ N \end{array} (CH_2)_x \begin{array}{c} H \\ N \end{array} \begin{array}{c} O \\ \| \\ C \end{array} (CH_2)_y \begin{array}{c} O \\ \| \\ C \end{array} \right]_n$$

[ナイロン6]

$$\text{(環状構造)} \longrightarrow \left[\begin{array}{c} H \\ N \end{array} (CH_2)_5 \begin{array}{c} O \\ \| \\ C \end{array} \right]_n$$

[アラミド繊維]

$$\left[\begin{array}{c} O \\ \| \\ C \end{array} \bigcirc \begin{array}{c} O \\ \| \\ C \end{array} \begin{array}{c} H \\ N \end{array} \bigcirc \begin{array}{c} H \\ N \end{array} \right]_n$$

イソフタル酸部分　　m-フェニレンジアミン部分

図7-17　ナイロンとアラミド繊維

維を作る試みが行われてきた。そしてついに1935年、アメリカのカロザーズ（1896〜1937）が**ナイロン**を発明した。ナイロンはヘキサメチレンジアミンなどのジアミンと、アジピン酸などのジカルボン酸から得られる合成繊維である。

この世界初の合成繊維ナイロンの発明により、安くて質のよい衣料品が多くの人々に供給されてきた。ナイロンは現在でも大きな需要があり、各種成型品、板、フィルム、チューブなどにも広く用いられており、ポリアミド系合成高分子物質の総称となっている。

コラム　ナイロンの開発競争

ナイロンの大きな需要に触発されて、独創的で安価なモノマーの合成法が開発された。原料モノマーの一つであるヘキサメチレンジアミンは、当初アジピン酸から多段階の工程で作っていたが、その後工程の短い1,3-ブタジエンからの合成方法へと改められた。また、分子内にすでにアミド結合を持つモノマーである ε-カプロラクタムから合成するナイロン6も登場した。いずれの方法も、経済性、廃棄物の処理、製造の容易さなどの点で、それ以前の方法を改善したものである。

また、ジカルボン酸として芳香族カルボン酸を使用したアラミド繊維は、非常に高強度の繊維として実用化されている。

②ポリエステル

カルボン酸 RCOOH とアルコールからエステル結合ができるときも、やはり**脱水縮合**が起こる。図7-18のように、テレフタル酸と1,2-エタンジオールとの間でこの脱水縮合が数多く繰り返されると、ポリマーができる。エステル結合でできた

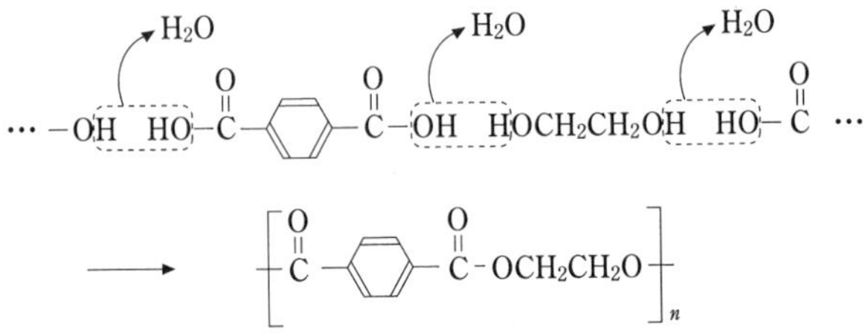

$$\cdots -\text{OH} \quad \text{HO}-\overset{\text{O}}{\underset{}{\text{C}}}-\underset{}{\text{C}_6\text{H}_4}-\overset{\text{O}}{\underset{}{\text{C}}}-\text{OH} \quad \text{HOCH}_2\text{CH}_2\text{OH} \quad \text{HO}-\overset{\text{O}}{\underset{}{\text{C}}}- \cdots$$

(H₂Oが脱離)

$$\longrightarrow \left[\overset{\text{O}}{\underset{}{\text{C}}}-\text{C}_6\text{H}_4-\overset{\text{O}}{\underset{}{\text{C}}}-\text{OCH}_2\text{CH}_2\text{O} \right]_n$$

図7-18 ポリエステルの生成

ポリマーなので、これを**ポリエステル**と呼んでいる。

ポリエステルも代表的な繊維で、洗濯しても折り目が消えず、しわにもなりにくい。吸湿性はないので上着などに向いている。

またポリエステルもプラスチックとしての大きな需要があり、最近では清涼飲料の容器（**PETボトル**）として用いられている。PETとは、ポリエステルの別名 PolyEthylene Terephthalate の頭文字をとったものである。ポリエステルの構造中には、テレフタル酸のベンゼン環があるので、紫外線を吸収する性質があり、飲料水の品質を保持しやすいのである。

3 熱硬化性の樹脂

①熱可塑性と熱硬化性

以上述べてきたポリエチレンのような付加重合のポリマーも、ナイロンやポリエステルなどの縮合重合のポリマーも、加熱によって軟らかくなるので、それを糸状に押し出して紡いだり、型にはめて成型したりと加工することができる。一般に、ポリマーが軟らかくなる性質のことを**可塑性**と言う。この場合のように熱したときに軟らかくなる性質は「**熱可塑性**」だ。

これに対して、ある種のポリマーは、熱すると反対に硬くなる性質、「**熱硬化性**」を持つ。フェノール樹脂、ユリア樹脂（尿

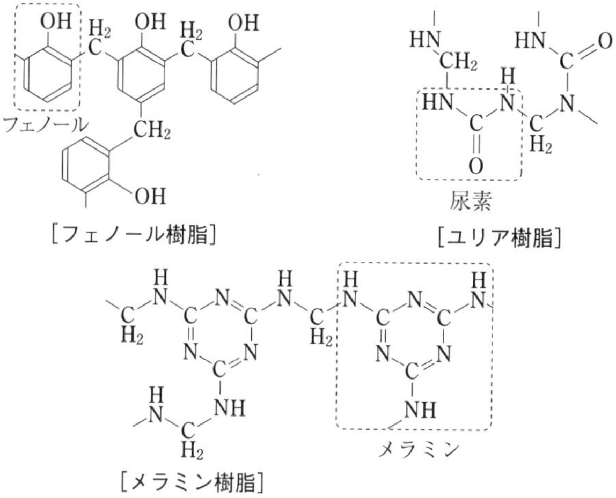

図7-19 熱硬化性の合成樹脂

素樹脂、ウレア樹脂)、メラミン樹脂などである。これらはいずれも、加熱により「3次元網目構造」をとる。

②ホルムアルデヒドの使用

熱硬化性樹脂は比較的加熱に強く、溶媒にも溶けにくいので、食器や家具、建材などに広く使われている。これらの樹脂の原料にはホルムアルデヒド HCHO が用いられているが、このホルムアルデヒドが微量ながら残ってしまうと、ツンとした臭いがしたり、目がチカチカすることがある。最近は建築物の気密性が高くなっているために濃度が高くなり、ひどい場合には頭痛や吐き気がするという場合もある。このように建築物に使用されている化学物質の揮発が原因で体調をくずすことは**シックハウス症候群**と呼ばれ、問題になっている。

❹ゴム

①天然ゴムと加硫

プラスチック (plastic) とはもともと、可塑性を利用して軟らかくした状態で型にはめ、「成型できる」というのが語源である。それに対してゴムの弾力性は、エラスチック (elastic) と言う。

天然ゴムは、ゴムの木に傷を付けてしみ出てくる樹液（ラテックス）を集め、酢酸などの凝固剤を加えて作る。**イソプレン**という二重結合が2ヵ所ある化合物の重合体であると考えることができる（図7-20）。ゴムの構造中にはシス型の二重結合が残っているので、わずかに弾力性があるが、硫黄を加えて（加硫）二重結合部分で架橋してやると、弾力性が増す。さらに加硫を続けると弾力を失い、硬いプラスチック状になる。これをエボナイトと言い、電気部品の素材などに使われる。

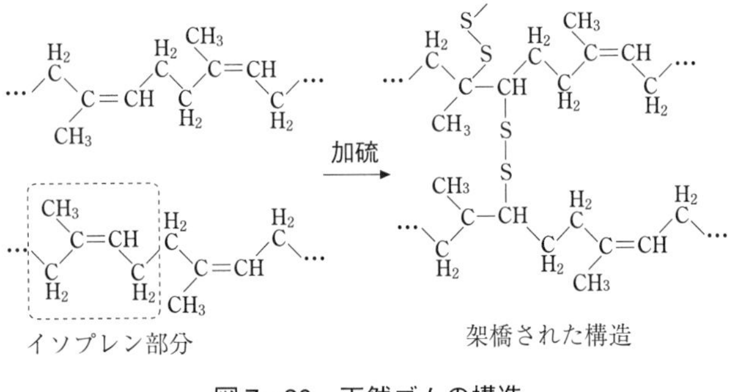

図7-20 天然ゴムの構造

②合成ゴムとシリコーンゴム

ゴムの木は熱帯植物なので温暖な地にしか育たず、また天然

7-2 合成高分子化合物

ゴムは油に溶けやすく、寒冷地では硬くなるなどの欠点がある。そこで、イソプレンの基本骨格である1,3-ブタジエンや、塩素が置換したクロロプレンなどのモノマーを重合させて、各種の合成ゴムが開発された（図7-21）。また、ケイ素を含むゴム（シリコーンゴム）も、実用化されている。これらの合成ゴムやシリコーンゴムは、耐油性、耐寒性、耐熱性、耐摩耗性などに優れた高機能ゴムとして多用されている。

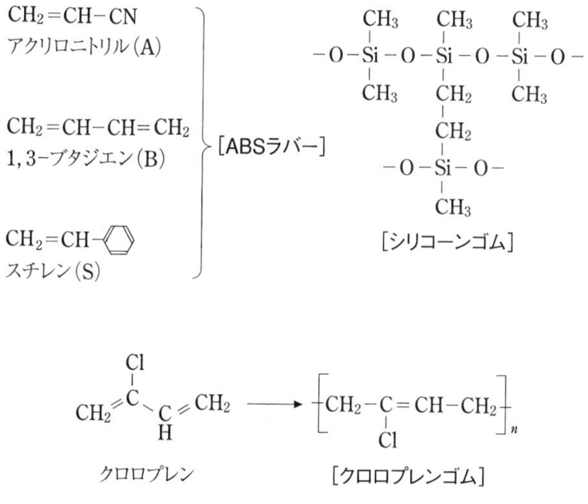

図7-21 合成ゴムとシリコーンゴム

[答え] 問い1／軟らかくなる、問い2／可塑剤を添加する、問い3／二重結合があるから

第8章
人間と化学のかかわり

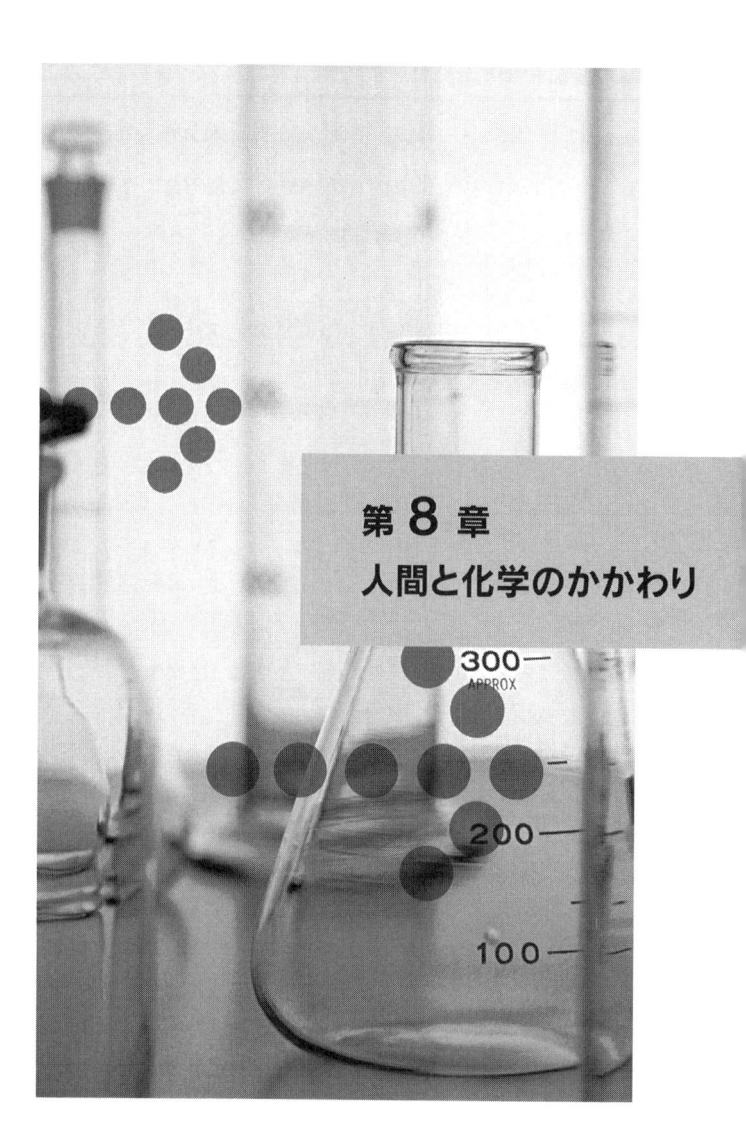

8-1 生活と化学

> **問い1** 私たちに必要な栄養素は主に何種類あるか？
> 3種類　5種類　10種類
>
> **問い2** アルミ缶とスチール缶、同じ空き缶だけど簡単な見分け方はあるの？
> 缶をつぶす　磁石を近づける　加熱する
>
> **問い3** 温室効果ガスには数種類あるが、大気中にも含まれている。はたしてどれ？
> 窒素　酸素　二酸化炭素

1 食品の化学

食品には、私たちの生命活動に必要な物質（栄養素）が含まれている。その栄養素として、まず、**糖質（炭水化物）、脂質、タンパク質**があげられ、これは**三大栄養素**と呼ばれている。他に、少量ではあるがなくてはならないものに、**ビタミン**と**ミネラル**がある。

三大栄養素は体内で消化、吸収されて変化し、体の細胞・組織・器官を作る材料になる。また、体内の化学変化を円滑に進めるための物質やエネルギーの源となる。

食品には植物性のものと動物性のものが存在するが、もともと栄養を自分で作り出せるのは植物だけである。栄養物質は利用されると、最後には二酸化炭素、水などとして体外に排出される。そして二酸化炭素と水から植物が光合成によって糖質を作り出す。このように、自然の中で物質は循環しているのである。

①糖質

 栄養素となる糖質の代表は**デンプン**である。デンプンの元素組成は $C_6H_{10}O_5$ である。糖質は、このように炭素 C と水 H_2O が結合したかのような元素組成 $C_6(H_2O)_5$ を持つ物質なので炭水化物とも呼ばれる。**グルコース（ブドウ糖）**は、スクロース（ショ糖）よりもさっぱりした甘味のある物質で、医療の点滴栄養物質として用いられる。グルコースには、いくつかの種類の構造が違った異性体がある。普通に見られるグルコースの結晶は α-グルコースである。

 デンプンは、α-グルコースが多数つながった構造を持つ高分子化合物である。セルロースは β-グルコースが多数つながった構造である。

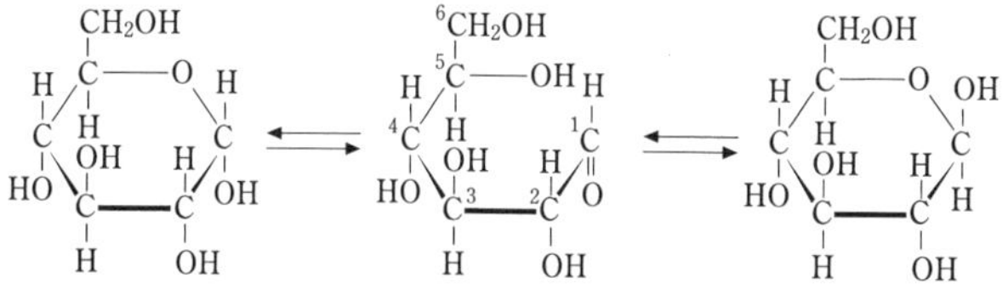

α-グルコース　　　グルコース（鎖状構造）　　　β-グルコース

水溶液中でこれらが平衡状態になっている

図8-1　グルコースの構成

 私たちが普段「砂糖」と呼んでいる糖質は、主に**ショ糖（スクロース）**のことである。

 デンプンは体内でまずグルコースに分解され、さらに分解(代謝と言う) が進んで最後は二酸化炭素 CO_2 と水 H_2O になる。この途中に数多くの段階があり、それら中間段階のいろいろな物質から生命活動に必要な多様な物質とエネルギーが作り出される。体内で糖質を蓄えるときにはグリコーゲン $(C_6H_{10}O_5)_n$

という物質にする。グリコーゲンもグルコースが多数つながった構造を持っている。グリコーゲンは必要に応じてグルコースに分解されて利用される。

②脂質

　脂質（中性脂肪）は炭素数の多い**脂肪酸** C_mH_nCOOH（高級脂肪酸という）と**グリセリン** $\begin{matrix} CH_2-CH-CH_2 \\ |\ \ \ \ \ |\ \ \ \ \ | \\ OH\ \ OH\ \ OH \end{matrix}$ からできた**エステルの構造**を持っている。脂肪酸とは、分子中にカルボキシ基を1個持つ鎖式カルボン酸のことである。牛、豚などの動物の脂質も、ナタネ油、大豆油といった植物油も化学構造のうえでは同じ脂質である。

　一般に固形のものに脂、液体のものに油という字をあてている。固体であるか液体であるかは、多く含まれる脂肪酸の化学構造によって決まる。二重結合を多く持つ脂肪酸を主な構成成分とする油脂には、液体のものが多い。

　脂質は体内では、まずリパーゼ（消化酵素）によって消化されて、脂肪酸とグリセリンに**加水分解**（脱水縮合の逆の反応）される。これらは最終的には二酸化炭素と水になる。炭素数の多い基（多くのC-H結合を持つ）はエネルギーに富んでいて、この代謝の過程で大量のエネルギーが生じる。だから脂質は高エネルギーの栄養源である。ただし、食物から摂るエネルギーに余裕ができたり、あるいは過剰になったときには、その分は脂質の形で蓄えられる。

8-1 生活と化学

$$\begin{array}{c} \text{RCOOCH}_2 \\ \text{R}'\text{COOCH} \\ \text{R}''\text{COOCH}_2 \end{array} + 3\text{H}_2\text{O} \underset{\text{エステル化}}{\overset{\text{加水分解}}{\rightleftarrows}} \begin{array}{c} \text{RCOOH} \\ \text{R}'\text{COOH} \\ \text{R}''\text{COOH} \end{array} + \begin{array}{c} \text{CH}_2-\text{OH} \\ \text{CH}-\text{OH} \\ \text{CH}_2-\text{OH} \end{array}$$

油脂　　　　　　　　　　　　　　　高級脂肪酸　　グリセリン
　　　　　　　　　　　　　　　　　炭素数の多い　3価アルコール
　　　　　　　　　　　　　　　　　脂肪酸

加水分解
油脂を加水分解すると高級脂肪酸とグリセリンが得られる

| 飽和脂肪酸 | 不飽和脂肪酸 |

パルミチン酸
　$C_{15}H_{31}COOH$（融点63℃）

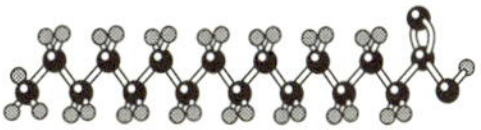

オレイン酸
　$C_{17}H_{33}COOH$（融点13℃）

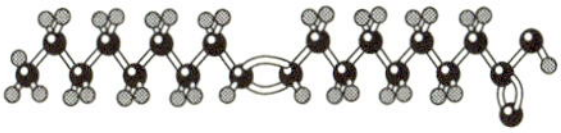

ステアリン酸
　$C_{17}H_{35}COOH$（融点71℃）

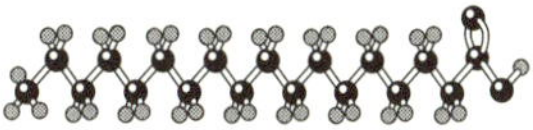

リノール酸
　$C_{17}H_{31}COOH$（融点-5.2℃）

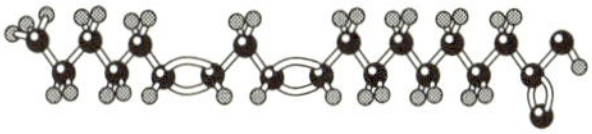

代表的な高級脂肪酸
飽和脂肪酸と不飽和脂肪酸があり、不飽和脂肪酸はふつう
シス形のC＝C二重結合を持つ

図8-2　油脂の加水分解と代表的な高級脂肪酸

コラム　親油性の生体物質

　一般に、OH基やNH$_2$基、COOH基などの極性の官能基は、水になじみやすい性質「親水性」があるので、**親水基**と言う。それに対して油脂などにある長い炭化水素鎖は、水をはじいてしまう。これは水には疎い性質という意味で、「疎水性」と呼ばれている。炭化水素鎖は**疎水基**と言うことができる。自動車のワックス（ブラジルヤシの葉から採れるカルナウバろう）はこの疎水性を利用して雨水をはじき、ボディーを保護している。

水と油はなじみにくいものの代表例に用いられるように、互いに混じり合うことはないが、油どうしは互いによく混じり合う。炭化水素の長鎖は、疎水基であると同時に、「親油性」の基、つまり親油基ということになる。

　糖やデンプン・タンパク質・アミノ酸などは、親水基を多く持つので、水に溶けやすいものが多い。逆にこれらの物質は、石油ベンジンのような**無極性の溶媒（油）**には溶けない。それでは、生物の体を作る物質を石油ベンジンなどの有機溶媒で抽出すると、どのようなものが得られるであろうか。

　有機溶媒で抽出される親油性の物質には、森林浴の有効成分として知られているテルペン、コレステロールなどの**ステロイド**、長鎖カルボン酸と長鎖アルコールのエステルである**ろう**、**油脂**とともに、**脂質**と呼ばれる一群の化合物がある。

　脂質の中でも、油脂の脂肪酸の一つがリン酸に置き換わった**リン脂質**（ホスホグリセリド）は、細胞膜の重要な成分だ。1分子中にリン酸エステル（親水性）とカルボン酸エステル（疎水性）の双方が共存する形をしている。このリン酸部分には、さらに「コリン」と呼ばれる低分子量の親水基が結合している

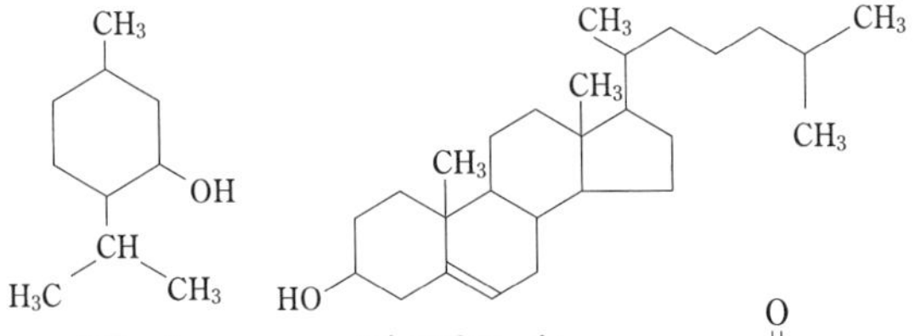

メントール
（テルペン）

コレステロール

$$CH_3(CH_2)_m \overset{O}{\underset{\|}{C}} O(CH_2)_n CH_3$$

$$\begin{pmatrix} m=14 & n=15 & 鯨ろう \\ m=24,26 & n=29,31 & 蜜ろう \end{pmatrix}$$

図8-3　テルペン、コレステロール、ろう

8-1 生活と化学

ので、水中でサンドイッチ構造（**層状ミセル**）を作ることができる。

また、脳や神経に存在する脂質の「レシチン」は、神経の刺激を伝達する役割を果たしたり、脳内で眠りを誘う作用をしたりする。ダイエットなどで脂質を制限すると、深い眠りをとることが難しいといわれている。

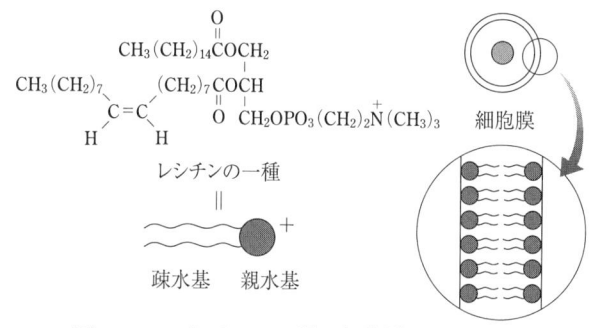

図8-4 レシチンの一種と細胞膜の層状ミセル

③タンパク質

7-1で出てきたが、タンパク質は**アミノ酸が多数つながってできた高分子（ポリマー）**である。体内で消化・吸収されるときは、ちょうどその反対の反応、つまり体内で加水分解を受けてアミノ酸になり吸収される。

天然のアミノ酸は約360種あり、タンパク質を構成するアミノ酸はそのうちの**20種類**である。これらのアミノ酸はどれも栄養源として必要であるが、そのうちの**8種類**は人間の体内では作り出せない。したがって、人間はこの8種類のアミノ酸を含むタンパク質を食物として摂ることは必須である。この8種

類のアミノ酸を特に**必須アミノ酸**という。

　タンパク質の働きはたくさんある。そのうち最も重要なのは、私たちの体を形作る材料としての働きである。毛髪、皮膚、内臓や腱などの軟組織はすべてタンパク質でできている。また、体の中で起こる化学反応は生化学反応と呼ばれるが、この反応が円滑に進むには触媒の存在が不可欠だ。その働きをする酵素もタンパク質である。

　タンパク質の構成成分であるアミノ酸の特徴はC、H、Oのほかに必ずNを含むことである。硫黄Sを含むアミノ酸もある。タンパク質は代謝されると、最終的にはCは二酸化炭

名称	記号	構造式
イソロイシン	Ile (I)	$CH_3-CH_2-CH-CH-COOH$ / CH_3　NH_2
トリプトファン	Trp (W)	(インドール)$-CH_2-CH-COOH$ / NH_2
トレオニン	Thr (T)	$CH_3-CH-CH-COOH$ / OH　NH_2
バリン	Val (V)	CH_3＞$CH-CH-COOH$ / CH_3　　　NH_2
フェニルアラニン	Phe (F)	◯$-CH_2-CH-COOH$ / NH_2
メチオニン	Met (M)	$CH_3-S-(CH_2)_2-CH-COOH$ / NH_2
リシン	Lys (K)	$H_2N-(CH_2)_4-CH-COOH$ / NH_2
ロイシン	Leu (L)	CH_3＞$CH-CH_2-CH-COOH$ / CH_3　　　　　　NH_2

必須アミノ酸（8種）

素に、Hは水になり、Nは哺乳動物では尿素 $CO(NH_2)_2$ として排出される。

④ビタミン

　三大栄養素が体内で円滑に利用されるために必要な物質に、ビタミンとミネラルがある。ビタミンは**有機物**で、ミネラルは**無機物**だ。この2つはお互いに関連し、相補いながら働く。例えば、ミネラルのカルシウムはビタミンDがなければ吸収されないし、鉄分はビタミンCによって吸収がよくなる。

　ビタミンとミネラルの多くは、生化学反応の触媒である酵素の働きに必要な成分である。触媒はその字のとおり変化を受ける物質に接触して、その変化を媒介するものである。変化を受ける物質が存在しなければ、触媒の意味はない。食事（三大栄養素）をきちんと摂らずにビタミン剤を摂取しても役には立たない。

　ビタミンの必要量はわずかであるが、人間の体内では作れないので、ビタミンを含んだ食物を摂る必要がある。ビタミンには多くの種類があり、その働きはさまざまである。それぞれが欠乏すると起こる病気がある。ビタミンはどれも有機化合物であるが分子の構造は多様である。以下にいくつかを紹介する。

・**ビタミンA**が不足すると、暗いところで目が見えにくくなる（**夜盲症**）。
・**ビタミンB_1**が欠乏すると**脚気**になる。足がしびれたりむくんだりし、心臓が冒されて死ぬこともある。脚気はかつての日本には多い病気であった。現在も足の腱を叩いて反射を見る検査が行われる。
・**ビタミンC**が欠乏すると**壊血病**になり皮下出血や貧血が起こる。

コラム　脚気とお米の関係がビタミンの由来？

　脚気は日本人が米を主食とすることと関係があり、精白した米を食べ続けると脚気にかかることがわかった。その理由についてさまざまの議論があったが、けっきょく米糠から脚気に効く成分が鈴木梅太郎（1874～1943）によって取り出され、イネの属名の Oryza にちなんでオリザニンと名付けられた（1910年）。同じころポーランド人のフンク（1884～1967）も同じ成分を取り出して**ビタミン**と名付けた。ビタミンは生命を意味する vita とこの物質の構造の特徴 amine（アミン：アンモニア NH_3 の H を炭化水素基 R で置換した有機化合物。RNH_2、R_2NH、R_3N がある）の合成語である。この名前のほうが定着し、その後多くの種類のビタミンが見出された。アミンの構造でないものもあるが、ビタミンの総称で呼ばれる。

ビタミンA
（レチノール）

ビタミンB_1
（チアミン）

ビタミンC
（アスコルビン酸）

ビタミンE
（α-トコフェロール）

代表的なビタミンの分子構造

⑤ミネラル

ミネラルとは鉱物質、つまり無機物のことである。そこにはいろいろな元素からなる物質が含まれる。体を作っている主な元素は6種類、C、H、O、N、P、Sである。はじめの4種は三大栄養素である有機物の構成元素にほかならない。硫黄Sはタンパク質を作っている20種のアミノ酸のうち2種に含まれている。リンPを多く含むのは骨である。骨は無機化合物のヒドロキシアパタイト $Ca_{10}(PO_4)_6(OH)_2$ とタンパク質の一種コラーゲンなどとの複合体である。

そのほか、Na、K、Ca、Mg、Fe、Clもかなりの量が体に存在する。カルシウムCaはとくに多いが、それは上に述べた骨のヒドロキシアパタイトのためである。そのほかの元素の多くは酵素の働きと関係している。

最もよく知られているミネラルは食塩（塩化ナトリウムNaCl）であるが、NaやKのイオンは細胞の内外の間で物質が輸送されるときや、神経細胞に電気信号が伝わるときなどにも関与する。**鉄Feを含む生体物質の中で血液のヘモグロビン**はその赤い色に特徴がある。ヘモグロビンの役割は体の外から内へ酸素を運び込むことで、酸素は鉄と結合して運ばれる。

これらの元素はすべて体にとって必要であるが、多様な食品をバランスよく摂っていれば不足することはない。

・ヘモグロビン

ヘモグロビンは肺で酸素と出会うと酸素を取り込み、オキシヘモグロビン（鮮血色）となる。動脈血に乗って身体の隅々まで行き、各組織に酸素を供給する。ヘモグロビンと酸素との結合は弱いので、容易に酸素を切り離し、暗赤色のデオキシヘモ

グロビンに戻る。

ところが一酸化炭素はヘモグロビンとの親和性が強く（酸素の250倍）、一度ヘモグロビンと結合してしまうと、容易には外れなくなる。結局、一酸化炭素が結合したヘモグロビンはもはやデオキシヘモグロビンには戻れないので、酸素を運搬することができなくなってしまう。これが一酸化炭素中毒である。

❷リサイクルの化学

①リサイクルの発想

私たちの生活を便利にしてくれるものが増えるほど、ゴミも増える。例えば、あとかたづけや手入れの不要な使い捨て商品は飛躍的にゴミを増やす。しかし、地球上の資源には限りがあり今までどおりの消費を続けるには限界がある。また、焼却、埋め立てなどの処理時に大気、土、水、生態系を汚染する場合もある。このような問題点を避けるためにはゴミになるものを減らし、資源を有効に使う社会を築く必要がある。そのための一つの方法に**リサイクル**がある。

ビールびんのように、同じ製品を何度も繰り返し使うのはリユース（再使用）という。これに対してびんを割って細かいガラス片にし、融かして加工し、再度ガラス製品にするのがリサイクルである。リサイクルは金属（スチール缶やアルミ缶）、紙（古紙や段ボール）などについて古くから行われている。最近メディアが取り上げるのは、びんや缶よりも軽くて丈夫でしかも携帯性に優れているプラスチック、特にPETボトルのリサイクルが注目である。なぜPETボトルなのか？　リサイクル率から言うと、まだまだ金属や紙のリサイクル率には及ばないからである。

プラスチックのリサイクルを考えるには、それが何からどの

ようにして作られ、利用された後どのように処分されるかを知ることが必要である。プラスチックに限らずすべての製品は地球上にある何らかの資源から出発し、途中いくつかの段階を経て作られる。

② SPI コードの重要性

リサイクル可能なプラスチックには SPI コード（プラスチックの材質識別コード）が付いている。

この SPI コードは米国のプラスチック工業協会（SPI：The Society of the Plastics Industry）が開発した材質表示のシステムである。大きく分類すると7種類とされている。ヨーロッパやアジアでもこのコードを採用しているので、輸入品でもよく目にする。

1	2	3	4	5	6	7
PET	HDPE	PVC(V)	LDPE	PP	PS	OTHER
ポリエチレンテレフタラート	高密度ポリエチレン	ポリ塩化ビニル	低密度ポリエチレン	ポリプロピレン	ポリスチレン	その他

図 8-7　SPI コード

図 8-8　わが国独自のリサイクル標記

2001 年 4 月から施行されたわが国独自の包装容器プラスチックのリサイクル標記もある。四角い追い矢印の中に「プラ」と書かれ、材質がその下か近くに PP とか PS などと書かれている。

このようにプラスチックを素材別に

分類することは、プラスチックをリサイクルする上で非常に重要である。それは材料、原料など、どこまで戻すかによっていろいろな方法が考えられるからである。プラスチックのリサイクルの種類を以下に示す。

- マテリアル・リサイクル

  材料まで戻す。再生材料として利用。

- ケミカル・リサイクル

  原料まで戻す。化学反応、熱分解。

- フューエル・リサイクル

  資源まで戻す。熱分解で燃料油に変換。

- サーマル・リサイクル

  燃やして熱エネルギーを利用。

プラスチックを材料まで戻して再び製品（元のものとは限らない）にする場合、原則はプラスチックの種類別に分別されていることが重要で、多種類のプラスチックの混合物では有用なものは再生できない。

産業系、つまりプラスチックの製造・加工をしている工場の場合は廃物が何なのかわかっているからよいものの、一般家庭では製品の材料が何かがわからないので分別は難しい。ボトルのように製品の形で材料がほぼ PET と決まっているものは分別の対象になりやすいが、すべての家庭廃プラスチックを対象にすることはできない。現在のところ、産業系廃プラスチックの一部が土木用途の製品に使われている。回収 PET については、飲料ボトルとして使われるのでなく繊維やシートがおもな再生用途である。

ケミカル・リサイクルは、PET であれば原料のエチレングリコール $HOCH_2CH_2OH$ とテレフタル酸 $C_6H_4(COOH)_2$ に戻す

ことである。もともとPETはエチレングリコールとテレフタル酸を脱水縮合させて作るのだから、PETと水を適当な条件で反応させると逆に原料に戻る。これに相当する方法は国内外のいくつかの企業で実施されている。

ほかのプラスチックでは熱分解によって原料に戻せる場合がある。食品包装のトレーなどに使われているポリスチレン$+CH(C_6H_5)CH_2+_n$（発泡スチロール）は熱分解で原料のスチレン（モノマー）に戻る。

PETやポリスチレン以外のSPIコードにあるプラスチックはどうなっているかというと、ポリエチレン$+CH_2CH_2+_n$、ポリプロピレン$+CH_3CHCH_2+_n$、ポリ塩化ビニル$+CH_2CHCl+_n$は熱分解でモノマーには戻らないが、ポリエチレン、ポリプロピレンは液体の炭化水素（混合物）になるので燃料として使える。多種類のプラスチックの混合物でも、この方法は原理的には可能である。実際、廃プラスチックを熱分解して燃料油にする技術の検討は多く行われている。

コラム　プラスチックゴミの処理と生分解性プラスチック

現代社会において、プラスチックの大量使用により、ゴミとして捨てられる廃プラスチックの処分をどのようにしたらよいかが、重要な問題となっている。

プラスチックは、ビルや車での利用のように長い間使用される場合もあるが、かなりの量が包装のような短期間の利用に供されている。これを焼却処理する場合、ポリ塩化ビニルのように塩素を含むものは、塩化水素や、いわゆるダイオキシン類のような有毒な成分を発生する危険がある。また、ポリエチレンのように単純な構造で、有毒ガスを発生しないと思われるものでも、燃焼の際の発熱量が大きいため、焼却炉の寿命を短くす

るなどの問題を生じている。

プラスチックはもともと天然には存在しなかった物質なので、バクテリアなど微生物によって自然に分解されることはほとんどない。多くの埋め立て地は、このようなプラスチック廃棄物のために受け入れ能力の限界に達しつつある。そこで、適切な自然環境下で分解し、経済的にも採算の合うポリマーの開発が精力的に進められている。

自然界の微生物が分解できるプラスチックを、生分解性プラスチック（別名：グリーン・プラスチック）という。この生分解性プラスチックで作られたポリ袋、フィルム、ポリビンなどの包装材や製品は、廃棄後、地中に埋めるだけで二酸化炭素と水に分解されるのだ。

いいことずくめの生分解性プラスチックであるが、普及の鍵をにぎるのはコストだ。まだまだポリエチレンなどの普通のプラスチックと比べると高い。天然物由来の素材としては、デンプンやセルロースもあるが、最近開発され、市販され始めたものの例としては、自然界に存在する脂肪族ヒドロキシカルボン酸（1分子中にカルボキシ基-COOHとヒドロキシ基-OHをもつ脂肪族炭化水素）のポリエステル $(O(CH_2)_mCO)_n$ などがあげられる。

③アルミ缶のリサイクル

アルミ缶のリサイクルは、他のリサイクル品と比較してもリサイクル率が非常に高く、8割近くにのぼる。アルミニウムは新しく製造するよりも、リサイクルしたほうがはるかに消費エネルギーが少なくてすむからである。このように、資源の保全や、再製品化による省エネルギー化という点からも、アルミ缶のリサイクルは優れている。

しかし、アルミ缶も缶全体がアルミニウムでできているわけではなく、胴体部分は軽量化のためマンガン系合金、ふたは硬いマグネシウム系合金というように、異なる合金が使用されている。このようにアルミ缶は2種類の異なる成分の合金から製造されているため、アルミ缶を融解したものから直接に缶を作ることができない。そのため、胴体は融解したアルミ缶に新しいアルミニウムを加えて元の合金の成分に近づくように調整して作られ、ふたには新しいアルミニウムを使用している。

また、空き缶としてスチール缶もあるが、磁石を使用して判断すると、簡単に区別ができる。スチール缶は磁石にくっつくが、アルミ缶は磁石にくっつかない。

3 温室効果ガスと地球温暖化

①地球温暖化と二酸化炭素の関係

地球の急激な温暖化が起き、それが引き起こす変化にわれわれは対応できないのではと危惧されている。地球表面の温度は取り巻く大気により温暖に保たれている。この効果を**温室効果**といい、温室効果を示す大気の成分を、**温室効果ガス**という。代表的なガスに二酸化炭素 CO_2、メタン CH_4 などがあげられる。大気の主成分である窒素や酸素は温室効果がない。なお、水蒸気 H_2O も温室効果を示すが、一般に温室効果ガスには含めないことが多い。

温室効果ガスのうち、二酸化炭素は私たちの生活に密接な関係がある。エネルギーの $\frac{3}{4}$ を石油、石炭などの**化石燃料**の燃焼から得ており、炭素と水素でできた化石燃料を燃やせば二酸化炭素が放出されるからである。さらに私たちが出す廃棄物の中では、二酸化炭素が最大であると言われている。その二酸化炭素の一部は産業革命以来大気中に蓄積され、それが近年の地球

温暖化の徴候の原因ではないかと考えられている。

　温室効果ガスのうち、二酸化炭素は、私たちが直接コントロール可能である。よって温暖化が起きてしまってから対処するのではなく、温暖化の速度を少しでも抑えるために、二酸化炭素の排出量を減らす努力が必要である。そこで、地球温暖化防止京都会議（**京都議定書**）、正式名称「気候変動枠組条約第3回締約国会議」（略称 COP3）が、1997年12月に京都で開催され、先進国（二酸化炭素排出量が全世界の $\frac{2}{3}$ を占める）の2000年以降の温室効果ガスの削減目標や対策が定められた。日本は、2008〜2012年の二酸化炭素排出量を1990年比で6%削減することが求められている。

②温室効果ガスと温室効果の仕組み

　地球を宇宙から見た場合の地球の温度は -18℃ である。大気のもと、地球の表面の平均温度は 15℃ である。この差は 33℃ ある。本来の温度より 33℃ 地表を暖かく保ってくれている。これが温室効果である。

　地球の温度は、昼間は太陽光によって大気や地表が暖められ、夜間は地表面から赤外線（熱）を宇宙空間へと放射して冷える。しかし温室効果ガスである二酸化炭素やメタンが増加すると、これらの気体は太陽光は通すのに赤外線はいくらか吸収する。そのため、これらの濃度が増えると、地球から熱が逃げにくくなり、地球の温度が上昇することになる。

　大気の温室効果の大部分は水蒸気や二酸化炭素の働きであると考えられている。その他に温室効果を持つ気体に、メタン CH_4、フロン（フロン 11（CCl_3F）、フロン 12（CCl_2F_2）など）、一酸化二窒素 N_2O がある。これらの気体は二酸化炭素に比べるとかなり少量だが、温室効果の能力はずっと高く、1分子あ

たりで比べた場合、メタンは二酸化炭素の21倍、一酸化二窒素は310倍、フロンは種類にもよるが、1500〜8500倍とされ、二酸化炭素に匹敵する温室効果がある。

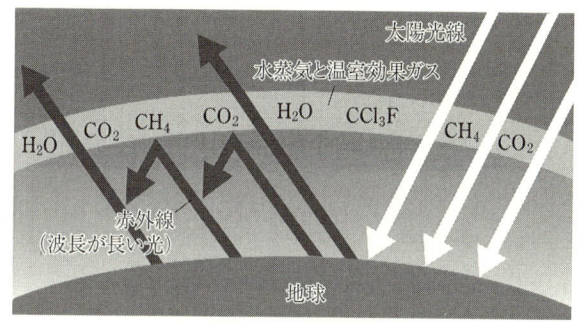

図8-9　温室効果

③地球温暖化の影響

2001年の気候変動に関する政府間パネル（IPCC）の報告によれば、1861年以降の地上の平均気温は0.6±0.2℃上昇し、今後2100年までにさらに1.4〜5.8℃上昇することが予想されている。

温暖化や派生する異常気象により海面が上昇し、モルジブ諸島をはじめとする低海抜諸国の水没を引き起こしたり、熱波や多雨によりマラリアなどの感染症や伝染病を増加させたり、農業や水産業への影響など、多くの重大な問題が現れてくることが心配されている。

4 水環境と化学

①界面活性剤

洗濯や食器洗いに用いる洗剤の主成分は、**界面活性剤**である。

界面活性剤の「界面」とは、液体と気体（他にも、液体と液体、固体と気体、固体と液体、固体と固体）の境目のことで、水溶液があったらその表面と考えてよい。水に溶けて、その表面の性質を変える（表面張力を下げる）働きを持った物質のことを**界面活性剤**と言い、その代表格が洗剤だ。

　界面活性剤の一つセッケンは、4500年前の古代バビロニア時代にすでにあったという。セッケンについて、くさび文字で記されている粘土板が発見されている。商品として流通するようになったのは、8世紀ころからであった。当時イタリアのサボナという港町で作られたセッケンがフランスに輸出されたので、フランス語で「サボン」と言われるようになり、これがポルトガル語の「シャボン」の語源になったという。

　セッケンは、動植物性油脂を主な原料にしている。油脂は、脂肪酸（分子にカルボキシ基COOHを1個持つ鎖状のカルボン酸）とグリセリンが結びついた分子からできている。その中の脂肪酸をナトリウム塩にしたものがセッケンである。その構造で、細長い鎖状の脂肪酸が親油基（あるいは疎水基）で、その一端にナトリウムイオンが結びついた部分が親水基である。親油基は油になじみやすい部分、親水基は水になじみやすい部分である。

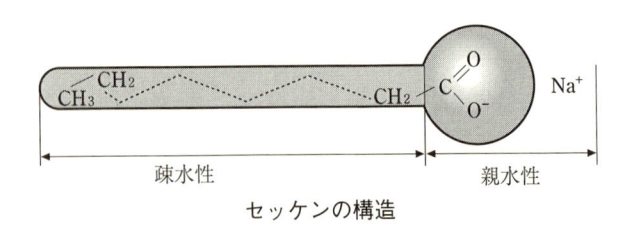

セッケンの構造

8-1 生活と化学

洗濯や食器洗いに用いる界面活性剤には、セッケン以外に各種の合成洗剤がある。界面活性剤は、親油基と親水基を持っている。

界面活性剤の働きの場は、洗剤だけにとどまらない。クリームや乳液のような化粧品、アイスクリームなどの食品、医薬品、農薬、工業用などの広範囲に使用されているが、ここでは水環境に最も関係が深い洗剤にしぼることにする。

洗濯や食器洗いのときに、界面活性剤を水に溶かすと、親油基が油汚れの表面に集まってきて、油汚れを包むようにして、繊維や食器から完全に引き離して、油汚れを包み込む。そして、油汚れを包み込んだまま水の中に散らばって、再び繊維や食器に着かないようにする。水ですすぐと汚れも洗剤もなくなる。

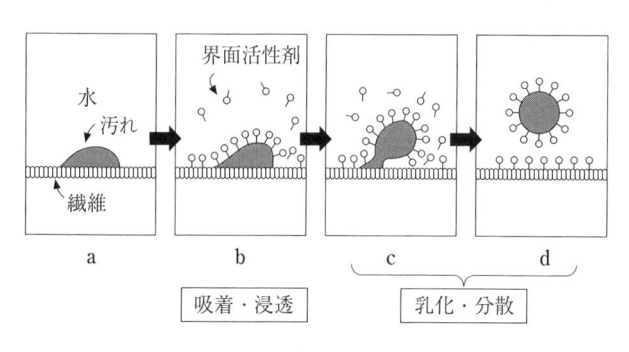

洗剤の働き

合成洗剤の歴史は、第二次世界大戦後、石油化学工業の発展、電気洗濯機などの普及とともに始まった。そこでABS（分岐型アルキルベンゼンスルホン酸ナトリウム）洗剤が開発された。欧米や日本では、その便利さや強力な洗浄力で、ものすごい勢いで普及した。だがその反面、合成洗剤による水環境問題、特に河川の汚染が問題になった。河川のあちらこちらで**泡立ち**が

見られるようになったのである。

　これは、ABS洗剤が化学的に安定で、生物によって分解されにくかったからである。そのため、自然界で分解されやすく改良をされたＬＡＳ（直鎖型アルキルベンゼンスルホン酸ナトリウム）洗剤が開発され、河川での泡立ち問題が解消された。

$$\underset{CH_3}{\overset{CH_3}{CH}}-CH_2-\underset{CH_3}{\overset{CH_3}{C}}-CH_2-CH_2-\underset{CH_3}{\overset{CH_3}{C}}-\!\!\left\langle\!\!\!\bigcirc\!\!\!\right\rangle\!\!-SO_3Na$$

ABS

$$CH_3-(-CH_2-)_{10}-CH_2-\!\!\left\langle\!\!\!\bigcirc\!\!\!\right\rangle\!\!-SO_3Na$$

LAS

ABSとLASの構造

　次に**富栄養化**の問題が浮上した。合成洗剤には洗浄力を高めるために助剤が50〜70%も加えられる。この助剤には重合リン酸塩（リン酸 H_3PO_4 が脱水縮合した化合物）などが使われていた。重合リン酸塩は、河川や湖沼などでリン酸に分解して植物プランクトンの肥料分となるため、**赤潮**などが起こりやすくなった。このため助剤を別の物質に替えて、合成洗剤の無リン化が進められた。さらに現在では生分解性の高い（微生物に分解されやすい）ものなどさまざまな合成洗剤が開発されている。

　日常生活でよく使われる洗剤には、セッケンやLASなどのように水に溶けて水溶液中の電離で生じた陰イオンが主体となる陰イオン界面活性剤や、水に溶けてもイオンにならない非イオン界面活性剤がある。

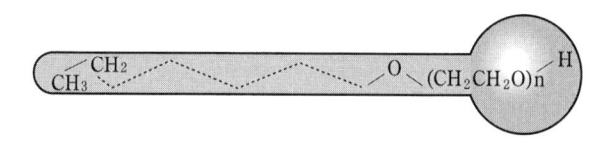

非イオン界面活性剤（AE）の構造

・陰イオン界面活性剤

　界面活性剤が水に溶けてイオンに解離したとき、**界面活性の働きをする部分が陰イオンになるもの**。洗浄力があるために、身体・洗濯用などの基材として用いられている。また、陰イオンの部分があるため、水中に存在するカルシウムやマグネシウムなどの2価の陽イオンを持った金属と結合し、水に溶けにくい化合物を作る。この水に溶けにくい化合物の代表が金属セッケン（セッケンカス）である。このため、一般的に陰イオン界面活性剤をベースとした洗濯用合成洗剤には、水に溶けにくい物質が生成して洗浄力が低下することを防ぐために、2価の金属イオンを捕らえる成分（金属封鎖剤）が添加されている。

・陽イオン界面活性剤

　界面活性剤が水に溶けて解離したとき、**界面活性の働きをする部分が陽イオンになるもの**。一般に洗浄作用は陰イオン界面活性剤より弱いが、殺菌作用があることが特徴である。その特性から繊維用柔軟剤、帯電防止剤や毛髪用リンス剤、殺菌剤などに使われる。陰イオン界面活性剤と反対の対イオン性を示すので、逆性セッケンと呼ばれることもある。

　また、陽イオンを持っているため、陰イオンを持つ物質と併用すると両者が複合体を作り、双方の効果がなくなる。したがって、柔軟剤は主に陰イオン界面活性剤からなる洗濯用洗剤と

併用することはできず、洗濯後のすすぎ終了時に加える必要がある。

・非イオン界面活性剤

この界面活性剤は、水に溶解してもイオンに解離しない。そのため、陰イオン界面活性剤のように水中のカルシウムやマグネシウムなどの2価金属イオンと反応しない。親水基として酸化エチレン基 C_2H_4O を持ったポリオキシエチレン系の非イオン界面活性剤では、酸化エチレンの付加数を変えることにより、親水基の大きさを自由に変えることが可能である。主に陰イオン界面活性剤と併用され、シャンプー、台所用洗剤、洗濯用洗剤などに使用される。

・両性界面活性剤

同一分子内にプラスとマイナスに解離する部分を持った界面活性の働きをする化合物で、一般的に、pHが酸性のときは陽イオンを持ち陽イオン界面活性剤に、pHがアルカリ（塩基）性のときは陰イオンを持ち陰イオン界面活性剤になる。pHに

$$R-\underset{\underset{CH_3}{|}}{CH}-\langle\bigcirc\rangle-SO_3Na$$
アルキルベンゼンスルホン酸ナトリウム

$R-OSO_3Na$
アルキル硫酸ナトリウム

$RO(CH_2CH_2O)_xSO_3Na$
アルキルポリオキシエチレンエーテル硫酸ナトリウム

$RN^+(CH_3)_3X^-$
X：ハロゲン
アルキルトリメチルアンモニウム塩

$\langle\bigcirc\rangle-CH_2N^+R(CH_3)_2X^-$
アルキルベンジルジメチルアンモニウム塩

$RO(CH_2CH_2O)_xH$
アルキルポリオキシエチレンエーテル

図8-11　いくつかの界面活性剤
Rはいずれも炭素数十数個の炭化水素基

よりイオンがプラスにもマイナスにもなるので、両性界面活性剤と呼ばれる。一般的に皮膚や目への刺激が少なく、マイルドな仕上がり感があるため、シャンプーなどに用いられる。

セッケンも合成洗剤も、どちらを使用するにしても水環境に負担がかかっている。より少量で洗浄力を発揮するもの、水生生物に対して毒性が弱く、生分解性（微生物によって分解される性質）の高いものを開発していくことが求められる。また、使用量をできるだけ減らすことも念頭において使用する必要がある。

② BODとCOD

川や湖沼などに排出される廃棄物の大部分は有機物質である。し尿、台所や浴室から出る生活排水のことを考えてみればすぐわかる。汚物は小さい粒子が水の中に分散したコロイド状になっている。浄水場ではこれに電解質である硫酸アルミニウム$Al_2(SO_4)_3$と凝集剤のポリアクリルアミド$-(CH(CONH_2)CH_2)_n$を加えて粒子を凝集させて除去する。上澄み液を好気性細菌を含んだ活性汚泥で処理して残っている有機物を分解し、さらに塩素で殺菌処理をしてから河川に放流する。

水の有機物含有量を表す尺度が **BOD**（biochemical oxygen demand 生化学的酸素要求量）と **COD**（chemical oxygen demand 化学的酸素要求量）である。BODは水中の微生物が、酸素を取り込んで有機物を分解し、二酸化炭素にするときに必要な酸素の量。この値が大きいほど汚染度が高い。またCODは水中の有機物を酸化するのに必要な酸化剤の量を酸素量に換算した値で、BODと同様に数値が大きいほど汚染度が高い。

日本の河川のBODやCODを測定すると、工業排水等は改善が見られるが、生活排水（下水）の処理システムの改善が進

んでいないことがわかる。ある場所での下水は別の場所での上水源となるから、この問題は重要である。

③**富栄養化**

　富栄養化とは、水域の種類にかかわりなく、水中の栄養塩濃度が増加し、水域の植物の生産活動が高くなっていく現象を指している。水域が富栄養化すると、プランクトンや水生植物が大量に発生して、水の華（春から夏にかけてプランクトンの大繁殖によってできる濃い緑色の膜）、赤潮（同様に赤色の膜）、青潮（青色の膜）などの現象が起きてしまう。

　富栄養化がすすむときに最も重要な役割を果たす栄養塩は、窒素とリンである。これらは、植物の三大肥料の窒素、リン、カリウムのうちの2つである。一般に水中には、植物にとって必要な窒素、リンの栄養塩が少ないために、植物の生産活動は大きく制限されている。このため、水中で窒素とリンの量が増えると、植物の生産活動が促進されることになる。

④**水道処理**

　上水源には一般に有機物質の汚れが含まれており、これらは凝集沈殿や濾過の処理ではすべてを除ききれないから、塩素で酸化分解することが行われてきた。しかしこの処理によって水の中の有機物質と塩素が反応して**トリハロメタン**（クロロホルム $CHCl_3$ や $CHBr_3$、CHI_3 およびその混合物）などの発がん物質が微量できることがわかった。水源にはない物質が水道水を作る処理によって生成するのである。そこで有機物質の酸化分解を塩素でない物質で行う方法も考えられ、実際オゾンと活性炭で処理する方法がある。

コラム　浄水場で水が浄化される仕組み「塩素処理」

　一般に浄水場では、2回塩素を注入して処理を行っている（急速濾過方式）。なぜ2回も塩素を注入しなければならないのか。

　浄水場では、まず沈砂池で大きな粒子を沈殿させ、次に1回目の塩素を注入する。これは「前塩素処理」といわれている。ここでの塩素の主な役割は、もとの水に含まれているアンモニア（常温で気体、刺激臭、水に大変よく溶ける）を分解することである。他にマンガンや有機物も処理する。次に、濁りを沈める薬品を使用し、その後、上水を濾過する。最後に2回目の塩素処理をする。これは「後塩素処理」といわれ、消毒が目的である。水道法で各家庭の蛇口でも一定量（0.1mg／L）以上の塩素が残っているように塩素消毒をするように決められている。このように2回に分けて塩素を注入するのは、それぞれ別の目的があるのである。

［答え］　問い1／5種類、問い2／磁石を近づける、問い3／二酸化炭素

8-2　フロンとオゾン層

> **問い1**　次のもののうち、フロンを使って作られていたものはどれか？
>   冷蔵庫　発泡スチロール　コンピュータ　ソファー
>
> **問い2**　地球が誕生したのは46億年前である。オゾン層ができて地上の紫外線が減り、生物が陸に進出したのはいつか？

4億年前　14億年前　24億年前　34億年前

問い3 現在使われているフロン（代替フロン）は安全か？

1 「夢のような化学物質」フロン

①フロンの性質

人間は自然界には存在しない物質を合成して、使用している。特に有機化合物にはその例が多い。**フロン**もその一つであり、これは1928年に、アメリカのゼネラル・モーターズ社のトーマス・ミッドグレイ（1889〜1944）によって合成された。それ以降、「夢のような化学物質」として生産され、洗浄剤、冷媒、発泡剤などに使われてきた。フロンはなぜ「夢のような物質」だったのだろうか。まず、フロンの性質をまとめておこう。

(1) 熱に対して安定（熱分解しにくい）
(2) 不燃性（燃えない）
(3) 金属を腐食しない
(4) 溶解性にすぐれる（いろいろなものをよく溶かす）
(5) 電気絶縁性が大きい（電気を通さない）
(6) 毒性が低い

こういう性質を生かして、フロンは大量に生産された。その量は1988年（フロン削減交渉がまとまった翌年）までの総合計で、何と1500万トンに達した。

フロン（アメリカでは**フレオン**）という名前は「通称」であり、正式にはCFCという。CFCとは、クロロ（塩化）フルオロ（フッ化）カーボン（炭素）、つまり塩素とフッ素が化合し

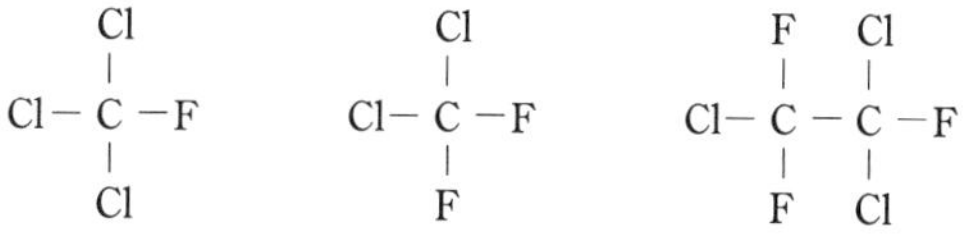

8-2 フロンとオゾン層

```
      Cl                  Cl                F   Cl
      |                   |                 |   |
 Cl — C — F          Cl — C — F        Cl — C — C — F
      |                   |                 |   |
      Cl                  F                 F   Cl

   CFC-11              CFC-12              CFC-113


      F   Cl              F   F
      |   |               |   |
 Cl — C — C — F      Cl — C — C — F
      |   |               |   |
      F   F               F   F

    CFC-114             CFC-115
```

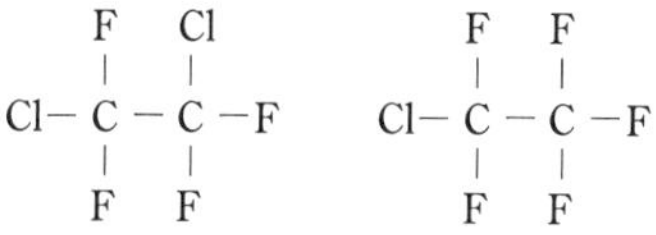

> フロンの番号のつけかた(主な規則)
>   (百の位の数)=(Cの数)−1
>   (十の位の数)=(Hの数)+1
>   (一の位の数)=(Fの数)
> ＊異性体がある場合はa、bなどをつけて区別する。

図8-12 規制対象になっているフロンと番号のつけかた
モントリオール議定書で規制対象になったフロン

た炭素であることを示している。フロンは1種類の化合物ではなく、図8-12に示すように、いくつかの化合物の総称である。「フロンガス」という呼び名から、これらの物質はすべて気体であると思われがちだが、中には常温で液体の物質もある。

②洗浄剤としてのフロン

フロンの用途として最も多かったのは、洗浄用であった。特にフロン113が使われ、機械や金属、そして何と言ってもICなどの半導体の洗浄に用いられた。これらに付着した油汚れを洗うために、フロンが使われたのである。

油をよく溶かすのは、水ではなく、油の仲間である。油で汚れた自転車の部品などは、水で洗ってもきれいにならない。しかし、灯油で洗うと驚くほどきれいになる。油汚れは灯油のような油によく溶けるのである。

　灯油に限らず、酢酸エチル $CH_3COOC_2H_5$、アルコール、アセトン CH_3COCH_3、ベンゼン C_6H_6 などの有機溶媒（油の仲間）は、油汚れを溶かすので、洗浄剤として使える。しかし、これらには大きな欠点がある。

　第一に、人体に対する毒性が高いことである。例えばベンゼンには発がん性があると言われているし、他の有機溶媒にも肝臓に障害を与えるものや、シンナー中毒のように中枢神経に対する毒性を示すものもある。その点、フロンは毒性がほとんどなく、しかも油汚れをよく落とすので都合のよい物質だった。

　フロン以外の有機溶媒のもう一つの欠点は、燃焼・爆発することである。これらを使用している場合は、火気には十分に気をつける必要がある。タバコの裸火などはもちろん厳禁だが、衣類の静電気にも注意が必要である。静電気の火花で有機溶媒が燃焼・爆発することがあるからだ。このため、化学工場では、静電気を帯びやすい化学繊維の衣類の着用は禁じられている。また、工場に入るときは、金属製の手すりに触れて、体にたまった静電気を逃がすなど、細心の注意が払われている。ところがフロンは燃えない物質であるため、このようなことに神経をすり減らす必要がないのである。

③冷媒としてのフロン

　フロンの二番目に多かった用途は、冷媒用であった。これにはフロン 12 やフロン 22 が主に使われた。冷媒とは冷蔵庫やエアコンを冷やすための気体のことである。冷蔵庫やエアコンは、

まず冷媒用の気体を圧縮して液体にする。気体が液体になるときには発熱するので、その熱を室外機や冷蔵庫の背面から逃がす。室温にまで冷えた液体の冷媒は、エアコンや冷蔵庫の中に導かれ、今度は気体になる。この時に、周りから蒸発熱を奪うので、エアコンや冷蔵庫は冷えるわけである。

冷蔵庫などは、このように物質が液体や気体に変わる時の熱の出入りを利用しているので、冷媒として使われる気体は、ちょっとした圧力で液体に変わるものでなければならない。フロンが使われる以前、冷蔵庫用に使われていた気体はアンモニアNH_3や二酸化硫黄（亜硫酸ガス）SO_2であった。しかし、これらの気体は配管に使われている金属を腐食する作用を持っている。また、万一漏れた場合は悪臭を放ち、人体にも有害である。小さな圧力変化で液体や気体に姿を変え、金属を腐食せず、漏れても無害な物質。これが冷媒としては最適であった。したがって、ここでもフロンは夢のような物質だったのである。

④発泡剤としてのフロン

フロンの3番目の用途は発泡剤であった。ウレタンや発泡スチロールの小さな泡を作るために、フロンが使われたのである。この用途でも、フロンが不燃性であることや毒性のないことは、大きな長所であった。

このようにフロンにはいろいろな利用法があったので、身の回りのさまざまな製品に使われていた。冷蔵庫やエアコンはもとより、ヘアースプレーの噴霧剤にも使われていた。さらにソファーや車のシート、ベッド、畳の中のクッション、食品の包装トレーを作るときの発泡剤としても使われていたし、コンピュータやワープロにはフロンで洗浄されたICが使われていた。フロンは私たちの生活の中に深く浸透していたのである。

2 オゾン層のすがた

このように広く使われていたフロンが、オゾン層を破壊することがわかった。その説明の前に、**オゾン層**について解説しておこう。

オゾン層は地球が生まれたときから存在していたわけではない。しばらくの間、地球の大気には酸素さえもなかったと考えられている。今から約36億年前、海の中で生命が誕生した。そして、32億年前には光合成を行う生物が現れたと言われている。光合成が行われることによって、大気中に酸素が放出され始めた。はじめのうちの酸素は岩石中の鉄を酸化するために使われ、空気中には蓄積しなかったようだ。その頃、地上には有害な紫外線が多量に降り注いでいたために、生物は海の中で過ごさなければならなかった。

その後も光合成を行う生物が酸素を作り続けたので、地表の鉄はすっかり酸化され、空気中に酸素 O_2 が溜まっていった。それにつれてオゾン O_3 層も形成されたのである。オゾン層は有害な紫外線を吸収するため、地表に達する紫外線が減少した。そして、やっと生物が陸上へ上がったのは、今から4億年前だと言われている。このように、オゾン層は光合成を行う生物が誕生してから、実に28億年という気の遠くなるような歳月をかけて作られたものである。

オゾン層は高度15～50km付近の**成層圏**に存在している。その厚さはおよそ35kmでありたいへん厚いように感じるが、成層圏は気圧が低いので、このような厚みになっている。実際に存在するオゾンの量は極めて少なく、1atmに換算すると、その厚さはわずか4mm（！）程度にしかならない。このオゾン層が紫外線から私たちを守っているのである。

8-2 フロンとオゾン層

❸オゾン層が生まれる仕組み

オゾン層が生まれ、分解していく仕組み、また紫外線を吸収する仕組みを、化学の目で見てみよう。

オゾン層はチャップマン機構と呼ばれる反応によって、次のように酸素から生成される。まず酸素分子が、生物の命を奪うほど高エネルギーの紫外線（UV_{high}）を吸収して、酸素原子に分解する。

$$O_2 + UV_{high} \longrightarrow 2O \quad (1)$$

生じた酸素原子は酸素分子と結合して、オゾンを作る。

$$O + O_2 \longrightarrow O_3 \quad (2)$$

一方、生じたオゾンは、それよりもエネルギーの低い紫外線（UV_{low}）を吸収して分解する。

$$O_3 + UV_{low} \longrightarrow O_2 + O \quad (3)$$
$$O + O_3 \longrightarrow 2O_2 \quad (4)$$

また、最近の研究によって、・OH ラジカルや一酸化窒素 NO

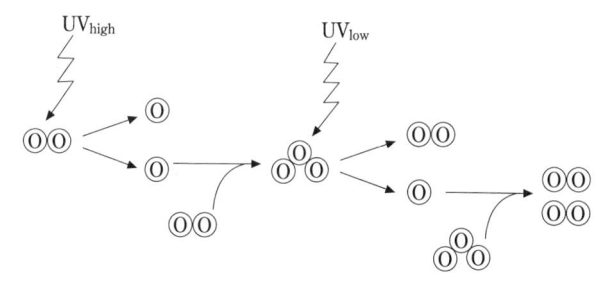

図 8-13 オゾンの生成と分解

によっても、オゾンが分解されていることがわかった。このように、オゾン層はオゾンを作る反応と分解する反応によって、平衡状態を保っているのである。

(1)や(3)に示したように、オゾンは生まれるときと分解するときの両方で、紫外線を吸収するので、太陽からの紫外線は、ほとんど地上には届かない。オゾン層に吸収されなかったほんのわずかが届くのみである。ただし、日差しの強い夏には、紫外線の量も増す。これによって、**光化学オキシダント**（光化学スモッグ）などが発生している。

4 フロンのゆくえ（ローランドとモリーナの考え）

1970年代のはじめ、イギリスのジェームズ・ラブロックは電子捕獲型ガスクロマトグラフィーを発明した。これは、高性能の分析機器である。彼はこれを船に積んで、大西洋の北から南までを航行して、大気を観測した。そして、あらゆる場所の大気中にフロン11が存在することを発見した。ラブロックはフロンについてそれ以上の追究をしなかったが、カリフォルニア大学のローランド（1927～）は、この結果に大いに興味を持った。フロンは極めて安定であるため、分解されずに世界中の大気に

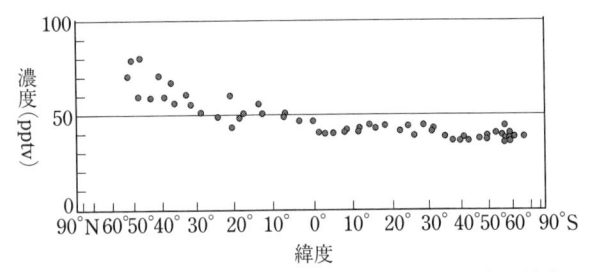

図8-14　CFC－11（フロン11）の大気中の濃度と緯度

F.S.Rowland「成層圏オゾン層破壊と地球温暖化」現代化学1999年7月号より

8-2 フロンとオゾン層

拡散している。そのフロンは、最終的にどうなるのだろうか。いつまでも大気に存在し続けるのか。それとも、何らかの分解を受けるのだろうか。ローランドには、そんな疑問が浮かんだのである。彼は、はじめからフロンがオゾン層に影響を与えるはずだと思っていたわけではなかった。非常に安定なフロンの行く末はどうなるのかという学問的な興味から、研究を始めることにしたのである。ローランドは同じ大学のモリーナ（1943〜）とともに、この問題に取りかかった。

フロンが大気中で安定であるのは、C–ClやC–Fの結合がかなり強いためである。単純に結合の強さを比較してみると、C–Cl結合のほうがCl–Oより強い。したがって、・OHラジカルのO原子が、フロン分子のClと結合して、C–Cl結合を切断することはできないのである。

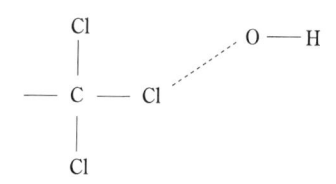

図8-15 C–Cl結合のほうがCl–O結合より強い

フロンはいつまでも大気中にとどまるのか。それとも何らかの作用を受けて分解されるのか。ローランドとモリーナは、理論的にこの問題を解いていった。そして得た結論は、成層圏にまで達した後、高エネルギーの紫外線によって分解され、塩素を放出するというものだった。

$$CCl_3F + UV_{high} \longrightarrow CCl_2F + Cl \quad (5)$$

彼らはこの結論から、大気中でのフロンの寿命は少なくても50年だろうと考えた。放出されたフロンは対流圏をさまよい、成層圏に達する。そして、25〜30kmの高度で紫外線の作用を受ける。そういう彼らの仮説が正しければ、分解されるまでに50年はかかるだろうと計算したのである。

彼らはさらに計算を続けた。紫外線で分解されたフロンが、その後どんな反応を起こすのかを追究したのである。そして、フロンの分解によって生じた塩素が、オゾン層を破壊するという結論に達した。彼らの推測は次のとおりである。

フロンから生じた塩素は、オゾンを次のように分解する。

$$Cl + O_3 \longrightarrow ClO + O_2 \quad (6)$$

この反応で生じた一酸化塩素（ClO）は、O原子と反応して再びClを作る。

$$ClO + O \longrightarrow Cl + O_2 \quad (7)$$

生じたClは新たなオゾン分子を破壊する。こうして、1個の塩素原子が10万個ものオゾン分子を破壊してしまう。彼らはそう予想したのである。

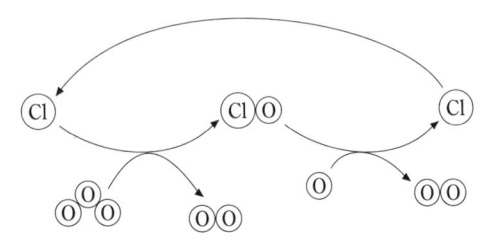

図8-16　塩素原子はオゾン分子を破壊し続ける

5 オゾン層破壊の犯人をつきとめる

　ローランドとモリーナは、フロンの作用でオゾン層が7〜13％も減少するという考えを、権威ある科学雑誌「ネイチャー」に発表した。1974年のことである。これを聞きつけたマスコミは、フロンの危険性を書き立てた。そして、各地でフロン撲滅の市民運動も起こった。一方、フロンを製造している化学業界も黙ってはいなかった。フロンの安全性、利便性を盛んにアピールし、ローランドとモリーナの理論は机上の空論にすぎないと主張したのである。

　以前からオゾン層破壊については、いろいろな原因が指摘されていた。1960年代の終わりごろ、アメリカでは超音速旅客機SSTを500機も作る計画があった。それに対してジョンストンという学者は、SSTが吐き出す窒素酸化物NO_xがオゾン層を破壊すると述べていた。幸いにもSSTを作る計画は、経済的な問題がクリアーできずに中断された。これ以外にも、スペースシャトルが放出する塩素がオゾンを壊すという考えや、亜酸化窒素N_2Oがオゾン層破壊の原因ではないかという説もあった。また、空気より重いフロンが成層圏にまで達するということについて、懐疑的な科学者も多かった。

　そのような状況の中で、ローランドとモリーナの理論を検証するには、どうしても実際の証拠をつかむ必要があった。そこで彼ら自身や米国大気研究センター（NCAR）、米国海洋気象庁（NOAA）をはじめいろいろな研究機関が精力的に観測を開始した。その結果、地表から成層圏までのフロンの濃度が、2人の仮説とちょうど同じであることが検証されたのである。

　図に示すように、対流圏ではフロンの濃度はほとんど変化していない。ところが、成層圏では高度が上がるほど、フロンは

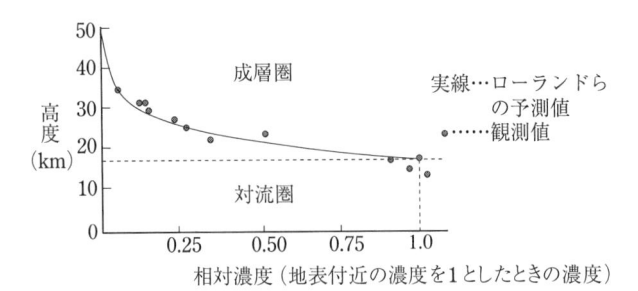

図8-17 地表から成層圏までのCFC-11の濃度分布
F.S.Rowland「成層圏オゾン層破壊と地球温暖化」(前掲書)

少なくなり、高度50km付近では濃度が0になっている。この結果は、フロンが対流圏では分解されず、成層圏で分解を受けていることを示している。

このような観測結果を受けて、1976年には米国科学アカデミー（NAS）がフロンによるオゾン層破壊についての報告書を発表した。そして、1978年には米国でスプレーにフロンを使うことを禁止する措置がとられた。

6 世界がふるえたオゾンホール

フロン対策は順調に進むかに思われた。しかし、生活の中に奥深く入り込んでいるフロンを、すぐさま禁止することはできず、足踏み状態が続いた。そんな時期、世界を震撼させる出来事が起こった。1985年、英国南極観測隊のファーマンらは、南極ハーリーベイ基地上空のオゾン層が春先に異常な減少を起こしていることを確かめた。そして、オゾンの異常に少ない部分（**オゾンホール**）が、南極大陸をすっぽりと覆っていることがわかったのだ。

南極にオゾンホールができる仕組みも、ローランドやモリー

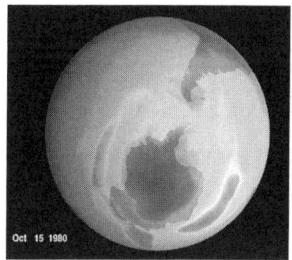

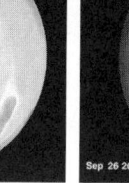

1980年10月15日　　　　　2001年9月26日

図8-18　南極オゾンホールの拡大
© NASA

ナなどによって解明された。南極の冬は、太陽が昇らない暗黒の世界である。その時、上空は極渦と呼ばれる西風に閉じこめられて、−80℃もの低温になっている。そんな冷たい大気の中で、極成層圏雲という微細な氷の粒（ダスト）が形成される。そして、その表面には $ClONO_2$ や HCl などの物質が吸着される。これらの物質は、極成層圏雲の表面で Cl_2 や $HOCl$ に変わって春を待つ。そして南極に太陽光がさし込むようになると、これらが光のエネルギーによっていっせいに分解されて、Cl 原子を放出する。その Cl がオゾンを破壊する、というわけである。

$$Cl + O_3 \longrightarrow ClO + O_2 \quad (8)$$

この理論も1986〜87年にかけて、南極での大規模な調査によって確認された。このように、ローランドとモリーナの仮説は次々と実証されて、フロンがオゾン層を壊すことが確実になった。

７フロン禁止、そして……

　実効あるフロン禁止が採択されたのは、1987年の**モントリオール議定書**である。ここでは、フロン11、12、113などを1993年までには30％減、1998年までには50％まで削減することなどが決められた。その後、オゾン層破壊に関する科学的な知見が増えたことによって、1990年のロンドン会議、さらに1992年のコペンハーゲン会議によって、次々とフロンの削減目標が前倒しされた。そして、フロンは先進国においては1996年、途上国は2010年までには全廃することが決められた。

　ローランドとモリーナが雑誌「ネイチャー」に論文を発表してから、モントリオール議定書にこぎ着けるまでには13年の歳月が流れていた。この間、オゾン層を破壊する犯人探しや、化学業界とのやりとり、各地の議会での証言や議論、そして、市民運動などさまざまな出来事があった。もし、ローランドとモリーナの理論的な予測がなかったら、フロン対策はもっと遅れていたことは確実である。そして遅れていた分、フロンの生産が右肩上がりに続き、大気への放出が継続されていたとすると、取り返しのつかない事態に至っていたであろう。ローランドとモリーナには、1995年にノーベル化学賞が贈られた。

８オゾン層破壊と異常気象

　オゾン層の破壊は、地上に降り注ぐ紫外線の増加をもたらすだけではなく、大気の構造をも破壊し、取り返しのつかない影響を与えるという説もある。

　大気は図のように、**対流圏**、**成層圏**、**中間圏**、**熱圏**に分かれている。そして、高度と温度の関係を調べてみると、この図の曲線のようになる。私たちの生活に最も関係が深いのは、対流

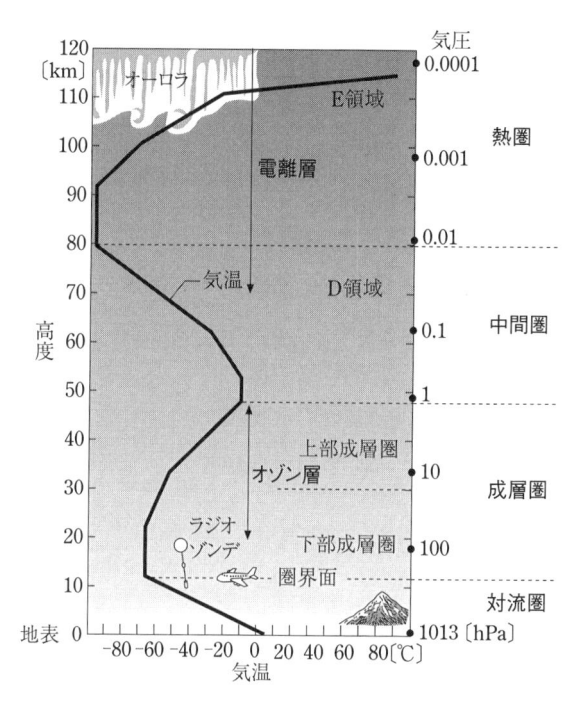

図 8-19 大気の構造と温度分布

圏である。地表付近で暖められて軽くなった空気のかたまりは周りの大気と同じ温度になるまで、上昇する。この運動が風を起こす原因になる。また、空気のかたまりが上昇するときに雲を作り、それが雨となって地上に降り注ぐこともある。このように、対流圏とは、まさに空気の対流が見られる部分であり、雨や風などの気象現象を起こしている部分である。

その上の成層圏では、高度とともに気温が上がっている。オゾン層が紫外線を吸収し、それを熱に変えているのである。ここでは、上に行くほど温度が高いので、大気の対流などは見ら

れず、気象現象も存在しない。成層圏という名が示すように、大気が安定な層を作って存在しているところである。もし、ここのオゾン層が大規模に破壊されると、大気の温度分布が大きく変わってくることは想像できる。そして、その変化によって大気の構造が攪乱されて、異常気象が起こると考えられている。

9 代替フロンはどんな物質か

フロンに代わる物質として開発されたものが、下に示す**代替フロン**である。これらのうち、水素 H、塩素 Cl、フッ素 F、炭素 C で構成されている化合物を HCFC、水素、フッ素、炭素で構成されている化合物を HFC と呼ぶ。

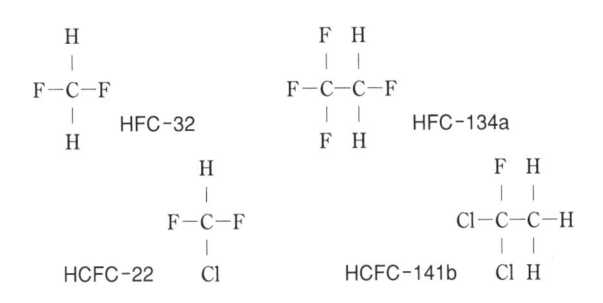

```
      H                      F H
      |                      | |
   F—C—F                  F—C—C—F
      |     HFC-32           | |     HFC-134a
      H                      F H


           H                          F H
           |                          | |
        F—C—F                     Cl—C—C—H
           |                          | |
HCFC-22    Cl            HCFC-141b    Cl H
```

図 8-20　代替フロンの例

代替フロンは分子中に C–H 結合を含んでいるため、大気中の OH ラジカルによって分解される。OH ラジカルは C–F 結合や C–Cl 結合を切って、分子から F や Cl を奪うことはできない。しかし、C–H 結合は O–H 結合よりも弱い結合であるため、OH ラジカルはこの分子から H を引き抜くことができる。

このようにして、代替フロンは大気中で分解され、成層圏まで達することがないので、オゾン層を破壊しないのである。

8-2 フロンとオゾン層

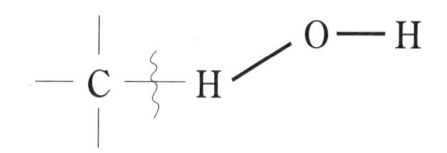

$$-\overset{|}{\underset{|}{C}}\sim H\frown O-H$$

C-H結合はO-H結合より弱い

モントリオール議定書によって、世界中がフロンの廃絶に踏み出した。この背景には、ローランド、モリーナをはじめとする科学者たちの献身的な努力や、マスコミの力、市民運動の成果などもあったのだが、化学業界が代替フロンを開発できたことも大きく作用したと言われている。

ただし、代替フロンには大きな欠点がある。強い温暖化効果を持っているのである。エアコンや冷蔵庫の冷媒として使われている HFC134a は、二酸化炭素の 1300 倍もの温室効果を持っている。このため、代替フロンも段階的に削減し、先進国においては 2020 年までに、途上国は 2040 年までに全廃することが決まっている。

最近、代替フロンを使わない技術がいろいろと開発されてきた。冷蔵庫の冷媒には、温暖化効果の少ないイソブタン(CH_3)$_3$CH を使ったものが現れた。イソブタンは可燃性のガスで、漏れだして火がつくと、爆発する危険性がある。しかし、最近の技術ではガス漏れは完全に防げるという。また、IC の洗浄には、極めて不純物の少ない超純水を使うという試みもある。しかし、代替フロンまでも含めたフロンの廃絶には、まだまだクリアーしなければならない問題が残されている。

🔟フロン削減と環境問題

　今、さまざまな環境問題が起こっている。その中で、フロンの問題は、世界中の多くの国が歩調を合わせて、削減から廃絶に至るシナリオに合意できた成功例であろう。他の環境問題を考えるときに、フロンへの対策は大きな示唆を与えるものと思われる。ここから学ぶべきことはたくさんあるが、次の2点を指摘しておこう。

①環境は予想以上に壊れやすいということ

「三尺流れれば水清し」という言葉がある。いやなことや、いさかいの元になったものを水に捨ててしまえば、消えてしまうという意味である。以前の日本には、きれいな川がどこにでも流れていた。そして、そこに多少の汚れを捨てても、すぐに浄化され、下流ではきれいな水になっていた。そういうことを見て、人々は川や海、土や空気にはかなり大きな浄化作用があるものと思っていた。

　確かに、人間が出す廃棄物が少なかった時代には、環境はそれらを受け入れて分解し、自然の循環に組み入れることができた。しかし、現代では膨大な廃棄物が排出されている。しかも、フロンやプラスチックのように分解されにくい物質も捨てられている。このような合成品を分解できる微生物(バクテリア)は、まずいない。環境の浄化能力はそれらを受け入れられるほど大きくないことが、近年になってわかってきたのである。

　環境中に廃棄物が蓄積することによって、異変が起こる。フロンの場合はオゾンホールが出現した。これはフロンを削減し、廃絶することによって回復できるだろうと考えられている。しかし、それには長い時間が必要である。これまでに排出されて

きたフロンは、これから数十年間にわたって上空に拡散し、オゾン層に影響を与え続けるであろう。もし、対策がもっと遅れ、対流圏・成層圏といった大気の構造までもが影響を受けたとしたら、取り返しのつかない事態に進んだと考えられている。

環境が壊され、元に戻らなくなった例は、いくつかの古代文明にも見られる。エジプトをはじめ、メソポタミア、中国などの地域には、かつて肥沃な土地が広がっていた。しかし、人々が過度な農耕や牧畜、森林伐採などを行ったために土地が荒れ、砂漠化してしまった。そして砂漠化の進行とともに、それらの文明は消滅するか、新天地への移動を余儀なくされた。もし、後戻りのできない異変が地球規模で起こったら、地球の外に移住できない私たちはどうなるのだろうか。そう考えると、背筋が寒くなる思いがする。

このように、環境は思ったよりも壊れやすく、しかも大きく破壊されると元に戻らないことを認識すべきであろう。

②代替技術の評価

われわれ人類が、この先何百年も何千年も生き続けるには、大きく二つのことが必要であると言われている。ひとつは、生活するための資源が確保されていることである。そして、もうひとつは環境が汚染されていないことである。これから先、ますます人口は増加し、発展途上国の工業化も進むと思われる。そうなれば、食糧をはじめ、水、エネルギー、鉱物などの資源が今まで以上に必要とされ、それらが不足するおそれがある。また、たとえ資源は確保されていても、廃棄物によって空気や水、土壌などが汚染されていたのでは、生きていけない。

これまでの多くの科学技術は、地球上の資源のことや、産み出す廃棄物については、ほとんど考慮せずに開発されてきた。

人間に役立つことだけが重視されてきたと言ってよいだろう。そしてそういう技術が作り出す製品によって、私たちは大量消費、大量廃棄というライフスタイルを続けてきた。今後は、より省資源で、廃棄物も少なくてすむような技術が求められるであろう。私たちの生活も、そういう技術に合わせたものに変わっていくものと思われる。

フロンの削減に合意できたのは、代替フロンの開発に成功したことも大きく作用したことを述べた。環境破壊の原因となるものが、私たちの生活に深く浸透している場合、すぐさまそれを使用禁止にすることは難しい。まずは、それに代わる物質や技術を開発する必要がある。私たちは、それらの代替物や代替技術を、より省資源であるか、より省廃棄物であるかという観点から、評価する必要がある。代替フロンには大きな温暖化効果があるという理由で、何年か先には使用を禁止するという合意は納得できるものである。

［答え］ 問い1／全部、問い2／4億年前、問い3／安全とは言えない

8-3 生命と化学

問い1 遺伝情報の暗号が蓄えられているのはどこ？
脳　卵巣　DNA

問い2 健康的な食生活で大切なことはどれ？
おいしいものを食べる　偏りなく食べる
タンパク質を多く摂る

問い3 メスで切らずに、体の中を調べる方法は？

❶デオキシリボ核酸 DNA

①遺伝子の正体

私たちの体の中で、タンパク質はどのように作られているのだろうか。

タンパク質を作るときの設計図は、細胞の中の染色体の、そのまた中の遺伝子に書き込まれている。遺伝子の実体は **DNA（デオキシリボ核酸）** だ。そこには、設計図である遺伝情報が暗号の形で蓄えられている。その遺伝情報を読み取ってタンパク質の構造に翻訳するのは **RNA（リボ核酸）** の仕事だ。化学的に見ると DNA のほうが壊れにくく、設計図の保管庫として優れている。DNA について詳しく見てみよう。

②核酸の構造

核酸は、窒素を含む環状構造の塩基、五角形をしたリボースという糖、およびリン酸が組み合わさった**ヌクレオチド**と呼ばれる構成単位が、いくつも繰り返されてできている。いわば、ヌクレオチドのポリマーなので、ポリヌクレオチドということができる。ヌクレオチドの基本構造を図 8-22 に示す。

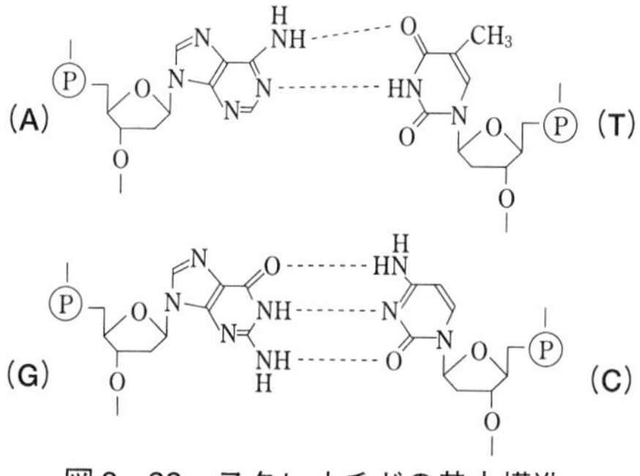

図 8-22 ヌクレオチドの基本構造

窒素を含む環状の塩基部分は**アデニン(A)**、**グアニン(G)**、**シトシン(C)**、**チミン(T)** の4種であり、図8-23のように、アデニンとチミン、グアニンとシトシンが水素結合により互いに強く引き合うように結びついて、DNA全体としては二重に巻いたらせん形の立体構造（**二重らせん構造**）をとる。

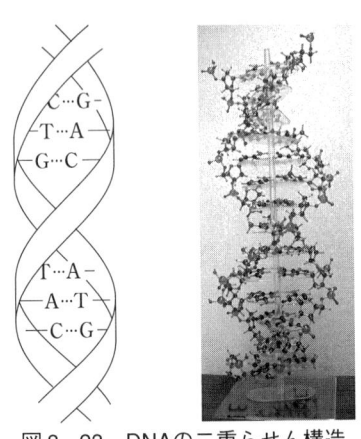

図8-23　DNAの二重らせん構造

2 酵素・分子認識

①酵素の働き「生体触媒作用」

　酵素は、食物を消化したり、生物の体で必要な物質を極めて効率よく作り出したり、生命活動に必要なエネルギーを取り出したりと、様々な働きをしている。これらの工程を、もし化学実験室で行おうとすると、酸や塩基を必要としたり、長時間加熱する作業が必要であったりと、簡単ではない。第一、生物の体の中で高温度に加熱するなんて無理だ！

　酵素は、生物の体の中でおだやかに化学反応を進めるための環境を整えている「触媒」である。ただし一般の触媒と違い、

各酵素が働きかける反応はそれぞれ限定されている。酵素は、**作用する相手の物質（基質という）を巧みに識別するのである（基質特異性）**。また識別した基質に対して触媒作用を発揮する反応自体も、種類によってそれぞれ決まっている（**反応特異性**）。酵素はこれらの特性、すなわち基質特異性と反応特異性を持つ優れた触媒なのだ。

酵素の特異的な働きの例として、消化酵素の種類と触媒作用をする基質・起こる反応の組み合わせを下に示す。

酵素の種類（場所）	作用する基質	起こる反応
アミラーゼ（だ液）	デンプン	部分的な加水分解
リパーゼ（すい液）	油脂	加水分解
ペプシン（胃液）	タンパク質	部分的な加水分解
トリプシン（すい液）	タンパク質	部分的な加水分解
ペプチダーゼ（小腸）	ペプチド	加水分解
カタラーゼ（肝臓）	過酸化水素	分解反応

酵素と基質の関係

②酵素の構造と特異的な働き

酵素はタンパク質からできている。酵素の中で触媒作用を行う部位を**活性部位**という。実際の酵素では、ジスルフィド（–S–S–）結合や水素結合、配位結合によって全体が球状になっているものが多い。このような立体的な構造（3次元構造という）を作るために、基質を見分けることができるようになった。基質分子を**鍵**に例えると、酵素の作る空間は**鍵穴**に相当する。同じくらいの大きさの基質でも、鍵穴に合わない分子は酵素と十分に近づくことができない。鍵としてぴったりフィットする分子だけが酵素と結びつき、反応を起こす。このような酵素の

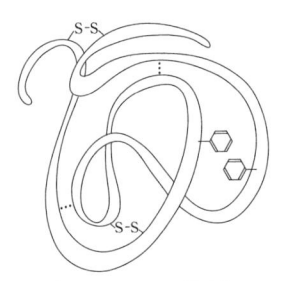

[球状タンパク構造]

合致する　　合わない

[鍵と鍵穴モデル]

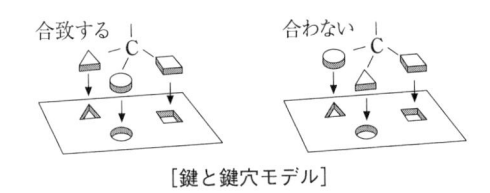

図8-25　タンパク質の立体構造と鍵と鍵穴モデル

識別能力は非常に高く、基質の立体異性までも見分けることができる（図8-25）。

3 強力な生理活性を持つ化合物

①アルカロイド

　窒素を含む環状の有機化合物の中で、特に植物中に見出される苦みを持つ成分を、**アルカロイド**という。アルカロイドとは、「アルカリのような」という意味で、以下の例のように強力な生理活性を示すものが多い。医薬品としても重要である。

　図8-26に示すニコチン（タバコの成分）、コーヒーや茶に入っているカフェイン、チョコレートのテオブロミンには興奮作用があり、コカの木から抽出されるコカインはさらに強力な興奮剤である。これは麻薬であるが、医用には局所麻酔剤とし

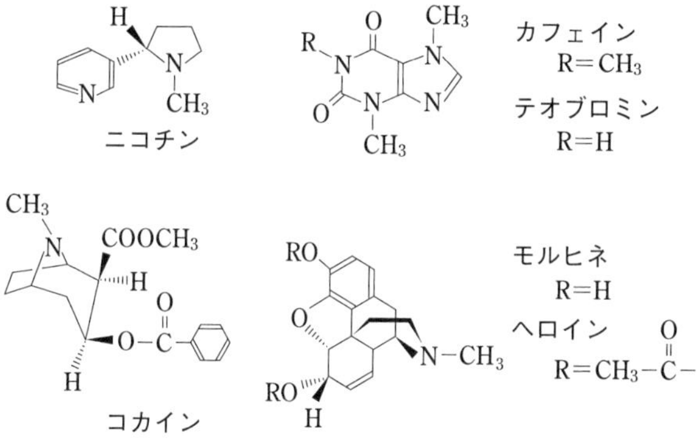

図8-26　各種アルカロイド

ても役立っている。モルヒネも麻薬であるが、末期がん患者の苦痛を緩和する目的でも利用される。

　ペニシリンは抗生物質、キニンは古くから知られている有効な抗マラリア剤である。フジウツギ科の植物マチン (*Strychnos nux-vomica*) の種子からとれるストリキニーネは強力な毒であり、推理小説やサスペンス・ドラマの中で殺人のための毒としてしばしば登場する。

②健康な食生活のために

　薬草の煎じ茶をたくさん飲んだり、毒キノコを知らずに食べたり、日光にさらされたイモ（毒素の含有量が増えている）を食べたりすると中毒することが多く、死に至ることもある。

　私たちは、化学合成された食品添加物や身の回りの品々は何かしら身体に悪影響があり、天然のものは身体に優しいと考えがちである。しかし、ほんとうにそうだろうか。

　化学物質が遺伝子に与える障害を簡便に調べる方法として、

エイムス試験がある。開発者であるアメリカ、カリフォルニア大学バークレー校の生化学者ブルース・エイムス教授は、植物性食品も含めて、植物が作り出す殺虫成分について調査した。そして、前述のような天然物信仰は誤りだと指摘している。

日頃、人工的に合成された化学物質に毒性があることや、環境汚染物質として問題になることを見聞きするが、実際には多くの合成化学物質は、安全性を確認された上で日常生活に利用されている。

植物は何百万種類もの化学物質を作り出しているが、その中には多くのアルカロイドのように毒性の強い物質も多い。

植物はなぜ、このような毒を作り出すのであろうか。

動物は外敵から身を守るために、逃げたり身をかわすことができる。しかし、手足などの器官を持たない植物は、身を守るための手段として毒物を作り出し、いわば化学兵器として装備することで自己防衛しているのだ。

[カフェイン酸]　果実

[アリルイソチオシアナート]　茶カラシ菜　西洋ワサビ

[R-リモネン]　黒コショウ

[酢酸ベンジル]　ジャスミン茶

植物はなぜ化学物質を作るのか

このような植物の作り出す毒素の、ヒトに対する発がん性は調べられていないが、動物実験では、野菜・コーヒー豆などに含まれるカフェイン酸、オレンジジュースなどに含まれるR-リモネンなどが検討されている。

それでは、ヒトはなぜ植物の作り出す毒素によって絶滅しなかったのだろうか。

植物が上述のように自己防衛できるように進化したのと同じように、実は、ヒトもこのような毒素に対する自己防衛能を備えていたのであった。第一に、私たちの口、食道、消化器などの粘膜は、数日に一度は新しく入れ替わる。第二に、口から取り込まれた毒素に対して、さまざまな解毒機構を持っている。さらに、私たちの味覚や嗅覚は、アルカロイドの「苦み」、腐敗した食物の「酸味」や「いやな臭い」などを感知し、毒の危険を察知するようになっているではないか！

『1日30品目の食物を摂取しなさい』ということを、よく聞く。健康な生活を送るためのこの教訓は、特定の化学物質を、私たちに備わった処理能力以上に、身体に溜め込まないという、理にかなった知恵でもあるのだ。

③ダイオキシン類の化学

塩素を持つ環状のエーテルには、環境問題で注目されている物質がある。

図8-28に示す**ダイオキシン類**は極めて強い毒性と、催奇形性（さいきけい）（胎児に奇形を生じさせること）により、その排出が厳しく規制されている。両者に共通するのは3つの環が連なっていて、分子が平面構造（ほぼ長方形に近い形）をとり、四隅に塩素があることである。

したがって、環状エーテルではないが、同じように平面構造

2,3,7,8-TCDD（ダイオキシン）

2,3,4,7,8-PCDF
（ジベンゾフラン誘導体）

3,3′,4,4′,5-PCB
（コプラナービフェニル）

図8-28　ダイオキシン類

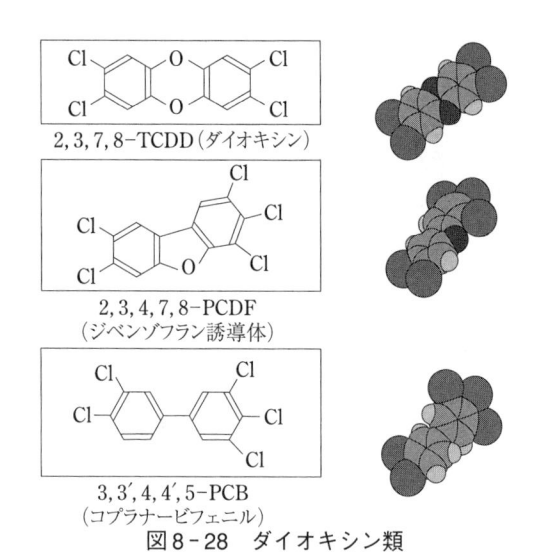

の四隅に塩素が位置するポリ塩素化ビフェニル（**PCB**）や、塩素化アゾベンゼンも毒性が懸念されている。

コラム　枯れ葉剤とダイオキシン

　今から40年以上も前のことになるが、東南アジアのベトナムで大きな戦争があった。当時のベトナムは自然が豊かで、ヤブが生い茂っていた。そこでアメリカ軍は、その名も「枯れ葉剤」という除草剤を大量にまいた。このときの枯れ葉剤の中に、猛毒のダイオキシンがほんの少し混じっていたのだった。

　その後のベトナムでの奇形を持った赤ちゃんの出産や、米国のベトナム戦争従軍者の発がんは、このときのダイオキシンの影響ではないかという声が上がった。

　このほかにも、動物実験でダイオキシンの毒性を調べたところ、動物の種類によってはすぐに死んでしまうような強い毒性、

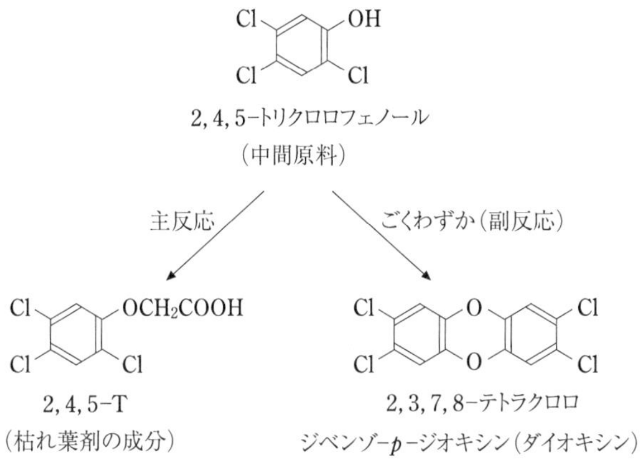
Cl
OH
Cl
Cl
2, 4, 5-トリクロロフェノール
（中間原料）
主反応
ごくわずか（副反応）
Cl
OCH2COOH
Cl
Cl
2, 4, 5-T
（枯れ葉剤の成分）
Cl
O
Cl
Cl
O
Cl
2, 3, 7, 8-テトラクロロ
ジベンゾ-p-ジオキシン（ダイオキシン）

図8-29　枯れ葉剤とダイオキシン

発がん性、体内のいろいろな不具合を引き起こす作用などがあることがわかった。ただし、ヒトに対するこのような影響は、未調査である。

塩素を持った有機化合物の仲間には、適量を使うことで除草剤、殺虫剤や、皮膚を清潔にする殺菌剤として、便利に使われ

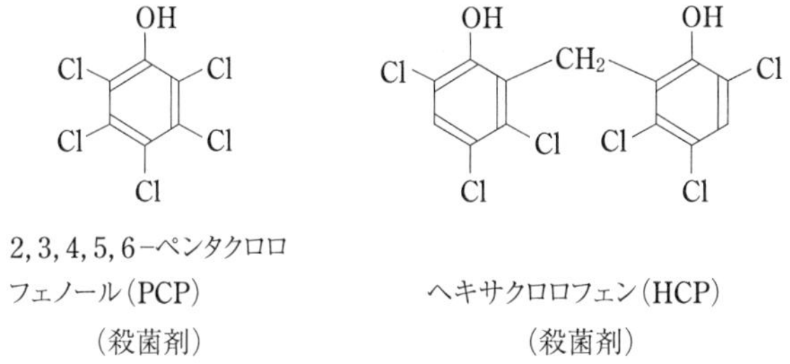
OH
Cl
Cl
Cl
Cl
Cl
2, 3, 4, 5, 6-ペンタクロロ
フェノール（PCP）
（殺菌剤）
OH
OH
CH2
Cl
Cl
Cl
Cl
Cl
Cl
ヘキサクロロフェン（HCP）
（殺菌剤）

図8-30　塩素を含む殺菌剤

ているものがいくつもある。

　しかしダイオキシンは、それらと違って何もいいところはない。ごく少量でも人体に影響を与えてしまうとすれば、ダイオキシンの発生量を可能な限り低く抑えるに越したことはない。

　近年ではダイオキシンは、家庭用や学校用の小さいゴミ焼却炉から出る、煙やチリの中にもほんのわずかに見つかっている。

　ゴミの中の塩素が有機物に結びついて、ダイオキシンができるとすれば、強烈な炎でとにかくすべての有機物をすっかり燃やし尽くしてしまうか、さもなければ、一般のゴミと塩素を含んだゴミを別々に燃やすなどのやり方が良さそうだ。有機物のゴミを完全に燃やし尽くせば、ほとんど二酸化炭素と水蒸気になるので、もう無機物だ。ダイオキシンはできない。それで、燃え残りが出ないように、大きな焼却炉である一定以上の温度に保ちながら、毎日連続的にゴミを燃やし続けている焼却場が増えている。

　塩素を含む廃棄物は種類が多いので、それらを分別しやすいように工夫すれば、処分場の負担はかなり減るであろう。

4 医用材料の化学

① 医療用の材料に求められるもの

　医療用の材料の素材は、一般の材料と同じように、合成樹脂などの有機材料、セラミックスなどの無機材料、および合金などの金属材料である。それらは、失われた組織を修復して機能を回復するなどの医療目的で、人体内で使用される。医用材料には、どのような性質が求められるだろうか。

　生体に対して安全であることは、最も重要である。毒性やアレルギー性、刺激性などはあってはならないが、それとともに、

8-3 生命と化学

長期の使用にあたっても溶解や腐食によって成分が溶け出さないような、化学的に安定であることも必要である。また、どのような材料であっても、生体に対しては異物を入れることになるので、体の組織に対して親和性が高く、物理的性質も調和するものでなくてはならない。現在使用されている医用材料は、これらすべての所要性質を満たすわけではないので、ケースに応じてそれぞれ優先される条件に合わせて材料が選択されている。

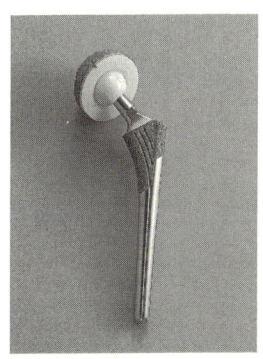

人工股関節

人工頭蓋骨

人工歯根（チタン合金）

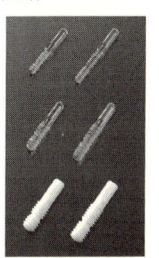

人工歯根（セラミックス）

図8-31　実用化されている医用材料

②アクリル樹脂

アクリル樹脂とは多くの場合、図8-32の構造式を持つアク

リル酸エステル樹脂を指すが、特にポリメタクリル酸メチルエステル（PMMA）樹脂を意味することが多い。これは有機ガラスとも呼ばれる樹脂で、光ファイバー用有機素材としても用いられるほど、透明性に優れている。

医用としては透明性を生かしてコンタクトレンズの素材として用いたり、歯科用では義歯とかその土台部分（義歯床）に用いられる。

また虫歯治療後の充填材には、ビスフェノールAの誘導体とメタクリル酸から作るbisGMAのポリマーがよく使われる。この樹脂はシリカやガラスの粒子（フィラー）と練り混ぜて使う複合材料（コンポジット・レジンという）でもある。穴に充填した後、過酸化ベンゾイルなどの重合開始剤による化学重合か、あるいは光照射による光重合によって強固に硬化する。

$$CH_2=C\begin{matrix}CH_3\\COOCH_3\end{matrix} \xrightarrow{重合} \left[-CH_2-\underset{CH_3OC=O}{\overset{CH_3}{C}}-\right]_n$$

メタクリル酸メチル　　　　　ポリメタクリル酸メチルエステル
（モノマー）　　　　　（PolyMethyl MethAcrylate：PMMA）

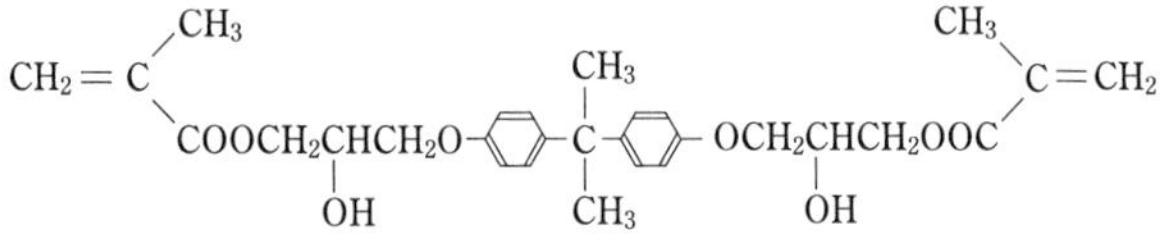

ビスフェノールAジグリシジルエーテルメタクリル酸エステル
(bisGMA)

図8-32　すぐれた特性を持つアクリル樹脂

③金属材料

　金属材料は、いろいろな種類の力に対して強いことがいちばんの特徴である。体内に埋め込む金属材料としては、強度とともに耐食性に優れたものでなければならない。それで純粋な金属がそのまま使われることは少なく、ふつう、合金として使用する。チタン合金、コバルトクロム合金、金合金などが使われている。

④ヒドロキシアパタイト

　脊椎動物の骨や歯の成分は、リン酸カルシウムなどの無機物質が約70％、コラーゲンなどの有機物質が約30％である。コラーゲンは軟骨、腱などにある繊維タンパク質で、熱するとゼラチンになるものである。通常の骨や歯の主要成分はリン酸カルシウムと言われているが、$Ca_{10}(PO_4)_6(OH)_2$の構造をとっている。一般にこのような組成を持つ鉱物を総称してアパタイトと言い、OHすなわちヒドロキシ基を持つものをヒドロキシアパタイトと呼んでいる。

　このヒドロキシアパタイトを素材として作ったセラミックスの人工骨や人工歯は、骨や歯の組織に対して優れた親和性を示し、骨組織や歯肉に直接、化学結合することが報告されている。合成方法の一例を次式に示す。

$$10Ca(OH)_2 + 6H_3PO_4 \longrightarrow Ca_{10}(PO_4)_6(OH)_2 + 18H_2O$$

　このようにして合成した粉末のアパタイトにつなぎとなる有機化合物を加えて、骨や歯根の形にプレス成形する。後は焼き物と同じで、1100～1300℃で焼きあげると、高密度の固まりとなった製品が得られる。

　図8-33にはアパタイト焼結体による人工骨と、緻密骨につ

強度	アパタイト焼結体	緻密骨
圧縮	5190 kg/cm^2	1400 kg/cm^2
曲げ	1150	1800
ねじり	775	550

人工骨用のアパタイト焼結体と緻密骨の強度

いて、圧縮、曲げ、ねじりに対する強度を示してある。それによると、アパタイトの人工骨は、圧縮に強いが、曲げの力には弱く、もろい材料であることがわかる。それで臼歯部（奥歯）の人工歯根として、歯の欠損部分に植え込み、歯の土台として歯冠（金属製のかぶせ歯）を接着し、歯の機能を代行させる使い方などが適している。アパタイト人工歯根は顎骨と直接結合し、強く固定（接着強度100kg/cm²）され、また、歯肉上皮とも接着し、口腔内からの細菌感染を防ぐこともできる。

5 医療技術の進歩

①レントゲン撮影

　旧来の医学では、身体の内部に不具合があると、とにかく手術をして医者の目で症状を見極めることが、最も確実な診断法であった。

　レントゲン撮影の技術は革命的であり、このような状況を一変した。手足にけがをした際、レントゲン撮影によるX線写真を見れば、骨折しているかどうか、一目瞭然だ。

　一般に、放射線は目に見えないし、私たちの五感では感じることはできないが、写真乾板を感光させる様子や、計数器で知ることができる。放射線はまた、普通の光と違って物質を通り抜ける性質がある。物質を構成する原子の原子番号が小さければ小さいほど、よく通り抜ける。

X線写真で骨や歯が白く写って、骨折や虫歯の様子がわかるのは、このためである。内臓や筋肉のところはタンパク質や脂質、すなわち有機物なので、主要成分元素は水素 $_1H$、炭素 $_6C$、窒素 $_7N$、および酸素 $_8O$ で、いずれも原子番号は一桁である。一方、骨や歯を形成している成分元素には、前述のように原子番号の大きいカルシウム $_{20}Ca$ とリン $_{15}P$ が含まれる。それで骨のない部分はX線がよく通り抜けるので、後ろにある写真乾板が感光して黒くなるが、骨や歯のところは通り方が少ないので、感光せずに白く残る。また、レントゲン診断車や歯医者のレントゲン室の壁は、もっと原子番号の大きい鉛でできていて、X線を外に漏らさないようになっている。

レントゲン撮影は簡便な方法であるが、画像が影絵のようになり平面的なので、近年では、X線CTという技術も用いられる。これはいろいろな方向から撮影を行い、コンピュータ処理によって身体を輪切りにしたような断面の画像（断層画像）を得るもので、3次元的なイメージをつかみやすい。

X線のような放射線はエネルギーが高いので、たくさん浴びると体内の分子を壊したり、陽イオンと陰イオンに電離させたりする作用が知られている。しかし、量が少ないときは体への作用も弱くなることと、私たちの体にもともと備わっている保護作用のおかげで、レントゲン撮影程度のX線を年に数回浴びる程度では危険性は問題にならないと考えられている。

医療用では、がんなどの腫瘍細胞に放射線を照射する放射線治療がある。これは線量が多くなるので、できるだけ副作用を抑えるように、工夫しながら行われる。

原子力施設の事故などで出る多量の放射線を浴びると、私たちの細胞内の2本鎖DNAが切断され細胞死を起こすので、リンパ組織、骨髄、生殖器などの組織が破壊され、大変危険であ

る。たとえ命が助かったとしても、後遺症が出たり、子孫に影響が及ぶ危険がある。

②磁気共鳴画像イメージング（MRI）法

この方法は強力な磁石と、FM放送に近い周波数の電波を使い、X線CTと同様な断層画像を得ようというものである。磁石もFMの電波も人体への影響はないと考えられているので、患者にとってまったくリスクのない方法といえる。

MRI法では一般に水素の原子核を観測するので、脳や内臓などの組織であっても、とにかく水素を含むところは何でもよ

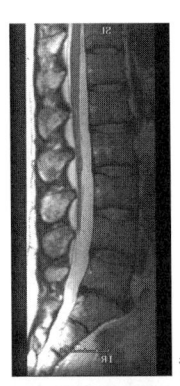

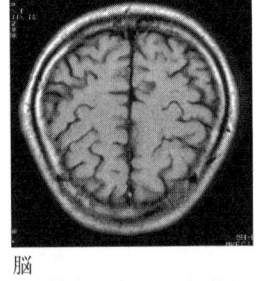

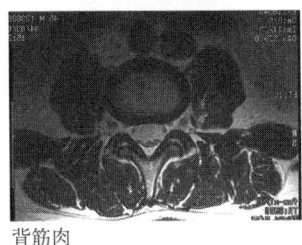

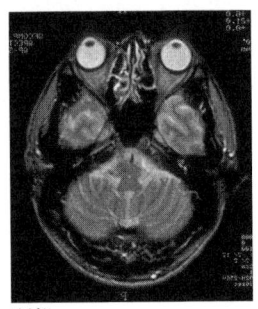

背骨

脳

背筋肉

頭部

図8-34　MRIで撮影した人体

く見える。生体組織には必ず水分が含まれているので、実際にはこの水（H–O–H）の水素原子を見ている。

被験者にドーム型の磁石の中に入ってもらい、FM放送程度の電波を当てると、水素原子核がエネルギーを吸収して少しだけエネルギーの高い状態になる。といっても原子核の状態の話なので、被験者自身は何も感じない。そこで電波を切ると、水素原子核はある一定時間（緩和時間という）をかけてエネルギーを放出し、自然に元の状態に戻る。生体組織の性質や構造によってこの緩和時間がまちまちなので、人体の各所からこのときの信号を取り出してコンピュータ処理を施すことにより、断層画像を得ることができる。

脳や内臓、筋肉のように主に有機物からできている軟組織では、質量数の大きい元素が少ないため、レントゲン写真ではよく写らないが、MRI法では容易に詳細な断層撮影の画像が得られる。

③その他の医療技術

CT法による断層撮影としては、近年、陽電子の信号を見るポジトロンCT法や、超音波CT法も使われだした。

超音波の反射、屈折、散乱、減衰、伝播時間、ドップラー効果などを利用して、距離、位置、寸法などをはかる技術を超音波計測という。そこから得られる情報をコンピュータ処理により映像として表示すると有効な場合が多く、肝臓、心臓、脳などの医用診断や、胎児診断などに利用されている。

体の表面（胸部のさまざまな部位）に吸盤で電極をつけ、心臓の拍動に伴う活動電位の時間変化を測定・記録したものを心電図という。心臓は交互に膨らんだり縮んだりする心房と心室という部屋に分かれているが、心電図に現れる波形は、それぞ

れの部屋の収縮の開始と終了に対応している。
　その他には、超小型化された胃カメラ、体の中で溶け、抜糸の必要のない手術用の糸などが実用化されている。
［答え］　問い1／DNA、問い2／偏りなく食べる、問い3／レントゲン撮影　MRIなど

付録

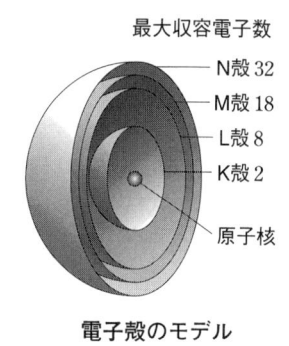

最大収容電子数
- N殻 32
- M殻 18
- L殻 8
- K殻 2
- 原子核

電子殻のモデル

元素	電子殻 K L M N O P
$_2$He	2
$_{10}$Ne	2 8
$_{18}$Ar	2 8 8
$_{36}$Kr	2 8 18 8
$_{54}$Xe	2 8 18 18 8
$_{86}$Rn	2 8 18 32 18 8

□は最外殻電子

希ガス原子の電子配置

		1	2	13	14	15	16	17	18
最外殻電子	K殻	H·							He:
	L殻	Li·	·Be·	·B·	·C·	·N·	·O:	·F:	:Ne:
	M殻	Na·	·Mg·	·Al·	·Si·	·P·	·S:	·Cl:	:Ar:
価電子		1	2	3	4	5	6	7	0

K殻……最大2個
L殻……最大8個
M殻……最大18個のうちの8個

原子の電子配置と電子式

K>Ca>Na>Mg>Al>Zn>Fe>Ni>Sn>Pb>(H2)>Cu>Hg>Ag>Pt>Au

「か(貸)そうかな、まああ(当)てにするな、ひどすぎるしゃっきん(借金)」

イオン化傾向とその覚え方の一例

405

	陽イオン	イオン式	陰イオン	イオン式
1価	水素イオン ナトリウムイオン カリウムイオン アンモニウムイオン 銅(I)イオン	H^+ Na^+ K^+ NH_4^+ Cu^+	塩化物イオン 水酸化物イオン フッ化物イオン ヨウ化物イオン 硝酸イオン 炭酸水素イオン 酢酸イオン	Cl^- OH^- F^- I^- NO_3^- HCO_3^- CH_3COO^-
2価	カルシウムイオン 亜鉛イオン 銅(II)イオン マグネシウムイオン 鉄(II)イオン	Ca^{2+} Zn^{2+} Cu^{2+} Mg^{2+} Fe^{2+}	酸化物イオン 硫化物イオン 硫酸イオン 炭酸イオン	O^{2-} S^{2-} SO_4^{2-} CO_3^{2-}
3価	アルミニウムイオン 鉄(III)イオン	Al^{3+} Fe^{3+}	リン酸イオン	PO_4^{3-}

主なイオン式と名称

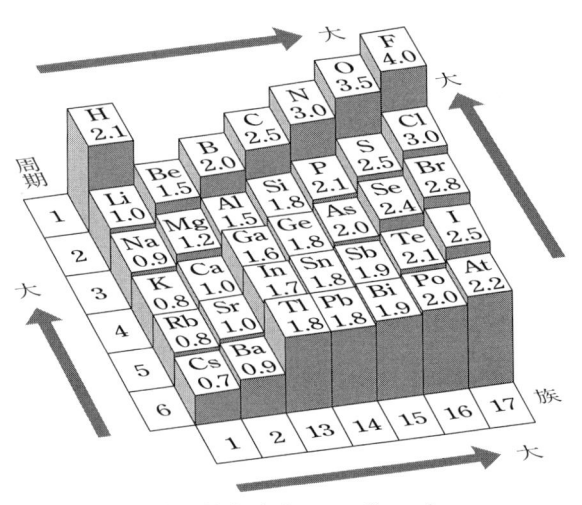

電気陰性度（ポーリング1960）

1	モノ	mono	5	ペンタ	penta	9	ノナ	nona
2	ジ	di	6	ヘキサ	hexa	10	デカ	deca
3	トリ	tri	7	ヘプタ	hepta	11	ウンデカ	undeca
4	テトラ	tetra	8	オクタ	octa	12	ドデカ	dodeca

数詞

メタン系炭化水素（アルカン）C_nH_{2n+2}

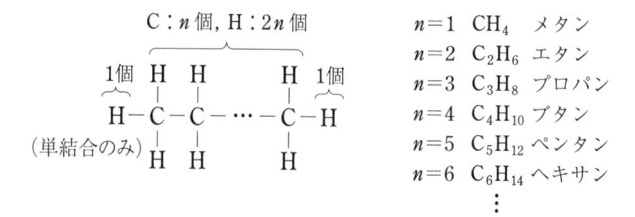

C：n個, H：$2n$個

(単結合のみ)

$$H-\underset{\underset{H}{|}}{\overset{\overset{H}{|}}{C}}-\underset{\underset{H}{|}}{\overset{\overset{H}{|}}{C}}-\cdots-\underset{\underset{H}{|}}{\overset{\overset{H}{|}}{C}}-H$$

1個 … 1個

$n=1$　CH_4　メタン
$n=2$　C_2H_6　エタン
$n=3$　C_3H_8　プロパン
$n=4$　C_4H_{10}　ブタン
$n=5$　C_5H_{12}　ペンタン
$n=6$　C_6H_{14}　ヘキサン
⋮

エチレン系炭化水素（アルケン）C_nH_{2n}（$n≧2$）

C：n個, H：$(2n-2)$個

（二重結合）

$n=2$　C_2H_4
　　　エチレン
$n=3$　C_3H_6
　　　プロペン
$n=4$　C_4H_8
　　　ブテン
⋮

アセチレン系炭化水素（アルキン）C_nH_{2n-2}（$n≧2$）

C：n個, H：$(2n-4)$個

（三重結合）

$n=2$　C_2H_2
　　　アセチレン
$n=3$　C_3H_4
　　　プロピン
$n=4$　C_4H_6
　　　ブチン
⋮

鎖式炭化水素（脂肪族化合物）の構造

官能基の種類	構造	一般名	例	
ヒドロキシ基 （水酸基）	$-OH$	（鎖式・脂環式炭化水素）アルコール	エタノール	C_2H_5-OH
			シクロヘキサノール	$C_6H_{11}-OH$
		（芳香族炭化水素）フェノール類	フェノール	C_6H_5-OH
アルデヒド基	$-C{\lhd}^H_O$	アルデヒド	アセトアルデヒド	CH_3-CHO
カルボニル基 （ケトン基）	$>C=O$	ケトン	アセトン	$CH_3-CO-CH_3$
カルボキシ基	$-C{\lhd}^O_{OH}$	カルボン酸	酢酸	CH_3-COOH
ニトロ基	$-NO_2$	ニトロ化合物	ニトロベンゼン	$C_6H_5-NO_2$
スルホ基	$-SO_3H$	スルホン酸	ベンゼンスルホン酸	$C_6H_5-SO_3H$
アミノ基	$-NH_2$	アミン	アニリン	$C_6H_5-NH_2$
エーテル結合 （エーテル基）	$-O-$	エーテル	ジエチルエーテル	$C_2H_5-O-C_2H_5$
エステル結合 （エステル基）	$-C{\lhd}^O_{O-}$	エステル	酢酸エチル	$CH_3-COO-C_2H_5$

官能基による分類

トルエン　　o-キシレン　　m-キシレン　　p-キシレン　　ナフタレン　　アントラセン

ベンゼン以外の代表的な芳香族炭化水素

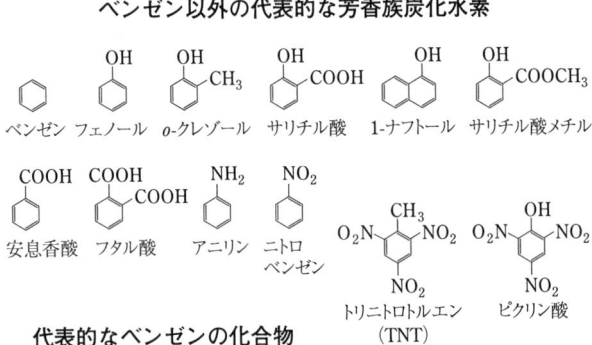

ベンゼン　フェノール　o-クレゾール　サリチル酸　1-ナフトール　サリチル酸メチル

安息香酸　フタル酸　アニリン　ニトロベンゼン　トリニトロトルエン（TNT）　ピクリン酸

代表的なベンゼンの化合物

参考図書

『現代有機化学(第4版)[上・下]』ボルハルト、ショアー著、古賀憲司、野依良治、村橋俊一監訳、化学同人　2004
『化学　物質の世界を正しく理解するために』重松栄一、民衆社　1996
『化学超入門』左巻健男編著、日本実業出版社　2001
『たのしくわかる化学実験事典』左巻健男編著、東京書籍　1996
『新しい科学の教科書　第1分野』検定外中学校理科教科書をつくる会、文一総合出版　2004
『元素111の新知識』桜井弘編、講談社ブルーバックス　1997
『元素の小事典』高木仁三郎、岩波ジュニア新書　1999
『暗記しないで化学入門』平山令明　講談社ブルーバックス　2000
『高校化学とっておき勉強法』大川貴史　講談社ブルーバックス　2002
『なぜ？なに？かんたんサイエンス』化学教育兵庫サークル編、神戸新聞出版センター　2002
『はてな？なるほど！おもしろサイエンス』化学教育兵庫サークル編、神戸新聞出版センター　2004
■酸性雨について
『身近な地球環境問題』日本化学会・酸性雨問題研究会編、コロナ社　1997

『続身近な地球環境問題』日本化学会・酸性雨問題研究会編、コロナ社　2002
■フロンについて
『環境理解のための基礎化学』J.W.Moore、E.A.Moore 著、岩本振武訳、東京化学同人　1980
『地球環境の教科書10講』左巻健男、平山明彦、九里徳泰編著、東京書籍　2005

執筆者

左巻健男（同志社女子大学現代社会学部現代こども学科教授）
　1-1、4-1～4、5章
島弘則（富山県立志貴野高等学校教諭）3-1・2
寺田光宏（静岡県立高等学校教諭）1-2・3、2-1
中澤克行（兵庫県立須磨東高等学校教諭）2-2、3-3
水間武彦（東京都立高等学校教諭）8-1
山田洋一（宇都宮大学教育学部理科教育講座・環境教育コース
　担当　助教授）6-3・4、7章、8-3
山本喜一（千葉県立清水高等学校教諭）4-5、8-2
和田重雄（開成高等学校講師・巣鴨高等学校講師）6-1・2
協力者／稲山ますみ（東京大学教育学部附属中等教育学校理科実験助手）

さくいん

【数字・アルファベットほか】

18-8ステンレス	254
ABS洗剤	361
aq(水)	196
BOD	365
C=C結合	311
*cis*体	285
COD	365
hPa(ヘクトパスカル)	49, 103
K殻	51
L殻	51
LAS洗剤	362
LPガス	148
m-(メタ)	296
M殻	51
mol	45
N(ニュートン)	103
N_A	45
N殻	51
o-(オルト)	296
p-(パラ)	296
PCB	232, 394
PET	336, 352
pH	176, 211
ppb	131
ppm	131
SPIコード	353
*trans*体	285
X線分析	223
α-ヘリックス構造	326

【あ行】

亜鉛	164, 252
赤さび	254
赤潮	362, 366
アクリル樹脂	397
アクリロニトリル	287
アジピン酸	291, 319, 335
アズレン	295
アセチル化	328
アセチレン	268, 283
アセトアルデヒド	287, 310
アセトン	128, 370
アデニン	388
アパタイト	399
アボガドロ数	45
アボガドロの法則	49, 114
アマルガム	203, 260
アミド結合	324
アミノ基	274, 323
アミノ酸	325
アミラーゼ	326
アミロース	322
アミン類	313
アモルファス	97
アラミド繊維	335
アリストテレス	25
亜硫酸	216, 236
亜硫酸ガス	155, 371
アルカジエン	289
アルカリ	67, 124, 171
アルカリ金属	53, 171, 246
アルカリ性	168
アルカリ土類金属	171, 249
アルカロイド	390, 392
アルカン	276
アルキン	283
アルケン	283, 329
アルゴン	53, 60, 243
アルデヒド基	308
アルマイト加工	252
アルミナ	206
アルミニウム	206, 252, 356
アレーニウス	170
アンチモン	100
アントラセン	294
アンモニア	41, 77, 112, 237, 312
アンモニアソーダ法	248
アンモニウムイオン	78, 172

411

硫黄	21, 83, 97	塩化亜鉛	197
硫黄酸化物	216	塩化アンモニウム	
イオン	42, 53, 59		148, 173, 197
イオン化傾向	192	塩化カルシウム	136
イオン化列	192	塩化銀	126, 257
イオン結合	66, 69, 87, 269	塩化コバルト	36, 256
イオン結晶	69, 88, 125	塩化水銀(I)	261
イオン交換樹脂	19	塩化水素	58, 77, 113
イオン交換膜法	204	塩化銅(II)	185
イオン式	61	塩化ナトリウム	
イオン性化合物	228		21, 48, 58, 67, 123
イオン半径	126	塩化ビニル	287
イコサン	279	塩化ベリリウム	228
異性体	267, 278, 307	塩基	67, 124, 172
イソオクタン	280	塩酸	58, 124, 169
イソブタン	267, 278, 383	炎色反応	247
イソプレン	289, 338	延性	87
一次電池	197	塩析	144
一酸化炭素	22, 38, 240	塩素	21, 37, 53
一酸化窒素	238	塩素酸カリウム	239
一酸化二水素	17	王水	194, 259
一酸化二窒素	358	黄リン	238
イリジウム	259	オキシダント	222
陰イオン	59, 61, 67, 69, 124	オキソニウムイオン	78, 170
インスリン	325	オクタン価	280
エイムス試験	392	オストワルト法	238
液体ヘリウム	119	オスミウム	259
エステル	344	オゾン	189, 214, 234
エステル化	305	オゾンホール	378, 384
エタノール		オリゴ糖	317
	58, 79, 100, 170, 270, 309	オリゴマー	317
エタン	267, 283	オリザニン	350
エチルアルコール	270	オルト体	297
エチルベンゼン	296	【か行】	
エチレン	268, 282, 329		
エチレンオキシド	306	界面活性剤	360
エチレングリコール		化学結合	65
	136, 320, 354	化学式	64, 156
エチン	283	化学的酸素要求量	365
エーテル	302	化学反応式	39
エテン	283	化学平衡	161, 165
エラスチック	338	拡散	102
塩	67, 124		

隔膜法	204
過酸化水素	187
加水分解	344
価数	61, 124
ガスクロマトグラフィー	374
可塑剤	332
活性化エネルギー	159
カップリング	313
価電子	55, 228
カドミウム	262
価標	75, 267, 276
カーボンナノチューブ	85
過マンガン酸イオン	188
過マンガン酸カリウム	189
亀の甲	273, 293
カリウム	246
カリウムミョウバン	253
カルボキシ基	274, 323
カルボニル基	274, 308
カルボン酸	274, 304, 309, 323
還元	184
還元剤	189
甘汞	261
環式炭化水素	272, 290
緩衝溶液	175
官能基	270, 274
基	214
気液平衡	105
幾何異性体	285
希ガス(元素)	55, 61, 242
貴金属	259
ギ酸	190, 310
キサントプロテイン反応	326
基質特異性	389
キシレン	296
キセノン	55, 243
キセロゲル	140
気相成長法	96
気体定数	121
気体の状態方程式	121
気体反応の法則	113
キニン	391
逆浸透法	139
吸熱反応	148, 151
強塩基	175, 246, 252
凝固点降下	134
強酸	175
凝縮熱	105
凝析	143
共有結合	66, 71, 89, 228
共有電子対	71, 81, 234
極性分子	83, 85
金	259
金属結合	67, 86
金属結晶	89
金属元素	65
金属光沢	87, 227
金属水銀	260
金属ナトリウム	69
金箔	31, 259
グアニン	388
クエン酸	232
グラファイト	266
グリコーゲン	343
グリセリン	344
クリプトン	55, 243
グルコース	317, 343
グルタミン酸ナトリウム	325
クレゾール	303
黒さび	254
クロマトグラフィー	17
クロロプレン	289, 339
クロロベンゼン	297
ケイ酸ナトリウム	241
ケイ砂	241
ケイ素	85
ゲイ・リュサック	113
ケクレ	293
結合手	276
結晶構造	95
結晶水	124
ケトン	308
ケラチン	327
ゲル	140
原子	25, 29, 113
原子価	76

原子殻	33	酸化剤	189, 230
原子説	33	酸化数	187
原子団	39, 59	酸化窒素	113
原子番号	33	酸化鉄(Ⅲ)	254
原子量	46	酸化銅(Ⅱ)	183, 255
原子論	24	酸化バナジウム	236
元素記号	28	酸化被膜	194
五員環	290, 306	酸化マグネシウム	183
光化学オキシダント	222, 374	酸化マンガン(Ⅳ)	197
光化学スモッグ	222, 374	三元触媒	219
光学異性体	307, 324	三酸化硫黄	169, 236
高級脂肪酸	344	三重結合	74, 267
高吸水性ポリマー	334	酸性	168
合金	227, 259, 399	酸性雨	16, 181, 211
合成洗剤	361	酸素	21, 63, 113
酵素	160, 388	三大栄養素	265, 342
構造異性体	278	三大肥料	366
構造式	75	次亜塩素酸	231
高分子化合物	23, 316	ジアゾ基	313
高密度ポリエチレン	331	シアン化水素	22, 266, 287
黒鉛	85, 89, 239	ジエチルエーテル	320
コラーゲン	351	ジカルボン酸	335
コロイド分散系	140	脂環式炭化水素	272
混酸	298	シクロヘキサン	299
コンポジット・レジン	398	シクロヘキセン	291
		シクロペンタン	290
【さ行】		ジクロロベンゼン	297
最外殻電子	53	四元素説	111
細菌説	303	四酸化三鉄	254
再結晶	128	四酸化二窒素	164
錯イオン	256	脂質	344
酢酸	169, 175, 287, 310	指示薬	36, 177
酢酸エチル	370	シス異性体	285
酢酸ナトリウム	175	シス-トランス異性体	285
酢酸ビニル	333	ジスルフィド結合	389
桜田一郎	334	十酸化四リン	239
鎖式炭化水素	272	十水和物	248
ザルツマン試薬	220	質量数	33
酸	67, 172	質量分析器	46
三員環	306	質量保存の法則	39
酸化アルミニウム	206, 252	質量モル濃度	131
酸化カルシウム	181, 249	シトシン	388
酸化還元反応	187, 200	脂肪酸	344

脂肪族炭化水素	292	水酸化鉄(Ⅲ)	141
シャルルの法則	117	水酸化ナトリウム	
臭化銀	257		58, 124, 179, 248
臭化水素	288	水酸化バリウム	148
周期表	55, 226	水晶	96
周期律	55	水蒸気	94, 101
重合	318	水上置換法	112
シュウ酸	190	水素	27, 41
シュウ酸ナトリウム	251	水素イオン濃度	176
重縮合	319	水素化物イオン	242
臭素	53, 162, 189	水素結合	85
重曹	35, 151	水和	123, 152
自由電子	86, 227	スクロース	58, 317, 320, 343
酒石酸	307	鈴木梅太郎	350
ジュラルミン	252	スチールウール	150
純水	19, 134	スチレン	296
硝安	153	ステロイド	346
昇華	89, 95	ストロンチウム	251
蒸気圧	105, 132	スルファニル酸	220
蒸気圧曲線	107	スルホ基	299
蒸気圧降下	132	スルホン化	299
昇汞	261	生化学的酸素要求量	365
硝酸	153, 169, 238	青酸	266
硝酸アンモニウム	153, 238	正四面体構造	240
硝酸銀	69	生石灰	181, 249
硝酸バリウム	251	生体触媒	161
消石灰	181, 249	生分解性プラスチック	356
蒸発熱	98, 104, 371	石英	95
蒸留水	19	析出	191
触媒	160, 388	赤鉄鉱	255
ショ糖	58, 79, 236, 317, 343	赤リン	238
シリカゲル	140, 309	石灰	217
シリコン	240	石灰石	112, 179
シリコーンゴム	339	セッケン	360
親水基	345	セッコウ	181, 217, 250
親水コロイド	141, 143	絶対温度	93, 118
真鍮	252	絶対零度	117
浸透圧	137	ゼラチン	399
親油基	346	セラミックス	396
水銀	100, 119, 227	セルシウス	93
水酸化アルミニウム	253	セルラーゼ	322
水酸化カルシウム	180, 240, 249	セルロース	322
水酸化ケイ素	242	セレン	83

セレン化水素	83
遷移元素	253
層状ミセル	347
族	55
疎水基	345
疎水コロイド	141, 143
組成式	85
素反応	158
ゾル	140
ソルベー法	248

【た行】

ダイオキシン	232, 394
大気汚染	212
代替フロン	382
ダイナマイト	304
ダイマー	317
ダイヤモンド	85, 96, 239, 316
大理石	223
多価アルコール	320
脱イオン処理	19
脱水縮合	304, 319, 323
多糖類	322
ダニエル電池	195
タレス	24
炭化水素	148, 266
タングステン	89
単結合	73, 268
単原子分子	55, 64, 228
炭酸	210
炭酸イオン	179
炭酸カルシウム	125, 240, 249
炭酸水素カルシウム	126, 249
炭酸水素ナトリウム	35, 151, 248
炭酸ナトリウム	36, 151, 248
単斜晶系硫黄	97
炭水化物	265
炭素	22, 37, 48
単体	37
タンパク質	265, 324
単量体	317
置換	169
置換基	296
置換反応	287
蓄電池	197
チタン	218, 254
窒素	41, 63
窒素酸化物	160, 216, 377
チミン	388
チャップマン機構	373
中性子	33
中性脂肪	344
中和	172
潮解	248
超純水	19, 383
超伝導	119
超流動	119
チリ硝石	167
チンダル現象	141
低密度ポリエチレン	332
テオブロミン	390
デカン	267, 279
鉄	150, 254, 351
テトラアンミン銅(Ⅱ)イオン	256
デービー	207
テフロン	329
デモクリトス	25, 29
テルル	83
テレフタル酸	335, 354
展延性	227
電荷	59
電解質	58, 88, 124, 133
電気陰性度	80
電気泳動	143
電気分解	37, 200
電気めっき	206
電子殻	50
電子式	71, 215
電子対	187
展性	87
電池	24, 194
デンプン	317, 343
電離	133
電離度	174

銅	37, 255
糖質	343
透析膜	142
導電率計	213
トタン	252
突沸	107
トムソン	29
ドライアイス	240
トランス異性体	285
トリエン	290
トリチェリの真空	103
トリハロメタン	232, 366
トルエン	296
ドルトン	26, 29, 113

【な行】

ナイロン	291, 319, 335
ナトリウム	21, 53, 59
ナトリウムアマルガム	203
ナフサ	329
ナフタレン	79, 89, 294, 301
鉛蓄電池	197, 198
二クロム酸カリウム	189, 197
ニコル・プリズム	307
二酸化硫黄	113, 155, 216, 235, 371
二酸化ケイ素	85, 89, 233, 241
二酸化炭素	22, 35, 36, 37, 39
二酸化窒素	164, 169, 238
二次電池	197
二重結合	74, 234, 267
二重らせん構造	388
ニッケル・カドミウム蓄電池	197, 198
二糖類	320
ニトロ化	298
ニトログリセリン	238, 304
ニトロセルロース	304
ニトロベンゼン	298
乳糖	320
ニュートン	26
尿素	142, 153, 349
二硫化炭素	22

ニンヒドリン反応	327
ヌクレオチド	387
ネオペンタン	281
ネオン	51, 53, 60, 243
熱運動	79, 94, 137
熱分解	37
熱変性	326
燃焼	38, 148, 182
燃料電池	199

【は行】

配位結合	78, 389
麦芽糖	320
白リン	238
パスツール	303
白金	160, 259
白金黒	160
発熱反応	148, 151
発泡スチロール	355
バナジウム	218
花火	251
ハーバー	166
ハーバー法	41, 237
ハーバー-ボッシュ法	237
パラ体	297
パラフィン	100, 280
ハロゲン	53, 189
ハロゲン化	298
半透膜	136, 142
反応速度式	157
反応速度定数	157
反応特異性	389
ビウレット反応	327
光重合	398
非共有電子対	73, 85
非金属元素	65
非晶質	97
ビタミン	349
必須アミノ酸	348
非電解質	58
ヒートポンプ	105
ヒドロキシアパタイト	351
ヒドロキシカルボン酸	356

ヒドロキシ基	125, 136, 274, 302
比誘電率	125
氷晶石	206, 208
表面張力	360
ファインセラミックス	24
ファラデー	293
ファラデー定数	202
フィッシャー	167
風解	248
フェナントレン	294
フェノール	299, 302
フェノール樹脂	336
フェノールフタレイン	36, 237
不可逆反応	161
付加重合反応	331
付加反応	272, 286
不揮発性	132
複合材料	398
ふくらし粉	248
不斉炭素原子	307
ブタジエン	329
フタル酸	301
フタル酸エステル	332
ブタン	148, 265, 277
不対電子	72, 76, 215, 234
フッ化水素	85
フッ化ナトリウム	231
フッ素	229
沸点	80, 83, 108
沸点上昇	132
ブテン	284
不凍液	135
不動態	193, 252
ブドウ糖	317, 343
不飽和結合	272
不飽和炭化水素	272
ブラウン運動	142
プラスチック	23, 265, 338
プラチナ	259
フラーレン	85, 239
フランシウム	228
プリーストリー	112
フルクトース	317
フレオン	368
プロトン	171, 177
プロパノール	270
プロパン	148, 183, 267, 276
プロピレン	329
プロペン	288
フロン	215, 358, 368
分圧	129
分極	196
分散質	140
分散媒	140
分子間力	80, 281
分子結晶	89
分子式	64
分子性物質	79, 88, 125, 228
分子量	46
分析化学	23
平衡移動の原理	163
平面偏光	307
ヘキサクロロフェン	303
ヘキサデカン	279
ヘキサメチレンジアミン	319, 335
ヘキサン	279
ヘクトパスカル	49
ペーパークロマトグラフィー	19
ヘプタン	279
ペプチド結合	324
ヘモグロビン	240, 351
ヘリウム	21, 28, 51, 53, 243
ベンジン	346
ベンゼン	292
ベンゼン環	273
ベンゼンスルホン酸	299
ベンゾ[a]ピレン	295
ペンタン	278
ヘンリーの法則	129
ボイル−シャルルの法則	120
ボイルの法則	111, 115
芳香族アミン	298, 313
芳香族化合物	292

芳香族環	273	メタノール	270, 310
芳香族炭化水素	272, 292	メタン	35, 82, 148, 183, 265
包接	323	メタン系炭化水素	276
包接化合物	323	メチルアルコール	270
ホウ素	259	メチルオレンジ	313
飽和蒸気圧	105	メチル基	296
飽和炭化水素	272	メチル水銀	261
飽和溶液	126	メチルプロペン	284
ボーキサイト	207	メラミン樹脂	337
保護コロイド	144	モノマー	317
ホスホグリセリド	346	モル	45
ポリアクリルアミド	365	モル質量	47
ポリエステル	336	モル濃度	130, 156
ポリエチレン	64, 267, 318, 355	モル沸点上昇	133
ポリエチレングリコール	321	モントリオール議定書	380
ポリエン	290		
ポリ塩化ビニリデン	232	【や行】	
ポリ塩化ビニル	232, 329, 355	融解熱	98
ポリ酢酸ビニル	333	有機塩素化合物	230, 232
ポリスチレン	329, 355	有機化合物	22, 265
ポリビニルアルコール	333	有機ガラス	398
ポリフェノール	305	有機高分子	229
ポリプロピレン	355	有機水銀	261
ポリペプチド	324	有機溶剤	296
ポリマー	316, 347	有機溶媒	370
ボルタ電池	196	融点	80, 83, 100
ホルマリン	310	誘導体	312
ホルムアルデヒド	308, 333, 337	遊離基	214
		油脂	265
【ま行】		湯ノ花	184
マグネシウム	38	ユリア樹脂	336
マルコフニコフの規則	288	陽イオン	59, 61, 67, 69, 124
マルトース	320	溶解度	127
マンガン乾電池	197	溶解平衡	127
水のイオン積	176	ヨウ化銀	257
水の華	366	ヨウ化水素	157
ミネラル	351	陽子	33
無煙火薬	304	溶質	122, 127
無機化合物	22, 266	陽性元素	67
無機高分子	229	ヨウ素	157, 162
無極性分子	82, 125	ヨウ素デンプン反応	322
無定形固体	100	溶媒	122, 127
メタ体	297		

【ら・わ行】

ラクトース	320
ラザフォード	31
ラジカル	214
ラテックス	338
ラドン	244
ラボアジエ	29, 113, 169
リチウム	51, 246
リチウム電池	197
リトマス	168
リパーゼ	326, 344
リービッヒ	169
硫化銀	235, 257
硫化水銀	261
硫化水素	83, 184, 235, 257
硫化第二水銀	261
硫化鉄(Ⅱ)	235
硫化物	21
硫酸	169, 173
硫酸アルミニウム	365
硫酸カルシウム	180, 223
硫酸銅(Ⅱ)	122, 191, 327
硫酸バリウム	125
硫酸ミスト	217
リンゴ酸	232
リン酸	173
リン酸カルシウム	238, 399
リン脂質	346
ル・シャトリエの法則	163
ルテニウム	259
励起状態	214
冷媒	370
レシチン	347
六員環	293
ロジウム	259
ワックス	345

【化学式ほか】

Ag_2S(硫化銀)	257
$AgBr$(臭化銀)	257
$AgCl$(塩化銀)	126, 257
AgI(ヨウ化銀)	257
$AgNO_3$(硝酸銀)	69
AgS(硫化銀)	235
Al(アルミニウム)	252
Al_2O_3(酸化アルミニウム)	206, 252
$Al_2(SO_4)_3$(硫酸アルミニウム)	365
$Al(OH)_3$(水酸化アルミニウム)	253
Ar(アルゴン)	53, 60, 243
Au(金)	259
$BaCl$(塩化バリウム)	251
$Ba(NO_3)_2$(硝酸バリウム)	251
$Ba(OH)_2$(水酸化バリウム)	148
$BaSO_4$(硫酸バリウム)	125
$BeCl_2$(塩化ベリリウム)	228
Br_2(臭素)	162, 189
C_2H_2(アセチレン)	268
C_2H_4(エチレン)	268
$(C_2H_5)_2O$(ジエチルエーテル)	320
C_2H_5OH(エタノール)	58, 100, 270, 302
C_2H_6(エタン)	267
$C_3H_5(ONO_2)_3$(ニトログリセリン)	238, 304
C_3H_7OH(プロパノール)	270
C_3H_8(プロパン)	148, 183, 267, 276
C_4H_{10}(ブタン)	148, 265, 267, 277
C_5H_{10}(シクロペンタン)	290
$C_6H_4(COOH)_2$(テレフタル酸)	354
C_6H_6(ベンゼン)	293
C_6H_{12}(シクロヘキサン)	299
C_6H_{14}(ヘキサン)	279
C_7H_{16}(ヘプタン)	279
C_8H_{18}(オクタン)	280
$C_{10}H_8$(ナフタレン)	79, 89
$C_{10}H_{22}$(デカン)	267, 279
$C_{12}H_{22}O_{11}$(ショ糖)	63, 79, 236
$C_{16}H_{34}$(ヘキサデカン)	280

$C_{20}H_{42}$(イコサン)	279
C_{60}(フラーレン)	239
$Ca_3(PO_4)_2$(リン酸カルシウム)	238
$CaCl_2$(塩化カルシウム)	136
$CaCO_3$(炭酸カルシウム)	112, 125, 179, 217, 240
$Ca(HCO_3)_2$(炭酸水素カルシウム)	126, 249
CaO(酸化カルシウム)	181, 249
$Ca(OH)_2$(水酸化カルシウム)	36, 180, 240, 249
$CaSO_4$(硫酸カルシウム)	181, 217, 223
Cd(カドミウム)	262
$CH_2=CH_2$(エチレン)	282, 329
$CH_2=CH-CH_3$(プロペン)	288
$CH_2=CHCH=CH_2$(ブタジエン)	329
$CH_2=CHCl$(塩化ビニル)	287
$CH_2=CHCN$(アクリロニトリル)	287
$-CH_3$(メチル基)	296
$(CH_3)_3CH$(イソブタン)	267, 383
$CH_3CH=CH_2$(プロピレン)	329
CH_3CHO(アセトアルデヒド)	310
CH_3COCH_3(アセトン)	128, 370
CH_3COOH(酢酸)	169, 175, 287, 310
CH_3OH(メタノール)	270, 310
CH_4(メタン)	35, 73, 82, 148, 170, 183, 265
$CH≡CH$(アセチレン)	283
$-CHO$(アルデヒド基)	308
C_nH_{2n+2}(アルカン)	277
CO(一酸化炭素)	22, 38, 240
CO_2(二酸化炭素)	22, 35, 38, 39
$-COCH_3$(アセチル基)	328
$CoCl_2$(塩化コバルト)	36, 256
$CO(NH_2)_2$(尿素)	142, 153, 349
$-COOH$(カルボキシ基)	274, 323
$(COOH)_2$(シュウ酸)	190
CS_2(二硫化炭素)	22
Cu(銅)	37
$CuCl_2$(塩化銅(Ⅱ))	185
CuO(酸化銅(Ⅱ))	183, 255
$CuSO_4$(硫酸銅(Ⅱ))	122, 195, 327
F(フッ素)	229
Fe(鉄)	150, 351
Fe_2O_3(赤さび)	254
Fe_3O_4(黒さび)	254
FeS(硫化鉄(Ⅱ))	235
Fr(フランシウム)	228
H_2O(水)	17, 27, 35
H_2O_2(過酸化水素)	187, 190
H_2S(硫化水素)	83, 184, 257
H_2Se(セレン化水素)	83
H_2SO_3(亜硫酸)	216, 236
H_2SO_4(硫酸)	169, 173
H_2Te(テルル化水素)	83
H_3PO_4(リン酸)	173
HBr(臭化水素)	288
$H-(CH_2)_n-H$(アルカン)	277
H_2CO_3(炭酸)	210
$HCHO$(ホルムアルデヒド)	308, 333, 337
HCl(塩化水素)	58, 77, 113, 124, 169
$HClO$(次亜塩素酸)	231
HCN(シアン化水素)	22, 266
$HCOOH$(ギ酸)	190, 310
HF(フッ化水素)	85
Hg(水銀)	100, 119
$HgCl_2$(塩化水銀(Ⅱ))	261
Hg_2Cl_2(塩化水銀(Ⅰ))	261
HgS(硫化水銀)	261
HI(ヨウ化水素)	157
HNO_3(硝酸)	153, 169, 238
$HOCH_2CH_2OH$(エチレングリコール)	136, 354
$HOOC(CH_2)_4COOH$(アジピン

酸)	319
I_2(ヨウ素)	157, 162
Ir(イリジウム)	259
K_2CO_3(炭酸カリウム)	171
$K_2Cr_2O_7$(二クロム酸カリウム)	189, 197
$KClO_3$(塩素酸カリウム)	239
$KMnO_4$(過マンガン酸カリウム)	189
Kr(クリプトン)	55, 243
Li(リチウム)	51
Mg(マグネシウム)	38
MgO(酸化マグネシウム)	183
MnO_2(酸化マンガン(IV))	197
$=N_2$(ジアゾ基)	313
N_2O(一酸化二窒素)	358
N_2O_4(四酸化二窒素)	164
Na(ナトリウム)	21, 53, 59
$Na_2C_2O_4$(シュウ酸ナトリウム)	251
Na_2CO_3(炭酸ナトリウム)	36, 151, 171
Na_3AlF_6(氷晶石)	206, 208
$NaCH_3COO$(酢酸ナトリウム)	175
NaCl(塩化ナトリウム)	21, 48, 58, 59, 67, 123
NaClO(次亜塩素酸ナトリウム)	231
NaF(フッ化ナトリウム)	231
$NaHCO_3$(炭酸水素ナトリウム)	35, 151
$NaNO_3$(硝酸ナトリウム)	167
NaOH(水酸化ナトリウム)	58, 124, 179
Ne(ネオン)	51, 53, 60, 243
$-NH_2$(アミノ基)	274, 323
NH_3(アンモニア)	41, 73, 77, 112, 312
NH_4Cl(塩化アンモニウム)	148, 173, 197
NH_4NO_3(硝酸アンモニウム)	153, 238
NO(一酸化窒素)	218, 238
NO_2(二酸化窒素)	164, 169, 238
$-NO_2$(ニトロ基)	298
NO_x(窒素酸化物)	160, 216, 237, 377
O_3(オゾン)	189, 214, 234, 372
$-OH$(ヒドロキシ基)	136, 274
・OHラジカル	214, 216, 382
Os(オスミウム)	259
P_4O_{10}(十酸化四リン)	239
Pt(白金)	160, 259
RCOOH(カルボン酸)	309
Rh(ロジウム)	259
Rn(ラドン)	244
Ru(ルテニウム)	259
S(硫黄)	21, 83, 97
Sb(アンチモン)	100
Se(セレン)	83
Si(ケイ素)	85, 89
SiO_2(二酸化ケイ素)	85, 89, 95, 233, 241
SO_2(二酸化硫黄)	113, 155, 235, 371
SO_x(硫黄酸化物)	216
Sr(ストロンチウム)	251
Te(テルル)	83
Ti(チタン)	218
V(バナジウム)	218
V_2O_5(酸化バナジウム)	236
W(タングステン)	89
Xe(キセノン)	55, 243
Zn(亜鉛)	164
$ZnCl_2$(塩化亜鉛)	197
$ZnSO_4$(硫酸亜鉛)	195

N.D.C.430　　422p　　18cm

ブルーバックス　B-1508

新しい高校化学の教科書
現代人のための高校理科

2006年1月20日　第1刷発行
2025年3月7日　第26刷発行

編著者	左巻健男	
発行者	篠木和久	
発行所	株式会社講談社	
	〒112-8001 東京都文京区音羽2-12-21	
電話	出版	03-5395-3524
	販売	03-5395-5817
	業務	03-5395-3615
印刷所	(本文印刷) 株式会社KPSプロダクツ	
	(カバー表紙印刷) 信毎書籍印刷株式会社	
製本所	株式会社国宝社	

定価はカバーに表示してあります。
©左巻健男　2006, Printed in Japan
落丁本・乱丁本は購入書店名を明記のうえ、小社業務宛にお送りください。
送料小社負担にてお取替えします。なお、この本についてのお問い合わせ
は、ブルーバックス宛にお願いいたします。
本書のコピー、スキャン、デジタル化等の無断複製は著作権法上での例外
を除き禁じられています。本書を代行業者等の第三者に依頼してスキャン
やデジタル化することはたとえ個人や家庭内の利用でも著作権法違反です。

ISBN4-06-257508-6

発刊のことば

科学をあなたのポケットに

二十世紀最大の特色は、それが科学時代であるということです。科学は日に日に進歩を続け、止まるところを知りません。ひと昔前の夢物語もどんどん現実化しており、今やわれわれの生活のすべてが、科学によってゆり動かされているといっても過言ではないでしょう。

そのような背景を考えれば、学者や学生はもちろん、産業人も、セールスマンも、ジャーナリストも、家庭の主婦も、みんなが科学を知らなければ、時代の流れに逆らうことになるでしょう。ブルーバックス発刊の意義と必然性はそこにあります。このシリーズは、読む人に科学的に物を考える習慣と、科学的に物を見る目を養っていただくことを最大の目標にしています。そのためには、単に原理や法則の解説に終始するのではなくて、政治や経済など、社会科学や人文科学にも関連させて、広い視野から問題を追究していきます。科学はむずかしいという先人観を改める表現と構成、それも類書にないブルーバックスの特色であると信じます。

一九六三年九月

野間省一